11G101 平法图集应用系列丛书

混凝土结构平法设计要点解析

许佳琪　主编

中 国 计 划 出 版 社

图书在版编目（CIP）数据

混凝土结构平法设计要点解析/许佳琪主编. —北京：中国计划出版社，2015.8
（11G101 平法图集应用系列丛书）
ISBN 978-7-5182-0219-5

Ⅰ. ①混… Ⅱ. ①许… Ⅲ. ①混凝土结构－结构设计 Ⅳ. ①TU370.4

中国版本图书馆 CIP 数据核字（2015）第 183723 号

11G101 平法图集应用系列丛书
混凝土结构平法设计要点解析
许佳琪 主编

中国计划出版社出版
网址：www.jhpress.com
地址：北京市西城区木樨地北里甲 11 号国宏大厦 C 座 3 层
邮政编码：100038 电话：（010）63906433（发行部）
新华书店北京发行所发行
北京天宇星印刷厂印刷

787mm×1092mm 1/16 12.75 印张 306 千字
2015 年 8 月第 1 版 2015 年 8 月第 1 次印刷
印数 1—3000 册

ISBN 978-7-5182-0219-5
定价：39.00 元

混凝土结构平法设计要点解析
编写组

主　编　许佳琪

参　编　刘珊珊　王　爽　张　进　罗　娜
周　默　杨　柳　宗雪舟　元心仪
宋立音　刘凯旋　张金玉　赵子仪
许　洁　徐书婧　王春乐

前　　言

所谓平法就是把结构构件的尺寸和钢筋等，按照平面整体表示方法的制图规则，整体直接表达在各类构件的结构平面布置图上，再与标准构造详图相配合，构成一套完整的结构施工图的方法。建筑结构施工图平面整体设计方法是一种符合中国国情、技术先进、与国际先进设计方式接轨的现代设计思想、理论和方法，采用平法设计，施工企业可全面提高施工水平，取得可观的经济效益和社会效益。为了帮助广大工程技术人员更快、更正确地理解和应用11G101系列图集，进而达到提高建筑工程的设计水平和创新能力，确保和提高工程建设质量的目的，我们组织编写了本书。

本书主要包括平法基本知识、柱平法设计、剪力墙平法设计、梁平法设计、板平法设计、板式楼梯平法设计以及基础平法设计等内容。

本书以最新的标准规范为依据，具有很强的针对性和适用性，以要点解析的形式进行详细阐述，其表现形式新颖、易于理解、便于执行，方便读者抓住主要问题，及时查阅和学习。本书可供设计人员、施工技术人员、工程造价人员以及相关专业大中专的师生学习参考。

由于编者水平有限，书中错误、疏漏在所难免，恳请广大读者提出宝贵意见。

编　者

2014年8月

目　　录

第1章　平法基本知识

要点1：11G101图集的基本要求

1）11G101图集根据住房城乡建设部建质函［2011］82号《关于印发2011年国家建筑标准设计编制工作计划的通知》进行编制。

2）11G101图集是混凝土结构施工图采用建筑结构施工图平面整体设计方法的国家建筑标准设计图集。

平法的表达形式，概括来讲，是把结构构件的尺寸和配筋等，按照平面整体表示方法制图规则，整体直接表达在各类构件的结构平面布置图上，再与标准构造详图相配合，构成一套完整的结构设计。平法系列图集包括：

①11G101－1《混凝土结构施工图平面整体表示方法制图规则和构造详图（现浇混凝土框架、剪力墙、梁、板)》。

②11G101－2《混凝土结构施工图平面整体表示方法制图规则和构造详图（现浇混凝土板式楼梯)》。

③11G101－3《混凝土结构施工图平面整体表示方法制图规则和构造详图（独立基础、条形基础、筏形基础及桩基承台)》。

3）11G101图集标准构造详图的主要设计依据有：

①《混凝土结构设计规范》(GB 50010—2010)。

②《建筑抗震设计规范》(GB 50011—2010)。

③《建筑地基基础设计规范》(GB 50007—2011)。

④《高层建筑混凝土结构技术规程》(JGJ 3—2010)。

⑤《建筑桩基技术规范》(JGJ 94—2008)。

⑥《地下工程防水技术规范》(GB 50108—2008)。

⑦《建筑结构制图标准》(GB/T 50105—2010)。

4）11G101图集的制图规则既是设计者完成平法施工图的依据，也是施工、监理人员准确理解和实施平法施工图的依据。

5）11G101图集中未包括的构造详图，以及其他未尽事项，应在具体设计中由设计者另行设计。

6）当具体工程设计需要对11G101图集的标准构造详图做某些变更时，设计者应提供相应的变更内容。

7）11G101图集构造节点详图中的钢筋部分采用深红色线条表示。

8）11G101图集的尺寸以毫米为单位，标高以米为单位。

要点2：平法的基本原理

平法的系统科学原理为视全部设计过程与施工过程为一个完整的主系统，主系统由多个子系统构成，主要包括以下几个子系统：基础结构、柱墙结构、梁结构、板结构，各子系统有明确的层次性、关联性和相对完整性。

1. 层次性

基础、柱墙、梁、板均为完整的子系统。

2. 关联性

柱、墙以基础为支座——柱、墙与基础关联；梁以柱为支座——梁与柱关联；板以梁为支座梁——板与梁关联。

3. 相对完整性

基础自成体系，仅有自身的设计内容而无柱或墙的设计内容；柱、墙自成体系，仅有自身的设计内容（包括在支座内的锚固纵筋）而无梁的设计内容；梁自成体系，仅有自身的设计内容（包括锚固在支座内的纵筋）而无板的设计内容；板自成体系，仅有板自身的设计内容（包括锚固在支座内的纵筋）。在设计出图的表现形式上它们都是独立的板块。

平法贯穿于工程设计与施工的全过程，平法从应用的角度讲，就是一本有构造详图的制图规则。

要点3：平法整体设计

1. 平法的设计思路

平法系列图集主要由平面整体表示方法制图规则和标准构造详图两大部分组成。平法结构施工图设计文件包括以下两部分：

（1）平法施工图

平法施工图是在构件类型的结构平面布置图上，直接根据制图规则标注每个构件的几何尺寸和配筋，同时含有结构设计总说明。

（2）标准构造详图

标准构造详图提供的是平法施工图图纸中没有表达的节点构造和构件本体构造等不需结构设计师设计和绘制的内容。节点构造是指构件与构件之间的连接构造，构件本体构造是指构件节点以外的配筋构造。

图纸是工程师的语言，设计表示方法是设计语言的语法规则。为保证在全国范围内形成统一的“工程师语言”，而不是各地区或部门的“设计方言”，将“平面整体表示方法”制定为制图规则的形式，成为新型标准化的内容之一。制图规则成为设计者简捷、明确、高效地表达结构设计内容的专业技术规则。

制图规则主要是用文字表达的技术规则，而标准构造详图是用图形表达的技术规则。两种技术规则相辅相成，共同服务于结构设计和施工。

2. 平法的实用效果

1）平法采用标准化的设计制图规则，结构施工图表达数字化、符号化，单张图纸的信息量大而且集中；构件分类明确，层次清晰，表达准确，设计速度快，效率成倍提高；平法使设计者易于掌握全局，易于进行平衡调整，易修改，易校审，改图可不牵连其他构件，易于控制设计质量；平法既能适应建设业主提出的分阶段分层次施工的要求，也可适应在主体结构开始施工后又进行大幅度调整的特殊情况。平法分结构层设计的图纸与水平逐层施工的顺序完全一致，对标准层可实现单张图纸施工，施工工程师对结构比较容易形成整体概念，有利于施工质量的管理。

2）平法采用标准化的构造设计，形象、直观，易懂、易操作。标准构造详图集国内较成熟可靠的常规节点构造之大成，集中分类归纳整理后编制成国家建筑标准设计图集供设计选用，可避免构造做法反复抄袭以及由此产生的设计失误，保证节点构造在设计与施工两个方面均达到高质量。此外，对节点构造的研究、设计和施工实现专门化提出了更高的要求，已初步形成结构设计与施工的部分技术规则。

3）平法大幅度降低设计成本，降低设计消耗，节约自然资源。平法施工图是有序化、定量化的设计图纸，与其配套使用的标准设计图集可以重复使用，与传统方法相比图纸量减少70%以上，减少了综合设计工日，降低了设计成本，在节约人力资源的同时又节约了自然资源，为保护自然环境间接做出贡献。

要点4：结构混凝土的耐久性要求

结构的可靠性是由结构的安全性要求、结构的适用性要求和结构的耐久性要求三者来保证的，根据《建筑结构可靠度设计统一标准》GB 50068—2001的规定，结构在规定的设计使用年限内，正常的维护下应具有足够的耐久性能。所谓耐久性，系指结构在规定的工作环境中，在预定时期内，其材料性能的恶化不至于导致结构出现不可接受的失效概率，足够的耐久性可使结构正常使用到规定的设计使用年限。《混凝土结构设计规范》GB 50010—2010中混凝土结构耐久性的基本要求，是根据设计使用年限和环境类别设计的。在工程结构验收时，不仅要验收材料是否达到设计要求的强度，也要验收构件是否满足耐久性要求，特别对于最大水胶比、最大氯离子含量和最大碱含量的指标不能超过表1－1的规定。

表1－1　结构混凝土材料的耐久性基本要求

环境等级	最大水胶比	最低强度等级	最大氯离子含量（%）	最大碱含量（kg/m^3）
一	0.60	C20	0.30	不限制
二a	0.55	C25	0.20	3.0
二b	0.50（0.55）	C30（C25）	0.15	
三a	0.45（0.50）	C35（C30）	0.15	
三b	0.40	C40	0.10	

注：1　氯离子含量系指其占胶凝材料总量的百分比。

2　预应力构件混凝土中的最大氯离子含量为0.06%，其最低混凝土强度等级宜按表中的规定提高两个等级。

3　素混凝土构件的水胶比及最低强度等级的要求可适当放松。

4　有可靠工程经验时，二类环境中的最低混凝土结构等级可降低一个等级。

5　处于严寒和寒冷地区二b、三a类环境中的混凝土应使用引气剂，并可采用括号中的有关参数。

6　当使用非碱活性骨料时，对混凝土中的碱含量可不作限制。

要点5：G101图集中对混凝土保护层最小厚度的规定

钢筋的保护层就是钢筋外边缘与混凝土外表面之间的部分。钢筋保护层顾名思义就是保护钢筋的，其作用是根据建筑物耐久性要求，在设计年限内防止钢筋产生危及结构安全的锈蚀；其次是保证钢筋与混凝土之间有足够的黏结力，保证钢筋与其周围混凝土能共同工作，并使钢筋充分发挥计算所需的强度。如果没有钢筋保护层或钢筋保护层不足，钢筋就会受到水分或有害气体的侵蚀，会生锈剥落，截面减小，使构件承载能力降低。钢筋生锈后体积会增大，使周围混凝土产生裂缝，裂缝展开后又促使钢筋进一步锈蚀，形成恶性循环，进一步导致混凝土构件保护层的剥落，使钢筋截面减小，承载力降低，削弱构件的耐久性。混凝土保护层过小将导致混凝土对钢筋的握裹不好，使钢筋锚固能力降低，影响构件受力性能。混凝土保护层过大也会降低构件的有效高度和承载力。对有防火要求的建筑物，为了保证构件在火灾发生前的强度和承载力，设计中应要求在构件表面粘贴或涂刷隔热的防火保护层，以提高构件的耐火极限。

混凝土结构中，钢筋被包裹在混凝土内，由受力钢筋外边缘到混凝土构件表面的最小距离称为保护层厚度。混凝土保护层的作用为：

1）保证混凝土与钢筋共同工作，确保结构力性能混凝土与钢筋共同工作，是保证结构构件承载能力和结构性能的基本条件。

混凝土是抗压性能较好的脆性材料，钢筋是抗拉性能较好的延性材料。这两种材料各以其抗压、抗拉性能优势相结合，就构成了具有抗压抗弯抗剪抗扭等结构性能的各种结构形式的建筑物或结构物。混凝土与钢筋共同工作的保证条件，是混凝土与钢筋之间有足够的握裹力。握裹力主要有三种力构成：

①黏结力（黏着力）。它是混凝土与钢筋表面的黏结力。

②摩擦力。它是当结构处于受力状态时混凝土与钢筋表面产生的一种摩擦力。

③机械咬合力。它是由于钢筋表面凹凸不平与混凝土接触面产生的一种咬合力。由黏着力、摩擦力、机械咬合力这三种力构成的握裹力，直接关系到钢筋混凝土结构的性能和承载能力。保证混凝土与钢筋之间的握裹力，就要求保护层要有一定的厚度。如果保护层厚度过小，则混凝土与钢筋之间不能发挥握裹力的作用，因此规范规定混凝土保护层厚度的最小尺寸不应小于受力钢筋的直径。

2）保护钢筋不锈蚀，确保结构的安全性和耐久性。

影响钢筋混凝土结构耐久性，造成其结构破坏的因素很多，如氯离子侵蚀、冻融破坏、混凝土不密实、裂缝、混凝土碳化、碱—集反应，在一定环境条件下都能造成钢筋锈蚀引起结构破坏。钢筋锈蚀后，铁锈体积膨胀，体积一般增加2~4倍，致使混凝土保护层开裂，潮气或水分渗入，加快和加重钢筋的锈蚀，使钢筋锈短，导致建筑物破坏。混凝土保护层对防止钢筋锈蚀具有保护作用。这种保护作用在无有害物质侵蚀下才能有效。但是，保护层混凝土的碳化，给钢筋锈蚀提供了外部条件。因此，混凝土碳化对钢筋锈蚀有很大影响，关系到结构的安全性和耐久性。

3）保护钢筋不受高温（火灾）影响。保护层具有一定厚度，可以使建筑物在高温条件下或遇到火灾时不因受到高温影响，使结构急剧丧失承载力而倒塌。因此保护层的厚度与建筑物的耐火性有关。混凝土和钢筋均属非燃烧体，以砂石为骨料的混凝土一般可耐700℃高温。钢筋混凝土结构都不能直接接触明火或火源，应避免高温辐射，由于施工原因造成保护层过小，一旦建筑物发生火灾，会造成对建筑物耐火等级或耐火极限的影响。这些因素在设计时均应考虑，混凝土保护层按建筑物耐火等级要求规定的厚度设计时，遇到火灾可保护结构或延缓结构倒塌时间，可为人流疏散和物资转移提供一定的缓冲时间。如保护层过小，可能会失去这个缓冲时间，造成生命财产的更大损失。

混凝土保护层的最小厚度取决于构件的耐久性、耐火性和受力钢筋黏结锚固性能的要求，同时与环境类别有关。混凝土结构的环境类别见表1-2。

表1-2　混凝土结构的环境类别

环境类别	条　　件
一	室内干燥环境 无侵蚀性静水浸没环境
二a	室内潮湿环境 非严寒和非寒冷地区的露天环境 非严寒和非寒冷地区与无侵蚀性的水或土壤直接接触的环境 严寒和寒冷地区的冰冻线以下与无侵蚀性的水或土壤直接接触的环境
二b	干湿交替环境 水位频繁变动环境 严寒和寒冷地区的露天环境 严寒和寒冷地区冰冻线以上与无侵蚀性的水或土壤直接接触的环境
三a	严寒和寒冷地区冬季水位变动区环境 受除冰盐影响的环境 海风环境
三b	盐渍土环境 受除冰盐作用的环境 海岸环境
四	海水环境
五	受人为或自然的侵蚀性物质影响的环境

注：1　室内潮湿环境是指构件表面经常处于结露或湿润状态的环境。

2　严寒和寒冷地区的划分应符合现行国家标准《民用建筑热工设计规范》GB 50176—1993的有关规定。

3　海岸环境和海风环境宜根据当地情况，考虑主导风向及结构所处迎风、背风部位等因素的影响，根据调查研究和工程经验确定。

4　受除冰盐影响的环境是指受到除冰盐盐雾影响的环境；受除冰盐作用的环境是指被除冰盐溶液溅射的环境以及使用除冰盐地区的洗车房、停车楼等建筑。

5　暴露的环境是指混凝土结构表面所处的环境。

G101 图集中规定纵向受力钢筋的混凝土保护层的最小厚度应符合表 1－3 的要求。

表 1－3　混凝土保护层的最小厚度（mm）

环境类别	板、墙	梁、柱
一	15	20
二 a	20	25
二 b	25	35
三 a	30	40
三 b	40	50

注：1　表中混凝土保护层厚度指最外层钢筋外边缘至混凝土表面的距离，适用于设计使用年限为 50 年的混凝土结构。

2　构件中受力钢筋的保护层厚度不应小于钢筋的公称直径。

3　设计使用年限为 100 年的混凝土结构，一类环境中，最外层钢筋的保护层厚度不应小于表中数值的 1.4 倍；二、三类环境中，应采取专门的有效措施。

4　混凝土强度等级不大于 C25 时，表中保护层厚度数值应增加 5mm。

5　基础地面钢筋的保护层厚度，有混凝土垫层时应从垫层顶面算起，且不应小于 40mm；无垫层时不应小于 70mm。

要点 6：钢筋的锚固

为保证构件内的钢筋能够很好地受力，当钢筋伸入支座或在跨中截断时，必须伸出一定长度，依靠这一长度上的黏结力把钢筋锚固在混凝土中，此长度称为锚固长度。

试验证明，随着锚固长度的增加，锚固抗力增长。当锚固抗力等于钢筋的屈服强度时，相应的锚固长度可称为临界锚固长度，这是保证受力钢筋直到屈服也不会发生锚固破坏的最小锚固长度。钢筋屈服后进入强化阶段，随着锚固长度的增加，锚固抗力还能增长。当锚固抗力等于钢筋的抗拉强度时，相应的锚固长度称为极限锚固长度。显然，超过极限锚固长度的锚固段在锚固抗力中将不再起作用。而规范规定的设计锚固长度值应大于临界锚固长度，而小于极限锚固长度。前者是为了保证钢筋承载的基本性能，后者是因为过长的锚固长度是多余的。

当计算中充分利用钢筋的抗拉强度时，受拉钢筋的锚固应符合下列要求：

基本锚固长度应按下列公式计算：

$$l_{ab} = \alpha \frac{f_y}{f_t} d \tag{1－1}$$

$$l_{ab} = \alpha \frac{f_{py}}{f_t} d \tag{1－2}$$

式中：l_{ab}——受拉钢筋的基本锚固长度；

α——锚固钢筋的外形系数，按表 1－4 取用；

f_y、f_{py}——普通钢筋、预应力筋的抗拉强度设计值；

f_t——混凝土轴心抗拉强度设计值，当混凝土强度等级高于 C60 时，按 C60 取值；

d——锚固钢筋的直径。

表1－4　锚固钢筋的外形系数 α

钢筋类型	光圆钢筋	带肋钢筋	螺旋肋钢丝	三股钢绞线	七股钢绞线
α	0.16	0.14	0.13	0.16	0.17

注：光面钢筋末端应做180°弯钩，弯后平直段长度不应小于3d，但作受压钢筋时可不做弯钩。

受拉钢筋的锚固长度应根据具体锚固条件按下列公式计算，且不应小于200mm：

$$l_a = \zeta_a l_{ab} \tag{1-3}$$

抗震锚固长度的计算公式为：

$$l_{aE} = \zeta_{aE} l_a \tag{1-4}$$

式中：l_a——受拉钢筋的锚固长度；

ζ_a——锚固长度修正系数，按表1－5的规定取用，当多于一项时，可按连乘计算，但不应小于0.6；

l_{aE}——抗震锚固长度；

ζ_{aE}——抗震锚固长度修正系数，对一、二级抗震等级取1.15，对三级抗震等级取1.05，对四级抗震等级取1.00。

表1－5　受拉钢筋锚固长度修正系数 ζ_a

锚固条件		ζ_a	备　注
带肋钢筋的公称直径大于25		1.10	—
环氧树脂涂层带肋钢筋		1.25	
施工过程中易受扰动的钢筋		1.10	
锚固区保护层厚度	3d	0.80	中间时按内插值。d为锚固钢筋的直径
	5d	0.70	

当锚固钢筋保护层厚度不大于5d时，锚固长度范围内应配置横向构造钢筋，其直径不应小于d/4；对梁、柱等杆状构件间距不应大于5d，对板、墙等平面构件间距不应大于10d，且均不应小于100mm，此处d为锚固钢筋的直径。

为了方便施工人员使用，G101图集将混凝土结构中常用的钢筋和各级混凝土强度等级组合，将受拉钢筋锚固长度值计算得到钢筋直径的整倍数形式，编制成表格，见表1－6。

表1－6　受拉钢筋基本锚固长度 l_{ab}、l_{abE}

钢筋种类	抗震等级	混凝土强度等级								
		C20	C25	C30	C35	C40	C45	C50	C55	≥C60
HPB300	一、二级（l_{abE}）	45d	39d	35d	32d	29d	28d	26d	25d	24d
	三级（l_{abE}）	41d	36d	32d	29d	26d	25d	24d	23d	22d
	四级（l_{abE}） 非抗震（l_{ab}）	39d	34d	30d	28d	25d	24d	23d	22d	21d

续表 1－6

钢筋种类	抗震等级	混凝土强度等级								
		C20	C25	C30	C35	C40	C45	C50	C55	≥C60
HRB335 HRBF335	一、二级（l_{abE}）	44d	38d	33d	31d	29d	26d	25d	24d	24d
	三级（l_{abE}）	40d	35d	31d	28d	26d	24d	23d	22d	22d
	四级（l_{abE}） 非抗震（l_{ab}）	38d	33d	29d	27d	25d	23d	22d	21d	21d
HRB400 HRBF400 RRB400	一、二级（l_{abE}）	—	46d	40d	37d	33d	32d	31d	30d	29d
	三级（l_{abE}）	—	42d	37d	34d	30d	29d	28d	27d	26d
	四级（l_{abE}） 非抗震（l_{ab}）	—	40d	35d	32d	29d	28d	27d	26d	25d
HRB500 HRBF500	一、二级（l_{abE}）	—	55d	49d	45d	41d	39d	37d	36d	35d
	三级（l_{abE}）	—	50d	45d	41d	38d	36d	34d	33d	32d
	四级（l_{abE}） 非抗震（l_{ab}）	—	48d	43d	39d	36d	34d	32d	31d	30d

当钢筋锚固长度有限而靠自身的锚固性能又无法满足受力钢筋承载力的要求时，可以在钢筋末端配置弯钩和采用机械锚固。这是减小锚固长度的有效方式，其原理是利用受力钢筋端部锚头（弯钩、贴焊锚筋、焊接锚板或螺栓锚头）对混凝土的局部挤压作用加大锚固承载力。锚头对混凝土的局部挤压保证了钢筋不会发生锚固拔出破坏，但锚头前必须有一定的直段锚固长度，以控制锚固钢筋的滑移，使构件不致产生较大的裂缝和变形。因此当纵向受拉普通钢筋末端采用钢筋弯钩或机械锚固措施时，包括弯钩或锚固端头在内的锚固长度（投影长度）可取为基本锚固长度 l_{ab} 的 60%。弯钩和机械锚固的形式（图 1－1）和技术要求应符合表 1－7 的规定。

表 1－7　钢筋弯钩和机械锚固的技术要求

锚固形式	技 术 要 求
90°弯钩	末端 90°弯钩，弯钩内径 4d，弯后直段长度 12d
135°弯钩	末端 135°弯钩，弯钩内径 4d，弯后直段长度 5d
一侧贴焊锚筋	末端一侧贴焊长 5d 同直径钢筋
两侧贴焊锚筋	末端两侧贴焊长 3d 同直径钢筋
焊端锚板	末端与厚度为 d 的锚板穿孔塞焊
螺栓锚头	末端旋入螺栓锚头

注：1　焊缝和螺纹长度应满足承载力要求。
　　2　螺栓锚头或焊接锚板的承压净面积应不小于锚固钢筋计算截面积的 4 倍。
　　3　螺栓锚头的规格应符合相关标准的要求。
　　4　螺栓锚头和焊接锚板的钢筋净间距不宜小于 4d，否则应考虑群锚效应的不利影响。
　　5　截面角部的弯钩和一侧贴焊锚筋的布筋方向宜向截面内侧偏置。

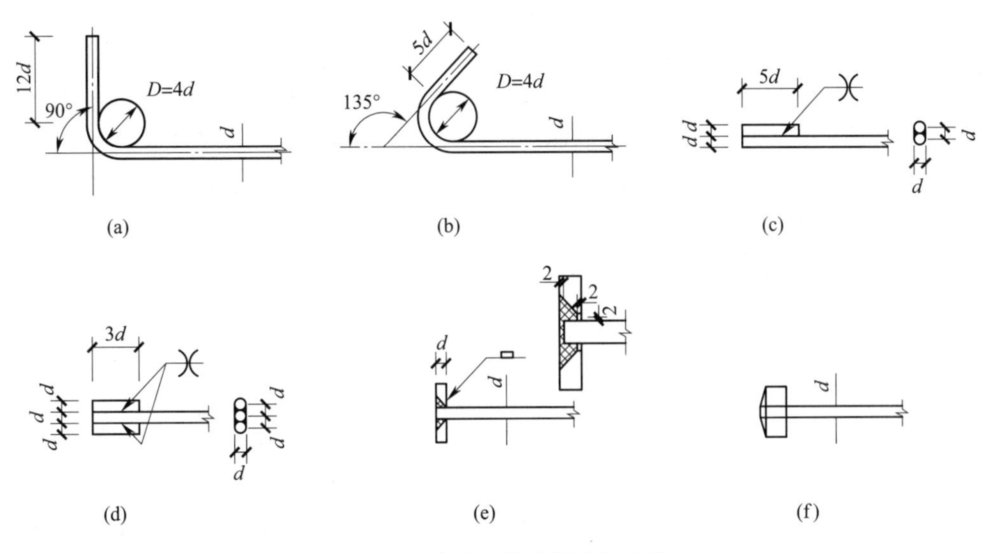

图 1－1　弯钩和机械锚固的形式

（a）末端带 90°弯钩；（b）末端带 135°弯钩；（c）末端一侧贴焊锚筋；
（d）末端两侧贴焊锚筋；（e）末端与钢板穿孔塞焊；（f）末端带螺栓锚

要点 7：影响钢筋黏结锚固的因素

影响钢筋黏结力的因素有混凝土强度、锚固长度、锚固钢筋的外形特征、混凝土保护层厚度、配箍情况对锚固区域混凝土的约束、混凝土浇捣状况和锚筋受力情况等。

混凝土强度越高，则伸入钢筋横向肋间的混凝土咬合齿越强，握裹层混凝土的劈裂就越难以发生，故黏结锚固作用越强。

长锚试件平均黏结强度低于短锚试件，但拉拔力总值大，即使钢筋屈服也不会发生黏结破坏。

钢筋外形决定了混凝土咬合齿的形状，主要外形参数为相对肋高和肋面积比、横肋对称性及连续性。光圆钢筋和刻痕钢筋的黏结能力来源于胶结和摩擦，锚固强度最差，设置弯钩后能有效地提高黏结锚固性能。变形钢筋的黏结能力来源于摩擦力和变形钢筋表面凸出的肋与混凝土之间在受力后产生的机械咬合力。间断的月牙肋钢筋较好，连续的螺纹肋钢筋锚固性能最好。

保护层厚度越厚，则对锚固钢筋的约束力越大，咬合力对握裹层混凝土的劈裂越不易发生。当保护层厚度大到一定程度后，锚固强度不再增加。

锚固区域的配箍对锚固强度影响很大。不配箍的锚筋在握裹层混凝土劈裂后即丧失锚固力，配置箍筋后对保护后期黏结强度，改善锚筋延性作用明显，即使发生劈裂，黏结锚固强度仍存在。

不正确的混凝土浇筑和过高的水灰比容易使混凝土表面出现沉淀收缩和离析泌水现象，对水平放置的钢筋，其下面会形成疏松层，上面将出现收缩沉降裂缝，导致黏结强度降低。

钢筋在构件内的受力情况对黏结强度也有影响。在锚固范围内存在侧压力，能提高黏结强度，但侧压力过大将导致提前出现裂缝，反而降低黏结强度。在锚固区有剪力时，由于存在斜裂缝和锚筋受到暗销作用而缩短了有效长度，增加了局部黏结破坏的范围，使平均黏结强度降低。对于受到反复荷载的锚筋，它和周围混凝土之间产生交叉内裂缝，反复开闭，使钢筋肋间混凝土碾碎，黏结恶化。同时正反两方向的反复滑动，使锚筋表面和混凝土骨料间的摩擦咬合作用降低。

要点8：钢筋的连接

1. 钢筋连接机理

钢筋连接可采用绑扎搭接、机械连接或焊接，这三种形式各自适用于一定的工程条件。各种类型钢筋接头的传力性能（强度、变形、恢复力、破坏状态等）均不如直接传力的整根钢筋，任何形式的钢筋连接均会削弱其传力性能。因此钢筋连接的基本原则为：连接接头设置在受力较小处；限制钢筋在构件同一跨度或同一层高内的接头数量；避开结构的关键受力部位，如柱端、梁端的箍筋加密区，并限制接头面积百分率等。

无论是哪种连接形式，均应与连续贯通的整体钢筋相比，在受力性能上满足以下基本要求：

（1）承载力（强度）

被连接的钢筋应能完成应力的可靠传递，即一端钢筋的承载力应能不打折扣地通过连接区段传递到另一钢筋上，等强传力是所有钢筋连接的起码要求。

（2）刚度（变形性能）

将连接区域视为特殊的钢筋段，其抵抗变形的能力（变形模量）应接近被连接的钢筋（弹性模量）。否则将会在接头区域引起较大的伸长变形，导致明显的裂缝。被连接钢筋变形模量降低还会造成其与同一区域未被连接整体钢筋之间应力分配的差异。受力钢筋之间受力的不均匀，将导致截面承载力的削弱。

（3）延性（断裂形态）

被连接的热轧钢筋均具有良好的延性，均匀伸长率（δ_{gt}）都在10%以上，且在发生颈缩变形后才可能被拉断，具有明显的预兆。如连接手段（焊接、挤压、冷镦等）引起钢材性能的变化，则可能在连接区段发生无预兆的脆性断裂，影响钢筋连接的质量。

（4）恢复性能

结构上的荷载是变动不定的，偶然的超载可能产生裂缝及较大的变形（挠度）。但只要钢筋未屈服，超载消失以后钢筋的弹性回缩可以基本闭合裂缝及恢复挠度。钢筋的连接接头应具有相似的性能。如果接头受力变形而不能恢复，则连接区段将成为变形集中、裂缝宽大的薄弱区段。

（5）疲劳性能

在高周交变荷载作用下，钢筋的连按区段应具有必要的抵抗疲劳的能力。这对于承受疲劳荷载作用的构件（吊车梁、桥梁等）具有重要意义。

（6）耐久性

任何连接接头均应不致引起抗腐蚀性能的降低而影响混凝土结构的耐久性。

2. 钢筋连接类型

(1) 绑扎连接

绑扎搭接是一种施工方便、颇受施工人员青睐的钢筋连接方式。虽然绑扎搭接接头因搭接长度较大而浪费钢筋，但绑扎搭接接头传力可靠且操作方便，所以这种钢筋连接方法在施工现场被广泛应用。在绑扎搭接钢筋时，搭接长度是影响钢筋绑扎牢固性进而影响整体施工质量的主要因素。

(2) 机械连接

钢筋的机械连接是通过连贯于两根钢筋外的套筒来实现传力。套筒与钢筋之间力的过渡是通过机械咬合力。机械连接的主要形式有挤压套筒连接、镦粗直螺纹连接、锥螺纹套筒连接等，各类钢筋机械连接方法的适用范围见表1-8。套筒内加楔劈连接或灌注环氧树脂或其他材料的各类新的连接形式也正在开发。

表1-8　机械连接方法的适用范围

机械连接方法	适用范围	
	钢筋级别	钢筋直径（mm）
挤压套筒连接	HRB335、HRB400、RRB400	16~40
镦粗直螺纹连接	HRB335、HRB400	16~40
锥螺纹套筒连接	HRB335、HRB400、RRB400	16~40

纵向受力钢筋的机械连接接头宜相互错开。钢筋机械连接区段的长度为35d，d为连接钢筋的较小直径。凡接头中点位于该连接区段长度内的机械连接接头均属于同一连接区段，如图1-2所示。

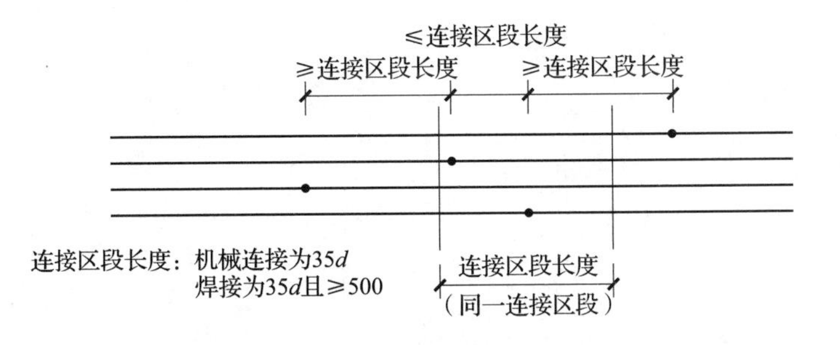

图1-2　同一连接区段内纵向受拉钢筋的机械连接、焊接接头

位于同一连接区段内的纵向受拉钢筋接头面积百分率不宜大于50%，但对板、墙、柱及预制构件的拼接处，可根据实际情况放宽。纵向受压钢筋的接头面积百分率可不受限制。

直接承受动力荷载结构构件中的机械连接接头，除应满足设计要求的抗疲劳性能外，位于同一连接区段内的纵向受力钢筋接头面积百分率不应大于50%。

(3) 焊接连接

纵向受力钢筋焊接连接的方法有：闪光对焊、电渣压力焊等，如图1－3所示。

(a)

(b)

图1－3　常见纵向受力钢筋焊接连接方法

(a) 闪光对焊；(b) 电渣压力焊

细晶粒热轧带肋钢筋以及直径大于28mm的带肋钢筋，其焊接应经试验确定；余热处理钢筋不宜焊接。

纵向受力钢筋的焊接接头应相互错开。钢筋焊接接头连接区段的长度为35d且不小于500mm，d为连接钢筋的较小直径，凡接头中点位于该连接区段长度内的焊接接头均属于同一连接区段，如图1－2所示。

纵向受拉钢筋的接头面积百分率不宜大于50%，但对预制构件的拼接处，可根据实际情况放宽。纵向受压钢筋的接头面积百分率可不受限制。

第 2 章　柱平法设计

要点 1：抗震框架柱纵向钢筋连接构造

框架柱纵筋有三种连接方式：绑扎连接、机械连接和焊接连接。

抗震设计时，柱纵向钢筋连接接头互相错开，在同一截面内的钢筋接头面积百分率不应大于 50%。柱的纵筋直径 $d>28\text{mm}$ 及偏心受压构件的柱内纵筋，不宜采用绑扎连接的连接方式。框架柱纵筋和地下框架柱纵筋在抗震设计时纵筋连接的主要构造要求有：

1. 非连接区位置

抗震框架柱纵向钢筋的非连接区有：

嵌固部位上 $\geqslant H_n/3$ 范围内，楼面以上以下各 max（$H_n/6$，500mm，h_c）高度范围内为抗震柱非连接区，如图 2－1 所示。

2. 接头错开布置

抗震设计时，框架柱纵筋接头错开布置，搭接接头的错开距离为 $0.3l_{lE}$，采用机械连接接头错开距离 $\geqslant 35d$，焊接连接接头的错开距离为 max（$35d$，500mm）。

要点 2：上柱钢筋与下柱钢筋存在差异时抗震框架柱纵向钢筋的连接构造

1. 上柱钢筋比下柱多

当上柱钢筋比下柱多时，上柱多出的钢筋锚入下柱（楼面以下）$1.2l_{aE}$，如图 2－2 所示（计算 l_{aE} 的数值时，按上柱的钢筋直径计算）。

2. 下柱钢筋比上柱多

当下柱钢筋比上柱多时，下柱多出的钢筋伸入楼层梁，从梁底算起伸入楼层梁的长度为 $1.2l_{aE}$，如图 2－3 所示。如果楼层梁的截面高度小于 $1.2l_{aE}$，则下柱多出的钢筋可能伸出楼面以上（计算 l_{aE} 的数值时，按下柱的钢筋直径计算）。

3. 上柱钢筋直径比下柱大

当上柱钢筋直径比下柱大时，上下柱纵筋不在楼面以上连接，而改在下柱内进行连接，如图 2－4 所示。

4. 下柱钢筋直径比上柱大

当下柱钢筋直径比上柱大时，上下柱纵筋不在楼层梁以下连接，而改在上柱内进行连接，如图 2－5 所示。

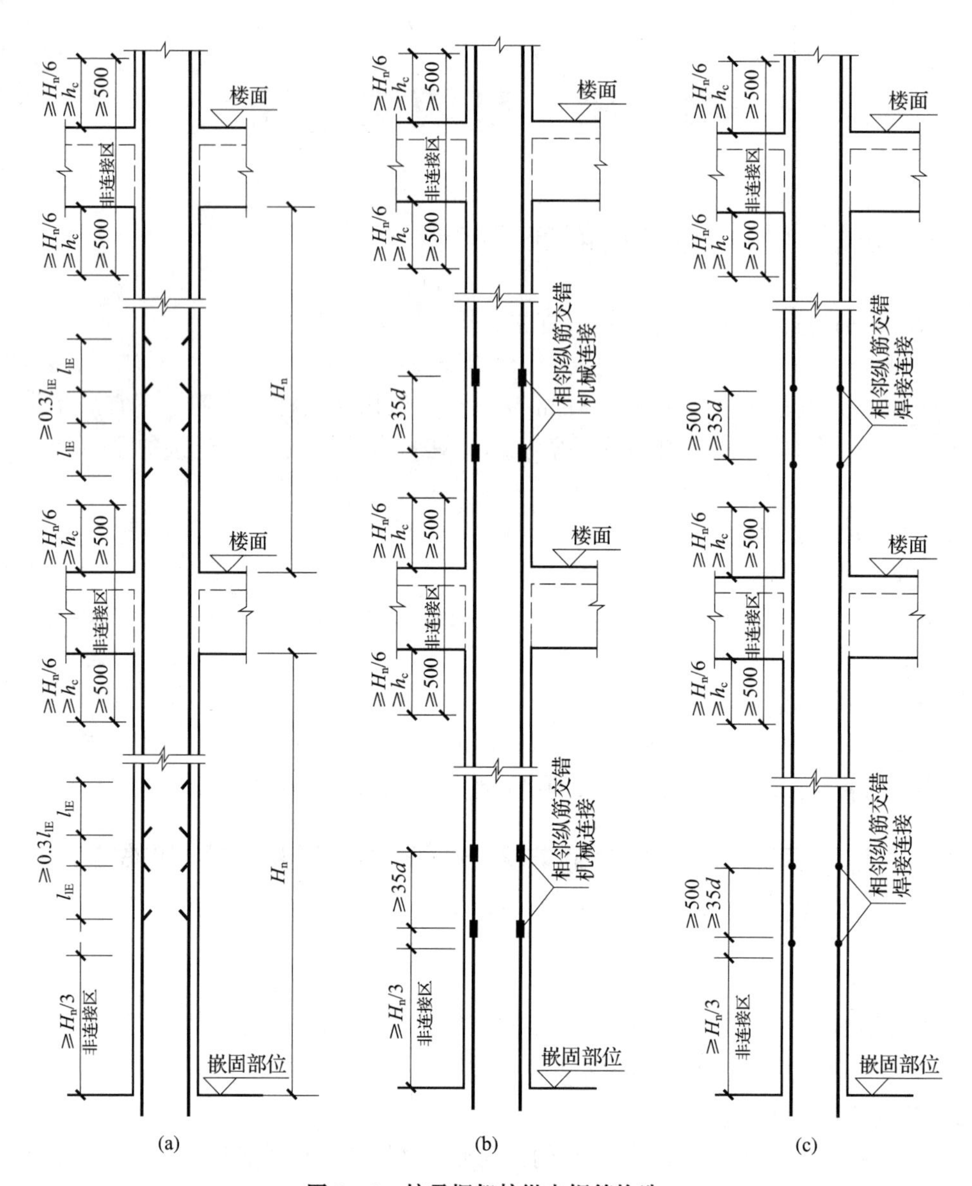

图 2-1　抗震框架柱纵向钢筋构造

（a）绑扎搭接构造；（b）机械连接构造；（c）焊接连接构造

要点 3：地下室抗震框架柱纵向钢筋构造做法

地下室抗震框架柱纵向钢筋的连接构造分为绑扎搭接、机械连接、焊接连接三种连接方式，如图 2-6 所示。

1. 柱纵筋的非连接区

1）基础顶面以上有一个“非连接区”，其长度≥max（$H_n/6$，h_c，500）（H_n是从基础顶面到顶板梁底的柱净高；h_c为柱截面长边尺寸，圆柱为截面直径）。

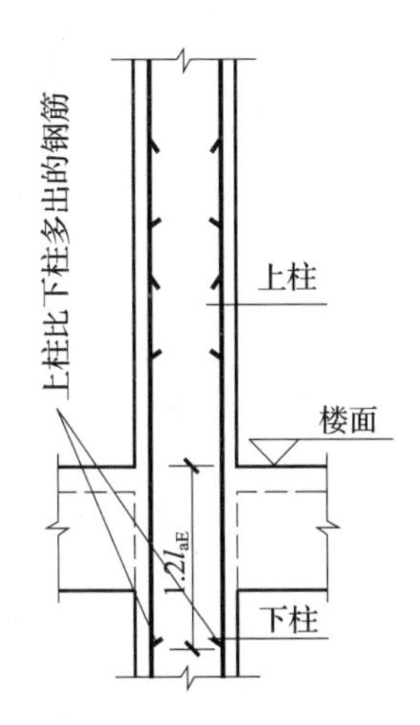

图2-2　上柱钢筋比下柱多

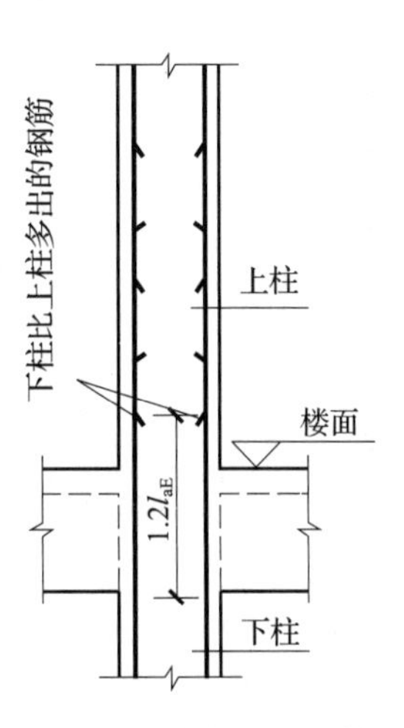

图2-3　下柱钢筋比上柱多

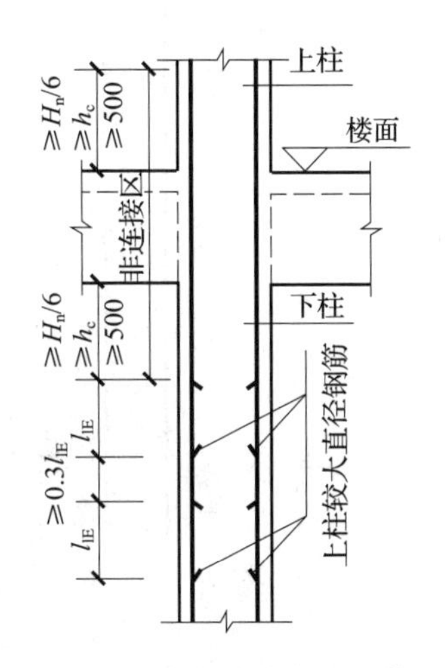

图2-4　上柱钢筋直径比下柱大

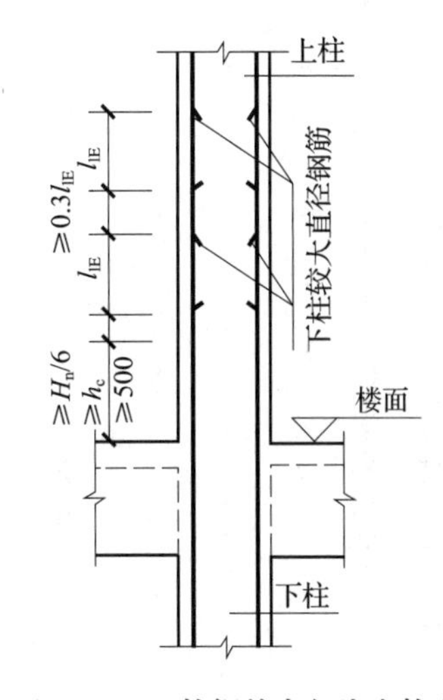

图2-5　下柱钢筋直径比上柱大

2）地下室楼层梁上下部的范围形成一个“非连接区”，其长度包括三个部分：梁底以下部分、梁中部分和梁顶以上部分。

①梁底以下部分的非连接区长度≥max（$H_n/6$，h_c，500）（H_n是所在楼层的柱净高；h_c为柱截面长边尺寸，圆柱为截面直径）。

②梁中部分的非连接区长度=梁的截面高度。

③梁顶以上部分的非连接区长度≥max（$H_n/6$，h_c，500）（H_n是上一楼层的柱净高；h_c为柱截面长边尺寸，圆柱为截面直径）。

3）嵌固部位上下部范围内形成一个“非连接区”，其长度包括三个部分：梁底以下部分、梁中部分和梁顶以上部分。

①嵌固部位梁以下部分的非连接区长度≥max（$H_n/6$，h_c，500）（H_n是所在楼层的柱净高；h_c为柱截面长边尺寸，圆柱为截面直径）。

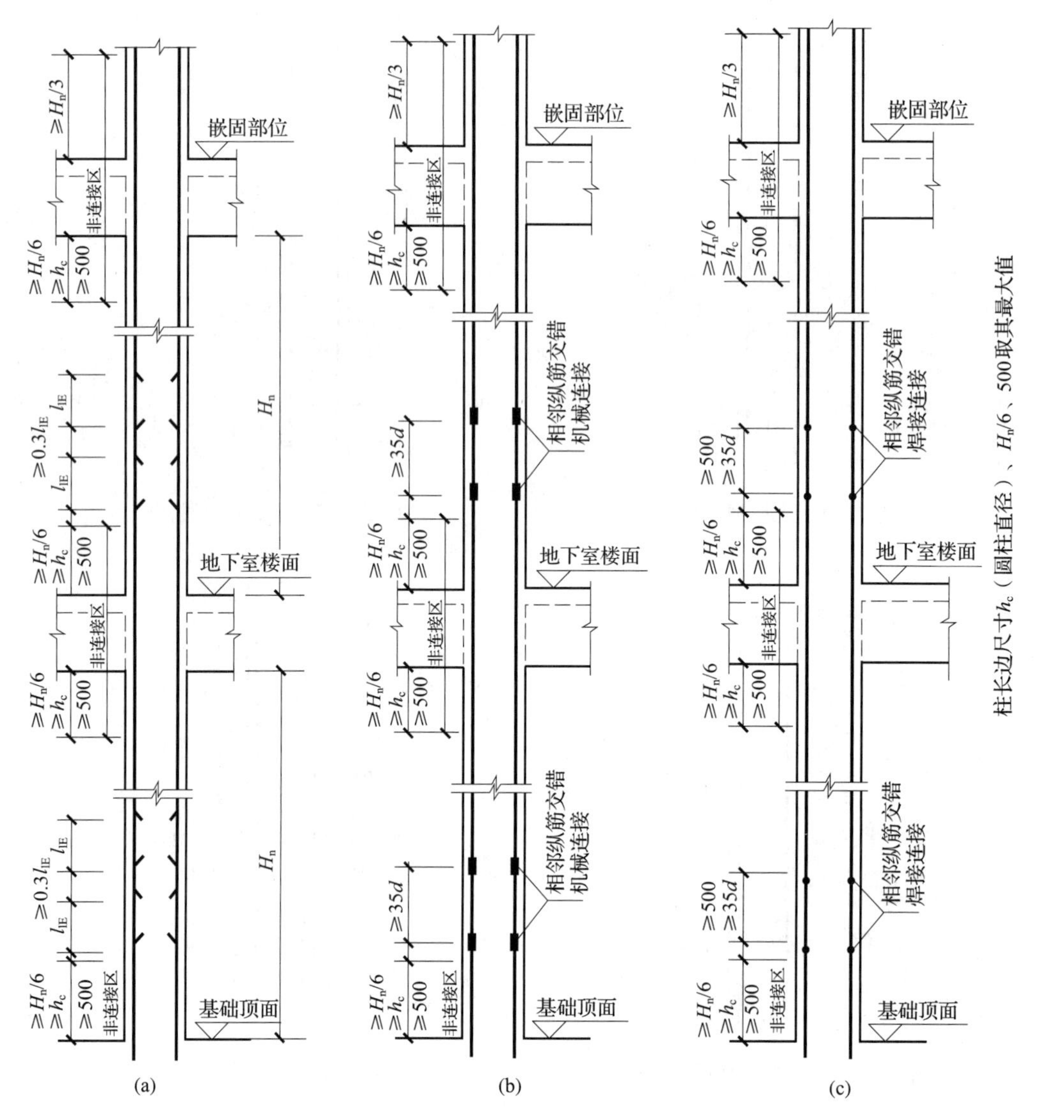

图2－6 地下室抗震框架柱纵向钢筋连接构造

（a）绑扎搭接；（b）机械连接；（c）焊接连接

②嵌固部位梁中部分的非连接区长度＝梁的截面高度。

③嵌固部位梁顶以上部分的非连接区长度≥H_n/3（H_n是上一楼层的柱净高）。

2. 柱相邻纵向钢筋连接接头

柱相邻纵向钢筋连接接头相互错开，在同一截面内钢筋接头面积百分率不应大于50%。

柱纵向钢筋连接接头相互错开距离为：

1）机械连接接头错开距离≥35d。

2）焊接连接接头错开距离≥35d 且≥500mm。

3）绑扎搭接连接搭接长度 l_{lE}（l_{lE}是抗震的绑扎搭接长度），接头错开的净距离≥0.3l_{lE}。

要点4：地下室抗震框架的箍筋设置

1）地下室抗震框架的箍筋加密区间为：基础顶面以上 max（$H_n/6$，500mm，h_c）范围内、地下室楼面以上以下各 max（$H_n/6$，500mm，h_c）范围内、嵌固部位以上≥$H_n/3$ 及其以下 max（$H_n/6$，500mm，h_c）高度范围内，如图2－7（a）所示。

2）当地下一层增加钢筋时，钢筋在嵌固部位的锚固构造如图2－7（b）所示。当采用弯锚结构时，钢筋伸至梁顶向内弯折 $12d$，且锚入嵌固部位的竖向长度≥$0.5l_{abE}$。当采用直锚结构时，钢筋伸至梁顶且锚入嵌固部位的竖向长度≥l_{aE}。

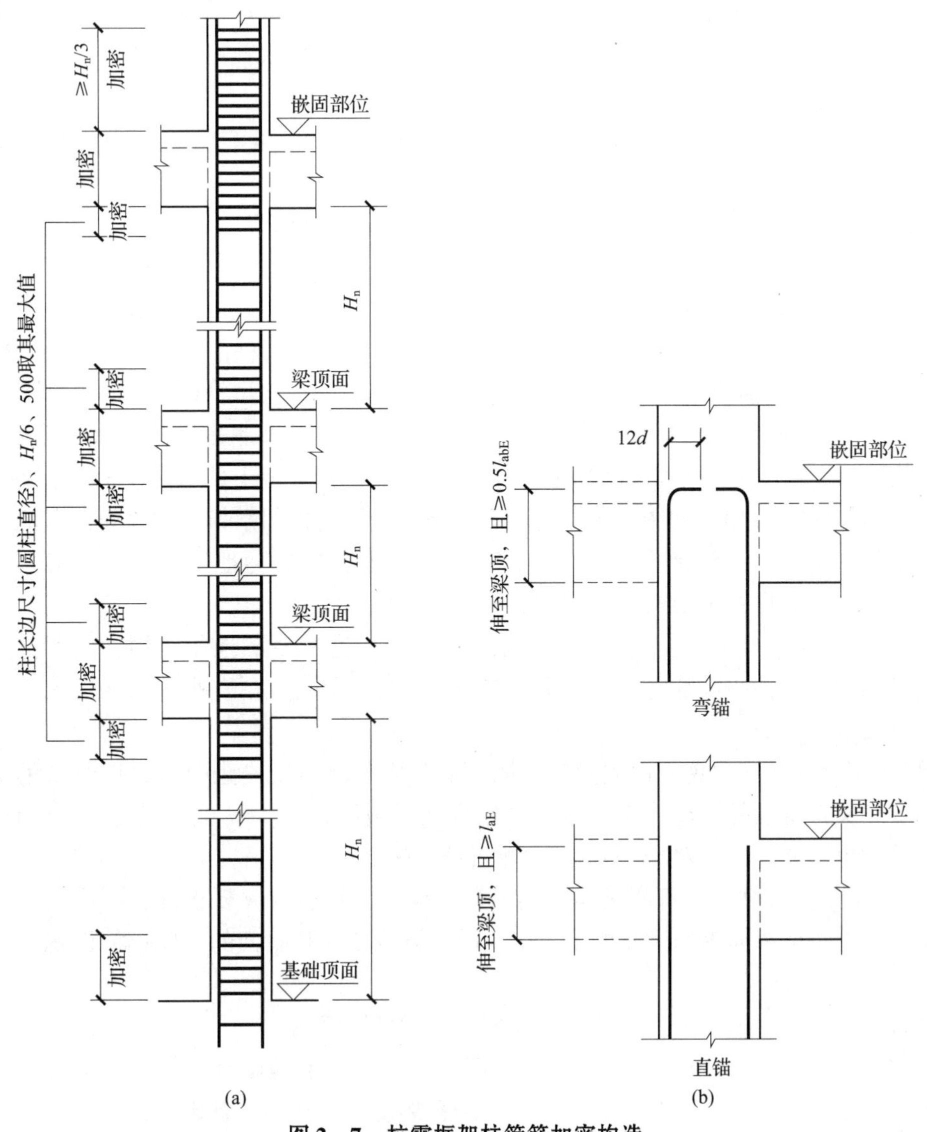

图2－7　抗震框架柱箍筋加密构造

（a）地下室顶板为上部结构的嵌固部位；（b）地下一层增加钢筋在嵌固部位的锚固构造

3）框架柱和地下框架柱箍筋绑扎连接范围（$2.3l_{aE}$）内需加密，加密间距为 min（$5d$，100mm）。

4）刚性地面以上和以下各 500mm 范围内的箍筋需加密，如图 2－8 所示。

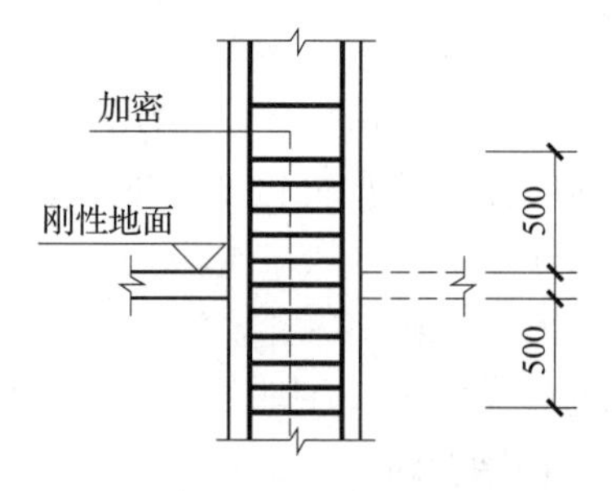

图 2－8　刚性地面上下箍筋加密范围

图 2－8 中所示“刚性地面”是指基础以上墙体两侧的回填土应分层回填夯实（回填土和压实密度应符合国家有关规定），在压实土层上铺设的混凝土面层厚度不应小于 150mm，这样在基础埋深较深的情况下，设置该刚性地面能对埋入地下的墙体在一定程度上起到侧面嵌固或约束的作用。箍筋在刚性地面上下 500mm 范围内加密是考虑了这种刚性地面非刚性约束的影响。另外，以下几种形式也可视作刚性地面：

①花岗岩板块地面和其他岩板块地面为刚性地面。

②厚度在 200mm 以上、混凝土强度等级不低于 C20 的混凝土地面为刚性地面。

要点 5：新平法图集对柱根部加密区－嵌固端的规定

《高层建筑混凝土结构技术规程》（JGJ 3—2010）中规定：底层柱柱根以上 1/3 柱净高的范围内是箍筋加密区，其目的是考虑“强柱弱梁”，增强底层柱的抗剪能力和提高框架柱的延性。确定柱根先要确定嵌固部位，嵌固部位是结构计算时底层柱计算长度的起始位置。

11G101－1 图集第 2.1.3 条规定：在柱平法施工图中，应按本规则第 1.0.8 条的规定注明各结构层的楼层标高、结构层高及相应的结构层号，且应注明上部结构嵌固部位位置。

从 11G101－1 柱构造详图可知：无地下室情况底层柱根部系指基础顶面；有地下室时底层柱根部应按施工图设计文件规定，在满足一定条件时，为地下室顶板；梁上柱梁顶面、墙上柱墙顶面也属于结构嵌固部位。

1）地下室结构应能承受上部结构屈服超强及地下室本身的地震作用，地下室结构的侧移刚度与上部结构的刚度之比不宜小于 2，一般地下室层数不宜小于 2 层；地下室周边宜有与其顶板相连的抗震墙。

2）地下室顶板应避免开设大洞口，地下室在地上结构相关范围的顶板应采用现浇梁板结构，相关范围以外的地下室顶板宜采用现浇梁板结构，一般要求现浇板厚≥180mm，混凝土强度等级≥C30，双层双向配筋且配筋率≥0.25%。

3）地下室一层柱截面每侧纵向钢筋面积，除满足抗震计算要求外，不应小于地上一层柱对应位置每侧纵向钢筋面积的 1.1 倍；同时梁端顶面和底面的纵向钢筋面积均应比计算值增大 10% 以上。

遇有下列情况，地下室上部结构嵌固部位位置发生变化：

1）条形基础、独立基础、桩基承台、箱形基础、筏形基础有一层地下室时，嵌固部位一般不在地下室顶面，而在基础顶面（如遇箱形基础，在箱形基础顶面）。

2）地下室顶板有较大洞口时，嵌固部位不在地下室顶面，应在地下一层以下位置。

3）有多层地下室，且地下室与地上一层的混凝土强度等级、层高、墙体位置、厚度相同时，地下室顶板不是嵌固端，而嵌固位置在基础顶面。

由于基础顶面至首层板顶高度较大，并设置了地下框架梁，柱净高 H_n 应从地下框架梁顶面开始计算，但地下框架梁顶面以下至基础顶面箍筋应全高加密。

底层柱根处（包括底层地下室柱根）箍筋加密区长度≥1/3 该层柱净高（$H_n/3$）；中间层地下室框架柱的箍筋加密区长度应取柱截面长边尺寸、柱净高的 1/6 和 500mm 中的最大值。

地下一层增加钢筋在嵌固部位的锚固构造如图 2－7（b）所示，此方法仅用于按《建筑抗震设计规范》GB 50011—2010 第 6.1.14 条，在地下一层增加 10% 的钢筋。由设计指定，未指定时表示地下一层比上层柱多出的钢筋。图示分梁高大于纵筋锚长和小于锚长两项，当梁高小于锚长时，钢筋弯锚且平直段不小于 0.5 倍的锚长，弯段为 12d；梁高大于锚长时，纵筋要伸到梁顶。

要点 6：抗震框架柱边柱和角柱柱顶纵向钢筋的构造

抗震框架柱边柱和角柱柱顶纵向钢筋有五个节点（节点 A ~ 节点 E）构造，如图 2－9 所示。

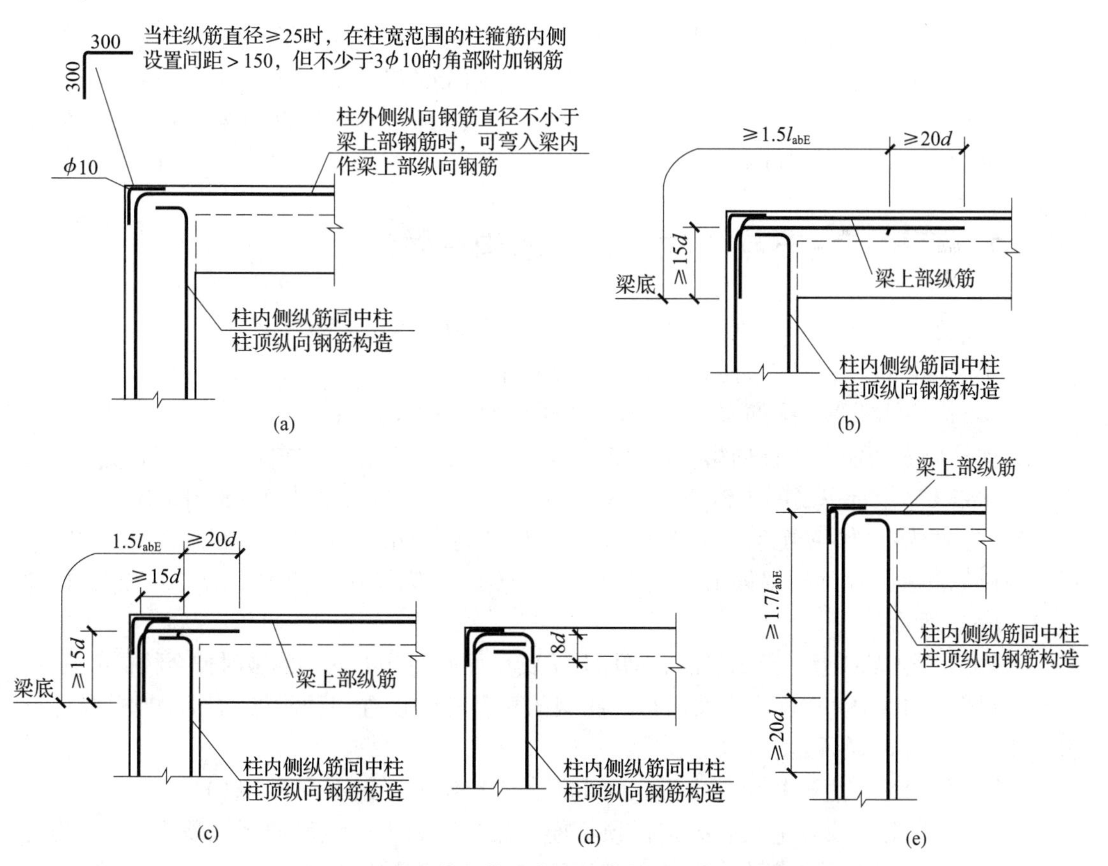

图 2－9 抗震框架柱边柱和角柱柱顶纵向钢筋构造

（a）节点 A；（b）节点 B；（c）节点 C；（d）节点 D；（e）节点 E

1. 节点A构造

当柱筋直径≥25mm时，在柱宽范围的柱箍筋内侧设置间距>150mm、但不少于3ϕ10的角部附加钢筋。

2. 节点B构造

1）边柱外侧伸入顶梁≥1.5l_{abE}，与梁上部纵筋搭接。

2）当柱外侧纵向钢筋配筋率>1.2%时，柱外侧柱纵筋伸入顶梁1.5l_{abE}后，分两批截断，断点距离≥20d。

3. 节点C构造

当柱外侧纵向钢筋配筋率>1.2%时，柱外侧柱纵筋伸入顶梁1.5l_{abE}后，分两批截断，断点距离≥20d。

4. 节点D构造

1）柱顶第一层钢筋伸至柱内边向下弯折8d。

2）柱顶第二层钢筋伸至柱内边。

5. 节点E构造

当梁上部纵筋配筋率>1.2%时，梁上部纵筋伸入边柱1.7l_{abE}后，分两批截断，断点距离≥20d。当梁上部纵筋为两排时，先截断第二排钢筋。

节点A、B、C、D应配合使用，节点D不应单独使用（仅用于未伸入梁内的柱外侧纵筋锚固），伸入梁内的柱外侧纵筋不宜少于柱外侧全部纵筋面积的65%。可选择B+D或C+D或A+B+D或A+C+D的做法。节点E用于梁、柱纵向钢筋接头沿节点柱外侧直线布置的情况，可与节点A组合使用。

要点7：顶梁边柱节点“柱插梁”的构造做法

“柱插梁”的做法有如图2-9（b）、（c）所示的两个构造做法。

由于配筋率的不同，“柱插梁”的做法有两种：

1）当边柱外侧纵筋配筋率不大于1.2%时，如图2-10（a）所示。

边柱外侧纵筋伸入“柱插梁”（WKL）顶部不小于1.5l_{abE}（注意：从梁底算起），“柱插梁”（WKL）上部纵筋的直钩伸至梁底（而不是15d），当加腋时伸至腋根部位置。

2）当边柱外侧纵筋配筋率大于1.2%时，柱外侧纵筋的两批截断点相距20d，即一半的柱外侧纵筋伸入屋面框架梁1.5l_{abE}，另一半的柱外侧纵筋伸入顶梁1.5l_{abE}+20d，如图2-10（b）所示。

“柱插梁”（WKL）上部纵筋的直钩伸至梁底（而不是15d），当加腋时伸至腋根部位置。

3）图2-10中，屋面框架梁与边柱相交的角部外侧设置一种附加钢筋（当柱纵筋直径不小于25mm时设置）：

“直角状钢筋”边长各为300mm，间距不大于150mm，但不少于3ϕ10。

“直角状钢筋”实际上是起固定柱顶箍筋作用的，因为柱纵筋伸到柱顶弯90°直钩时有一个弧度，会造成柱顶部分的加密箍筋无法与已经拐弯的外侧纵筋绑扎固定，所以设置了“直角状钢筋”。

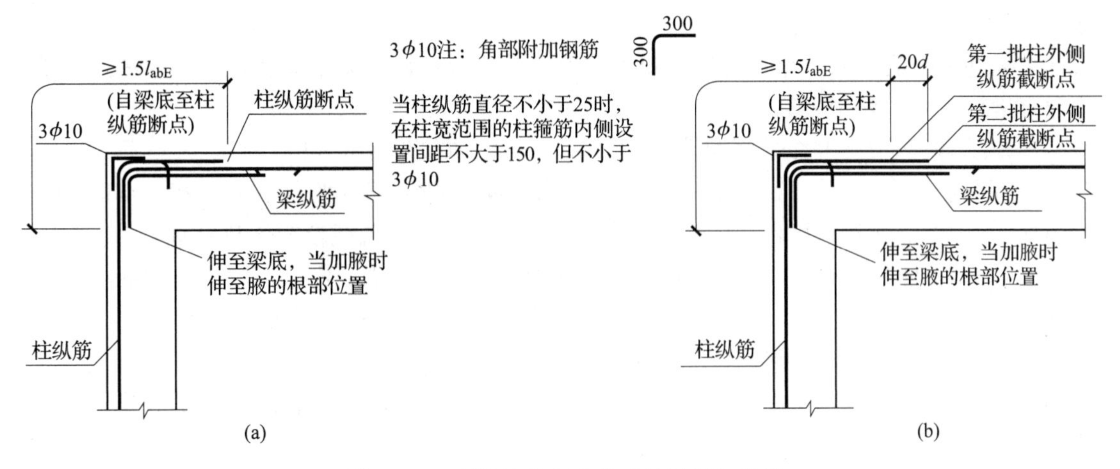

图2-10 顶梁边柱节点的“柱插梁”构造

（a）柱外侧纵筋配筋率不大于1.2%时顶梁边柱节点构造；

（b）柱外侧纵筋配筋率大于1.2%时顶梁边柱节点构造

要点8：顶梁边柱节点“梁插柱”的构造要求

“梁插柱”的做法见图2-9（e）的节点构造做法。

由于配筋率的不同，“梁插柱”的做法有两种：

1）当屋面框架梁上部纵筋配筋率不大于1.2%时，如图2-11（a）所示。

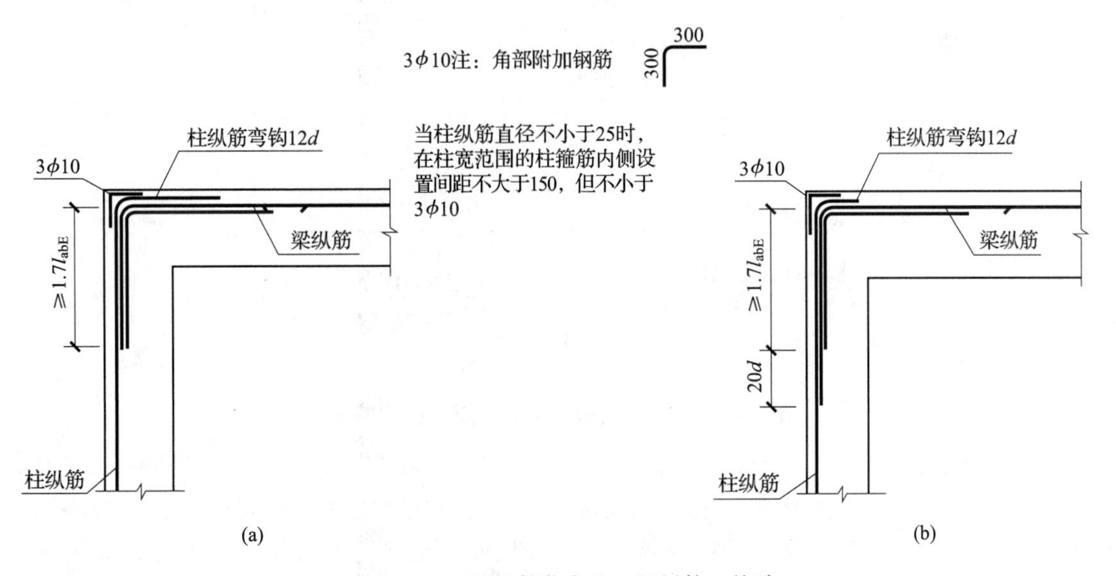

图2-11 顶梁边柱节点的“梁插柱”构造

（a）梁上部纵筋配筋率不大于1.2%时顶梁边柱节点构造；

（b）梁上部纵筋配筋率大于1.2%时顶梁边柱节点构造

“梁插柱”（WKL）的上部纵筋伸入边柱外侧的直段长度不小于 $1.7l_{abE}$（从拐点算起）。

边柱外侧纵筋伸入“梁插柱”（WKL）顶部后，弯直钩 $12d$（这里沿用旧做法，新图集没有指出“弯直钩 $12d$”）。

2）当屋面框架梁上部纵筋配筋率大于1.2%时，如图2－11（b）所示。

当屋面框架梁上部纵筋配筋率大于1.2%时，梁上部纵筋的两批截断点相距 $20d$。图2－9（e）中节点构造的引注为：“当梁上部纵筋为两排时，先截断第二排钢筋”，这就是说，屋面框架梁的第一排上部纵筋伸入边柱外侧 $1.7l_{abE}+20d$，第二排上部纵筋伸入边柱外侧 $1.7l_{abE}$。

边柱外侧纵筋伸入“梁插柱”（WKL）顶部后，弯直钩 $12d$。

3）图2－11中，在屋面框架梁与边柱相交的角部外侧设置一种附加钢筋（当柱纵筋直径不小于25mm时设置）：

“直角状钢筋”边长各为300mm，间距不大于150mm，但不少于 $3\phi10$。

要点9：框架梁柱混凝土强度等级不同时，节点混凝土浇筑

框架梁柱混凝土强度等级不同时，节点核心区混凝土的浇筑如图2－12所示，特别是在有抗震设防要求时，节点核心区混凝土易出现剪切破坏，采用哪一种构件的混凝土浇筑，规范中没有明确的规定，这些构造做法是需要施工经验的积累，而在结构力学计算时是要忽略的因素，这就需要通过相应的构造措施来弥补。

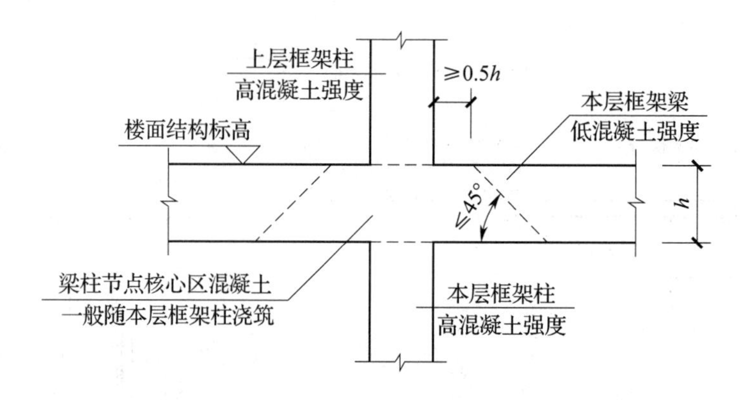

图2－12　节点核心区与梁柱混凝土强度不同

常用的施工方法为：框架梁与框架柱混凝土强度等级相差较小时，节点核心区混凝土一般随本层框架柱浇筑，先浇筑框架柱混凝土到框架梁底部标高，然后同时浇筑框架梁、次梁和楼板的混凝土；框架梁与框架柱混凝土强度等级相差较大时，如果采用混凝土强度等级低的构件的混凝土浇筑，节点核心区混凝土有可能因抗剪强度不足出现斜截面破坏，一般以混凝土等级相差5MPa为一级处理节点核心区混凝土的浇筑问题。

钢筋混凝土材料不是纯粹的弹性材料，砌体结构加构造柱也不是纯粹的塑性材料，它们都属于弹塑性材料，这在计算上是必须忽略的因素，否则结构计算进行不下去。在不满足上述要求时，节点核心区的混凝土浇筑要采取下列构造措施弥补：

1）柱混凝土的强度等级高于梁、板一级，或者不超过两级，但节点四周有框架梁时，可按框架梁、板的混凝土强度等级同时浇筑。

2）柱、梁、板的混凝土强度等级相差不超过两级，柱四周没有设置框架梁时，需经设计人员验算节点强度，才可以与梁同时浇筑混凝土。

3）当不满足上述要求时，节点核心区混凝土宜按框架柱强度等级单独浇筑，在框架柱混凝土初凝前浇筑框架梁、板的混凝土，并加强混凝土的振捣和养护。

4）因施工进度影响或为施工方便，梁柱节点核心区混凝土同时浇筑时，应同结构设计工程师协商，加大梁柱结合部位的截面面积（增加水平加腋）并配置附加钢筋，解除梁对节点核心区的约束。

要点10：框架柱节点核心区的水平箍筋设置

有抗震设防要求的框架节点，梁、柱纵向受力钢筋要有可靠的锚固条件，节点核心区配置水平箍筋，其作用和构造要求不同于柱端，因此处施工时箍筋比较密集，施工时混凝土浇筑不便，影响振捣，为保证节点核心区的安全，应按施工图设计文件的要求配置，不可以随意减少。对无抗震设防要求的框架节点，节点核心区的水平箍筋构造相对简单些，特别是柱四边有框架梁时。

在20世纪90年代施工中有种做法，采用两个U形箍，交错搭接，只要满足搭接长度就可以。现在平法设计没给出节点构造，施工企业照施工图设计文件做，节点处的箍筋不好绑扎，这是现实的问题。

这里提出有抗震设防要求的框架节点核心区应设置水平复合箍筋，不得随意减少其肢数与数量是要经过计算的，应按施工图设计文件中的要求配置。

对于无抗震设防要求的框架节点核心区，要求至少设置一个箍筋，水平箍筋间距不宜大于250mm，且不应大于$15d$（d为纵向受力钢筋的最小直径），非抗震框架节点核心区四周设置框架梁，可沿节点周边设置矩形箍筋，其他情况应按设计图纸要求设置水平箍筋。

节点核心区箍筋表示方法为：当为抗震设计时，用斜线“/”区分柱端箍筋加密区与柱身非加密区长度范围内箍筋的不同间距。当框架节点核心区内箍筋与柱端箍筋设置不同时，应在括号内注明核心区箍筋直径及间距，如ϕ10@100/250（ϕ12@100）。施工人员需根据标准构造详图的规定，在规定的几种长度值中取最大值作为加密区长度。

框架柱节点核心区的水平箍筋设置图例见图2－13。

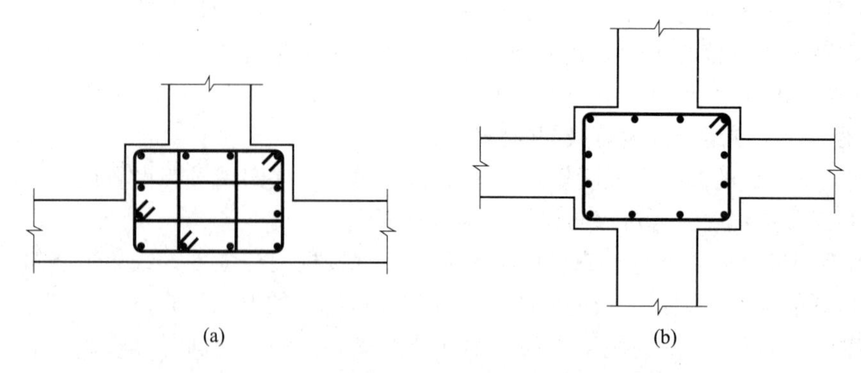

图 2-13　框架柱节点核心区的水平箍筋设置图例

（a）节点核心区水平箍筋配置；（b）非抗震节点核心区四边有梁箍筋

要点 11：在实际工程中怎样能做到节点 D“不宜少于柱外侧全部纵筋面积的 65%”的构造要求

单独使用节点 D 构造是不被允许的，原因就是不能做到“不宜少于柱外侧全部纵筋面积的 65%”的构造要求，此时可采用节点 B + D 组合的方式解决这个问题，做法就是：全部柱外侧纵筋伸入现浇梁及板内。即能伸入现浇梁的柱外侧纵筋伸入梁内，不能深入现浇梁的柱外侧纵筋伸入现浇板内。这样就能保证“不宜少于柱外侧全部纵筋面积的 65%”的要求了。

要点 12：抗震框架柱变截面位置纵向钢筋构造做法

抗震框架柱变截面位置纵向钢筋构造如图 2-14 所示。

仔细看这五个图可以发现，根据错台的位置及斜率比的大小，可以得出抗震框架柱变截面处的纵筋构造要点，其中 Δ 为上下柱同向侧面错台的宽度，h_b 为框架梁的截面高度。

1. 变截面的错台在内侧

变截面的错台在内侧时，可分为两种情况：

1）$\Delta/h_b>1/6$［图 2-14（a）、（c）］：下层柱纵筋断开，上层柱纵筋伸入下层；下层柱纵筋伸至该层顶 $12d$；上层柱纵筋伸入下层 $1.2l_{aE}$。

2）$\Delta/h_b\leqslant 1/6$［图 2-14（b）、（d）］：下层柱纵筋斜弯连续伸入上层，不断开。

2. 变截面的错台在外侧

变截面的错台在外侧时，构造如图 2-14（e）所示，端柱处变截面，下层柱纵筋断开，伸至梁顶后弯锚进框架梁内，弯折长度为 $\Delta+l_{aE}$ - 纵筋保护层厚度，上层柱纵筋伸入下层 $1.2l_{aE}$。

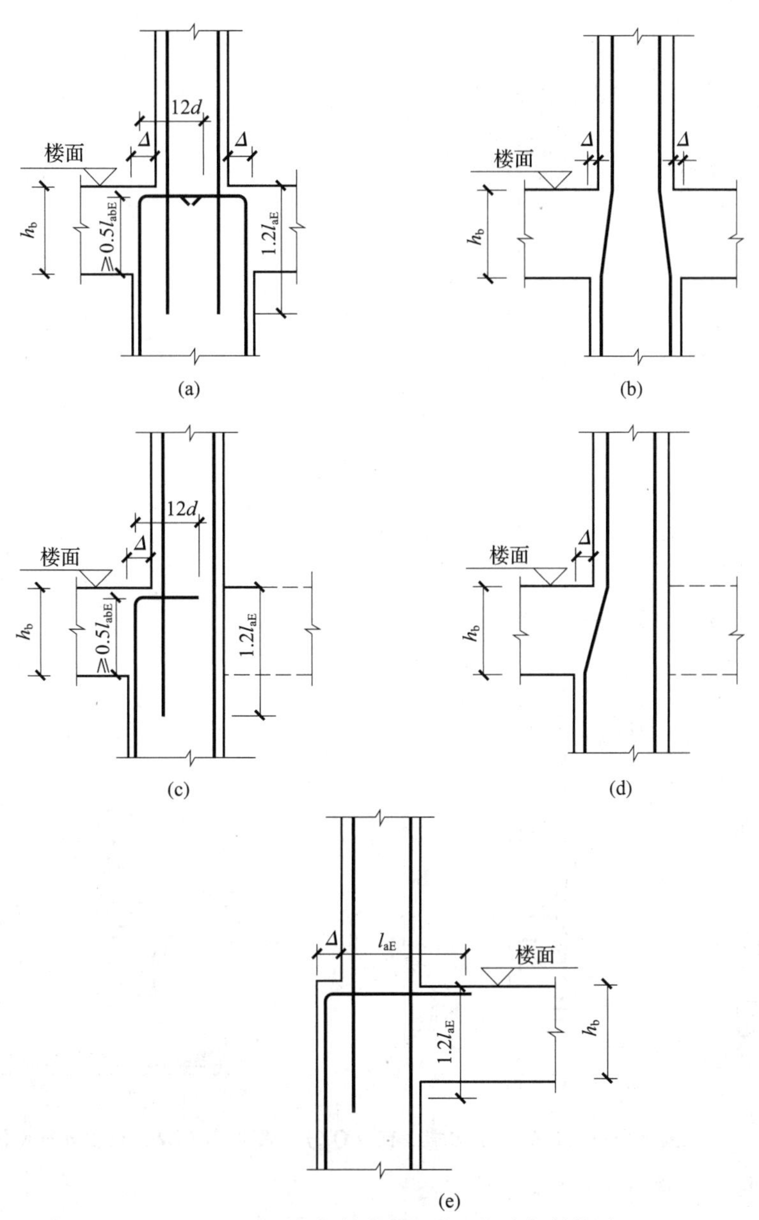

图2-14 抗震框架柱变截面位置纵向钢筋构造

（a）$\Delta/h_b>1/6$；（b）$\Delta/h_b\leqslant1/6$；（c）$\Delta/h_b>1/6$；（d）$\Delta/h_b\leqslant1/6$；（e）外侧错台

要点13：抗震框架柱、剪力墙上柱、梁上柱的箍筋加密区范围

箍筋对混凝土的约束程度是影响框架柱弹塑性变形能力的重要因素之一。从抗震的角度考虑，为增强柱接头搭接的整体性以及提高柱的承载能力，抗震框架柱（KZ）、剪力墙上柱（QZ）、梁上柱（LZ）的箍筋加密区范围如图2-15所示。

1）柱端取截面高度或圆柱直径、柱净高的1/6和500mm三者中的最大值。

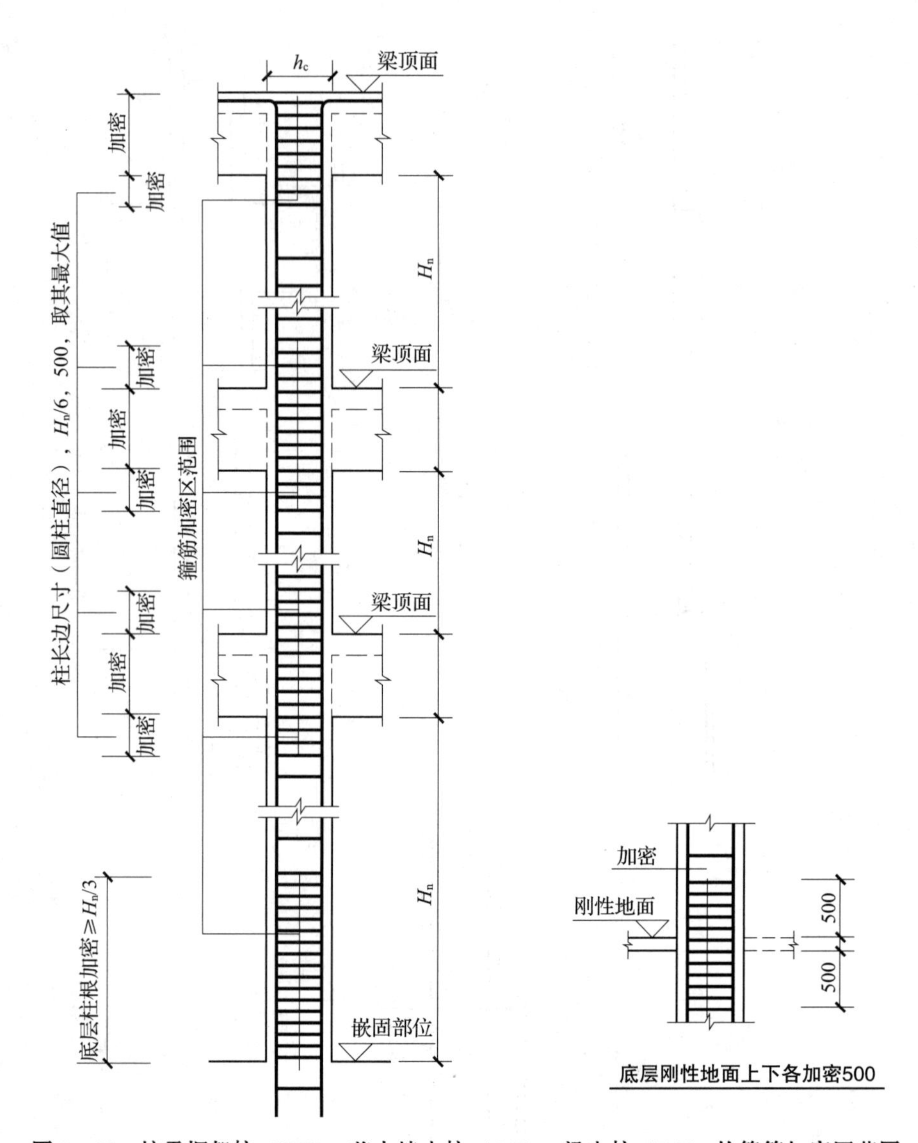

图 2-15　抗震框架柱（KZ）、剪力墙上柱（QZ）、梁上柱（LZ）的箍筋加密区范围

2）底层柱的下端不小于柱净高的 1/3。

3）刚性地面上下各 500mm。

4）剪跨比不大于 2 的柱、因设置填充墙等形成的柱净高与柱截面高度之比不大于 4 的柱、框支柱、一级和二级框架的角柱取全高。

5）当柱在某楼层各向均无梁连接时，计算箍筋加密范围采用的 H_n 按该跃层柱的总净高取用。

6）墙上起柱，在墙顶面标高以下锚固范围内的柱箍筋按上柱非加密区箍筋的要求配置。

7）梁上起柱，在梁内设两道柱箍筋。

实践中，为便于施工时确定柱箍筋加密区的高度，可按表 2-1 查用，但表中数值未包括框架嵌固部位柱根部箍筋加密区范围。

表2-1　抗震框架柱和小墙肢箍筋加密区高度选用表(mm)

柱净高 H_n	柱截面长边尺寸 h_c 或圆柱直径 D																		
	400	450	500	550	600	650	700	750	800	850	900	950	1000	1050	1100	1150	1200	1250	1300
1500																			
1800	500																		
2100	500	500	500																
2400	500	500	500	550															
2700	500	500	500	550	600	650													
3000	500	500	500	550	600	650	700												
3300	550	550	550	550	600	650	700	750	800										
3600	600	600	600	600	600	650	700	750	800	850									
3900	650	650	650	650	650	650	700	750	800	850	900	950							
4200	700	700	700	700	700	700	700	750	800	850	900	950	1000						
4500	750	750	750	750	750	750	750	750	800	850	900	950	1000	1050	1100				
4800	800	800	800	800	800	800	800	800	800	850	900	950	1000	1050	1100	1150			
5100	850	850	850	850	850	850	850	850	850	850	900	950	1000	1050	1100	1150	1200	1250	
5400	900	900	900	900	900	900	900	900	900	900	900	950	1000	1050	1100	1150	1200	1250	1300
5700	950	950	950	950	950	950	950	950	950	950	950	950	1000	1050	1100	1150	1200	1250	1300
6000	1000	1000	1000	1000	1000	1000	1000	1000	1000	1000	1000	1000	1000	1050	1100	1150	1200	1250	1300
6300	1050	1050	1050	1050	1050	1050	1050	1050	1050	1050	1050	1050	1050	1050	1100	1150	1200	1250	1300
6600	1100	1100	1100	1100	1100	1100	1100	1100	1100	1100	1100	1100	1100	1100	1100	1150	1200	1250	1300
6900	1150	1150	1150	1150	1150	1150	1150	1150	1150	1150	1150	1150	1150	1150	1150	1150	1200	1250	1300
7200	1200	1200	1200	1200	1200	1200	1200	1200	1200	1200	1200	1200	1200	1200	1200	1200	1200	1250	1300

箍筋全高加密

注:1　表内数值未包括框架嵌固部位柱根部箍筋加密区范围。

2　柱净高(包括因嵌砌填充墙等形成的柱净高)与柱截面长边尺寸(圆柱为截面直径)的比值 $H_n/h_c \leq 4$ 时,箍筋沿柱全高加密。

3　小墙肢即墙肢长度不大于墙厚4倍的剪力墙。矩形小墙肢的厚度不大于300mm时,箍筋全高加密。

要点 14：抗震墙柱（QZ）、梁上柱（LZ）纵向钢筋构造

根据建筑功能与结构的要求，在建筑结构设计中有时需要设计抗震墙柱（QZ）与梁上柱（LZ）。其中墙柱是指在剪力墙顶端埋设的柱，而梁上柱是指在梁上面接出的柱子。梁下无柱时，柱端部纵筋锚入梁内。在设计墙柱和梁上柱时，墙体与梁的平面外方向应设梁，以使柱脚平面外的弯矩得以平衡；当梁宽小于柱宽时，应在梁处设置加腋。具体构造要求见图 2－16 和图 2－17。

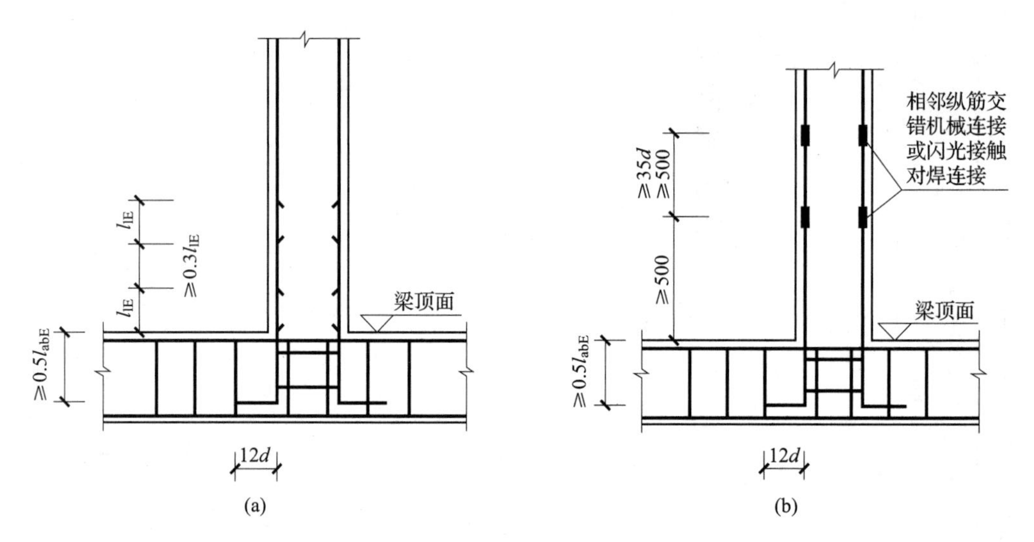

图 2－16　梁上柱（LZ）纵筋构造

（a）绑扎搭接连接；（b）机械或焊接连接

要点 15：非抗震框架柱的纵向钢筋构造连接方式

框架柱设计时无需考虑动荷载，只考虑静力荷载作用，一般按非抗震框架柱（KZ）设计。非抗震框架柱常用的纵筋连接方式有绑扎搭接、机械连接、焊接连接三种方式，纵筋的连接要求见图 2－18。

非抗震框架柱尚应满足以下构造要求：

1）柱相邻纵向钢筋连接接头相互错开，在同一截面内的钢筋接头面积百分率不宜大于 50%。

2）轴心受拉以及小偏心受拉柱内的纵筋不得采用绑扎搭接接头，设计者应在平法施工图中注明其平面位置及层数。

3）上柱钢筋比下柱多时，钢筋的连接见图 2－19 中的（a）；上柱钢筋直径比下柱钢筋直径大时，钢筋的连接见图 2－19 中的（b）；下柱钢筋比上柱多时，钢筋的连接见图 2－19 中的（c）；下柱钢筋直径比上柱钢筋直径大时，见图 2－19 中的（d）。图 2－19 中可为绑扎搭接、机械连接或对焊连接中的任意一种。

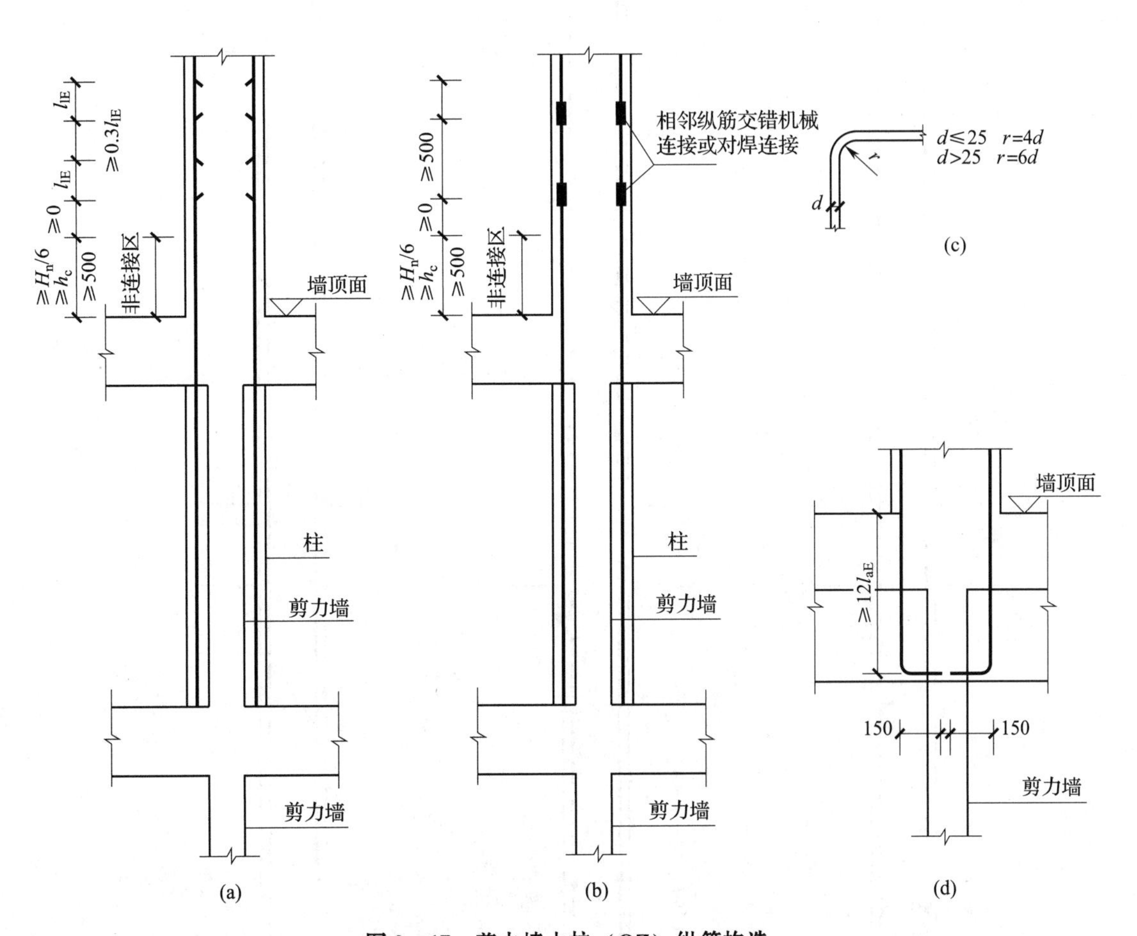

图2-17　剪力墙上柱（QZ）纵筋构造

（a）绑扎搭接连接（柱与墙重叠一层）；（b）机械或焊接连接（柱与墙重叠一层）；
（c）纵向钢筋弯折要求；（d）柱纵筋锚固在墙顶部时的柱根构造

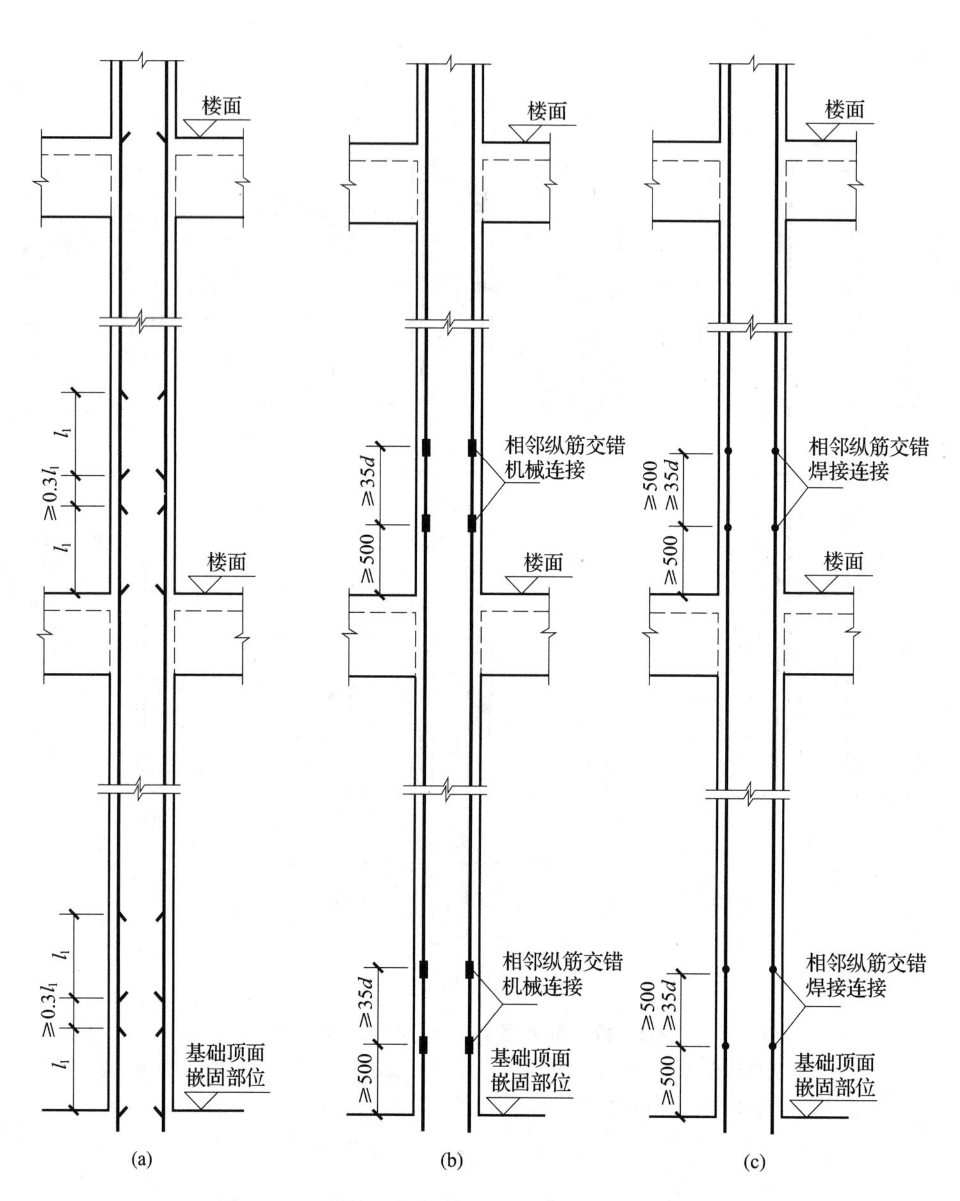

图 2-18　非抗震框架柱（KZ）纵向钢筋连接构造

（a）绑扎搭接；（b）机械连接；（c）焊接连接

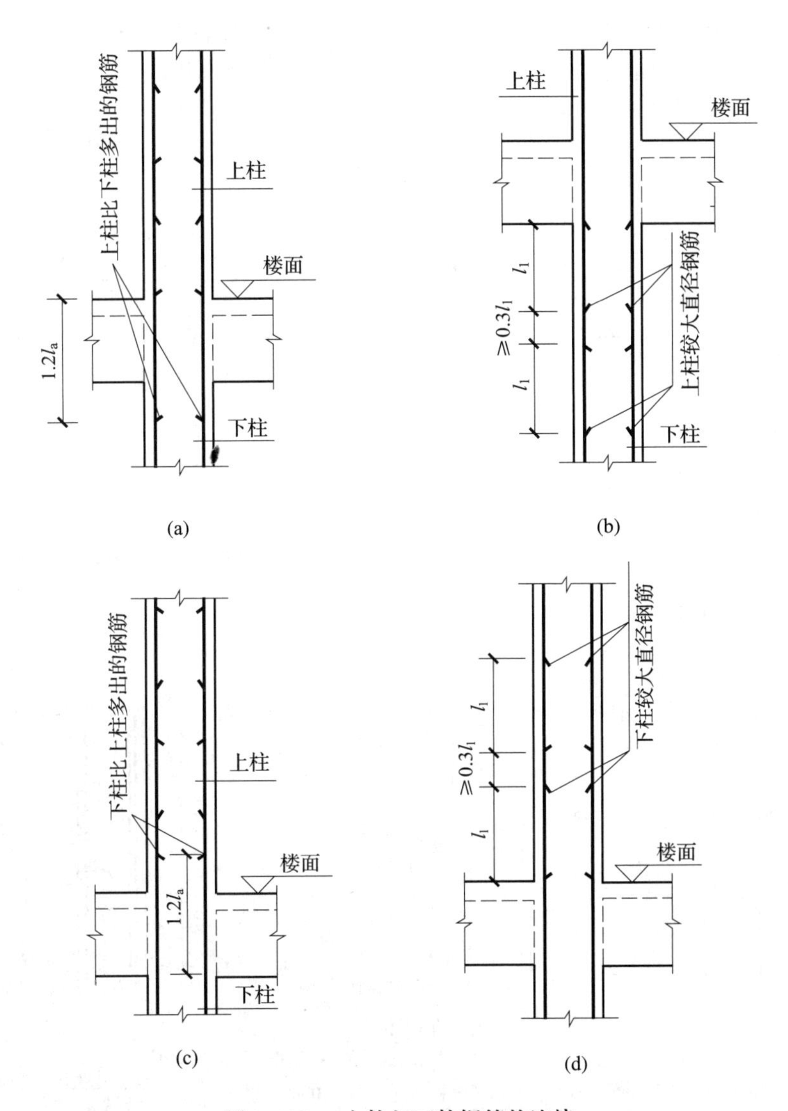

图2-19　上柱与下柱钢筋的连接

（a）上柱钢筋比下柱多；（b）上柱钢筋直径比下柱钢筋直径大；

（c）下柱钢筋比上柱多；（d）下柱钢筋直径比上柱钢筋直径大

4）框架柱纵向钢筋直径 $d>28$mm 时，不宜采用绑扎搭接接头。

5）机械连接和焊接接头的类型及质量应符合国家现行有关标准的规定。

要点16：非抗震边柱和角柱柱顶纵向钢筋构造

非抗震边柱和角柱柱顶纵向钢筋构造分 A ~ E 五种类型，如图2-20所示，应根据设计者指定的类型选用，当设计者未指定类型时，施工人员可根据具体情况与设计人员协商确定具体类型。值得注意的是，节点A、B、C、D应配合使用，可分别选用B+D或C+D或A+B+D或A+C+D的做法。节点D不应单独使用（仅用于未伸入梁内的柱外侧纵筋锚固），伸入梁内的柱外侧纵筋不宜少于柱外侧全部纵筋面积的65%；节点E可与节点A组合，用于梁、柱纵向钢筋接头沿节点柱顶外侧直线布置的情况。

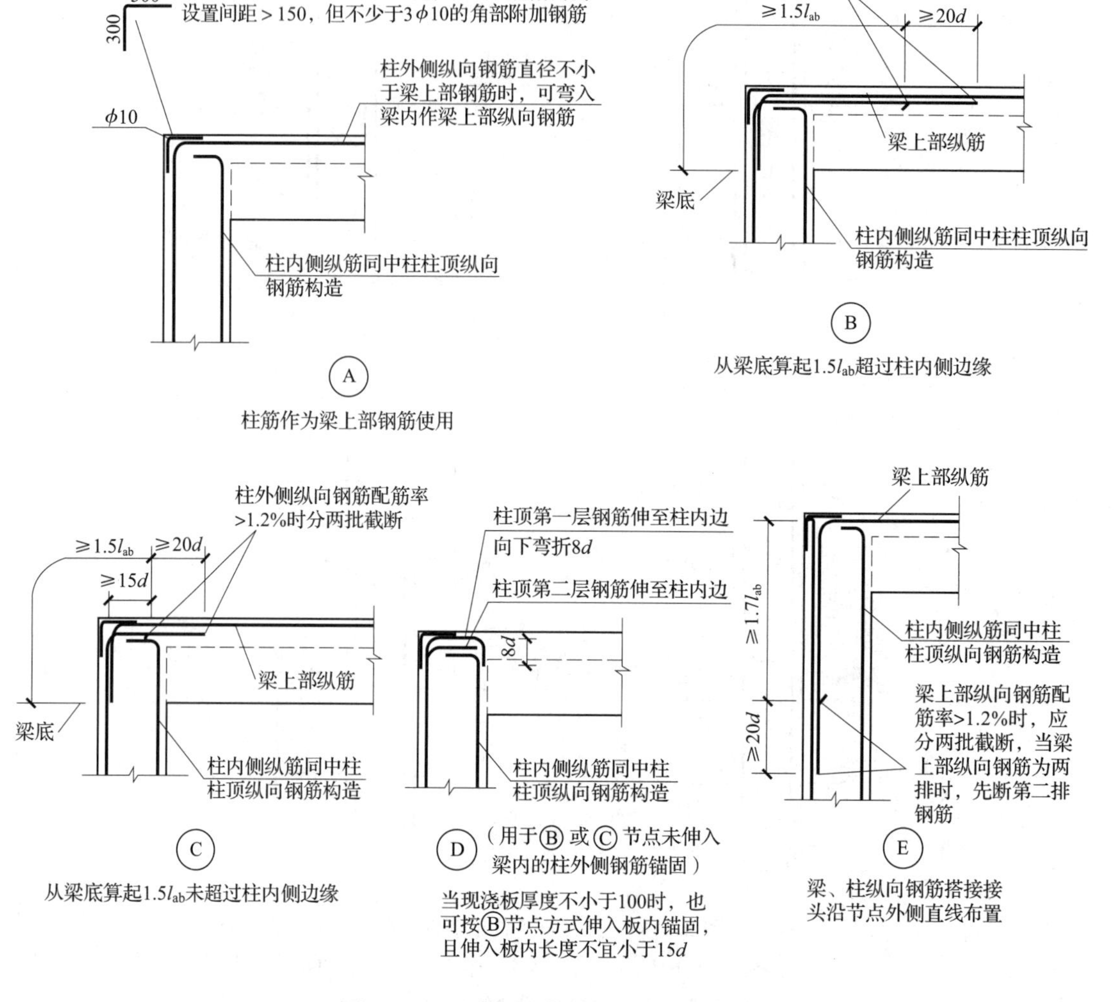

图2-20　边柱、角柱柱顶纵向钢筋构造

要点17：复合箍筋的设置

1）当柱截面短边尺寸大于400mm且各边纵向钢筋多于3根时，或当柱截面短边尺寸不大于400mm但各边纵向钢筋多于4根时，应设置复合箍筋。

2）设置在柱周边的纵向受力钢筋，除圆形截面外，$b>400$mm时，宜使纵向受力钢筋每隔一根置于箍筋转角处。

3）复合箍筋可采用多个矩形箍组合或矩形箍加拉筋、三角形筋、菱形筋等。

4）矩形截面柱的复合箍筋形式如图2-21所示。

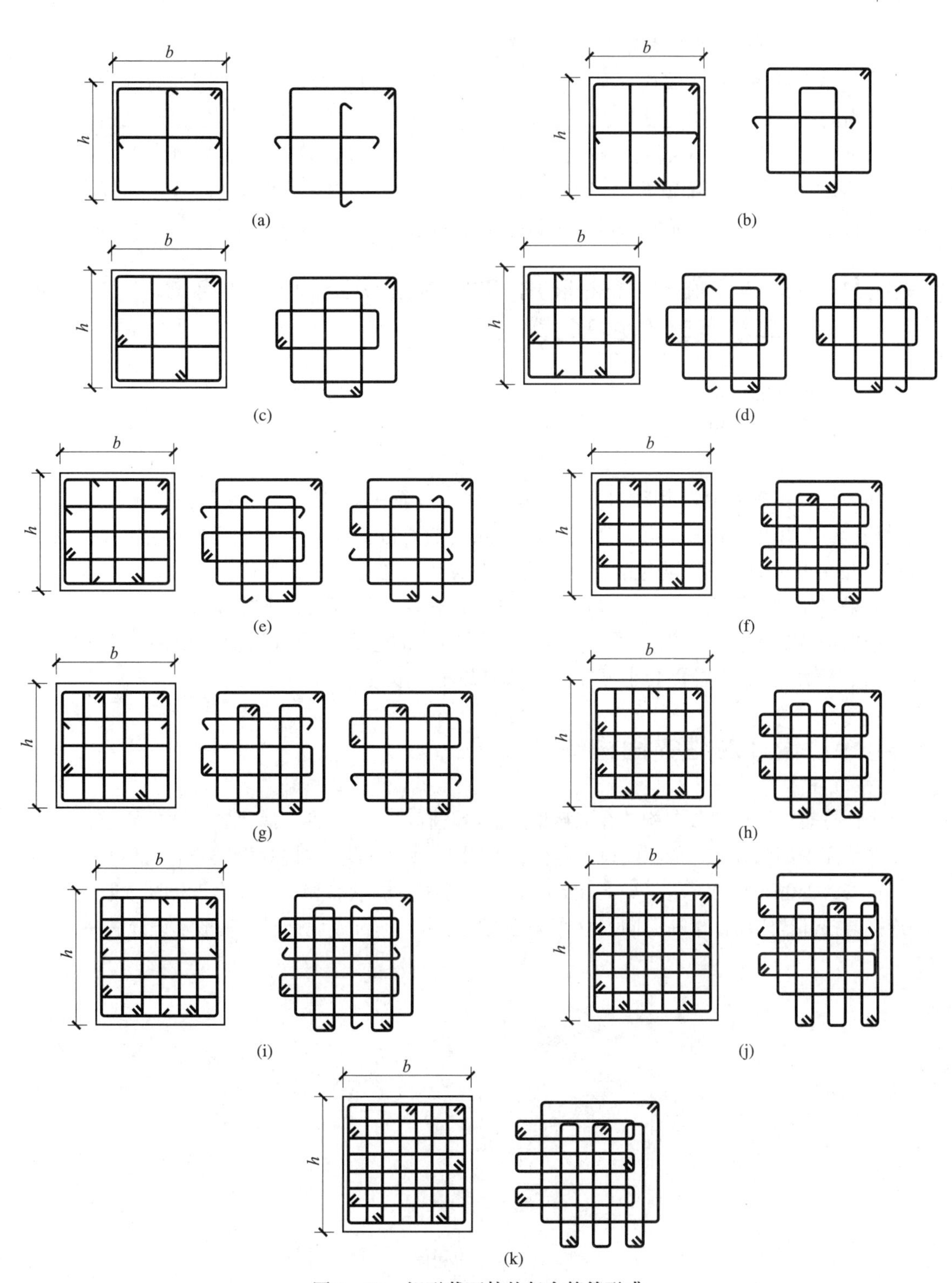

图 2－21　矩形截面柱的复合箍筋形式

（a）箍筋肢数 3×3；（b）箍筋肢数 4×3；（c）箍筋肢数 4×4；（d）箍筋肢数 5×4；（e）箍筋肢数 5×5；（f）箍筋肢数 6×6；（g）箍筋肢数 6×5；（h）箍筋肢数 7×6；（i）箍筋肢数 7×7；（j）箍筋肢数 8×7；（k）箍筋肢数 8×8

5）矩形复合筛筋的基本复合方式可为：

①沿复合箍筋周边，箍筋局部重叠不宜多于两层。以复合箍筋最外围的封闭箍筋为基准，柱内的横向箍筋紧挨其设置在下（或在上），柱内纵向箍筋紧挨其设置在上（或在下）。

②柱内复合箍筋可全部采用拉筋，拉筋须同时钩住纵向钢筋和外围封闭箍筋。

③为使箍筋外围局部重叠不多于两层，当拉筋设在旁边时，可沿竖向将相邻两道箍筋按其各自平面位置交错放置，如图 2－21（d）、（e）、（g）所示。

要点 18：柱复合箍筋不能采用“大箍套中箍，中箍再套小箍”及“等箍互套”的形式

柱复合箍筋的做法是，在柱子的四个侧面上，任何一个侧面上只有两根并排重合的一小段箍筋，这样可以基本保证混凝土对每根箍筋不小于 270°的包裹，这对保证混凝土对钢筋的有效黏结至关重要。

如果把“等箍互套”用于外箍上，就破坏了外箍的封闭性，这是很危险的。如果把“等箍互套”用于内箍上，就会造成外箍与互套的两段内箍有三段钢筋并排重叠在一起，影响了混凝土对每段钢筋的包裹，这是不允许的，而且还多用了钢筋。

如果采用“大箍套中箍，中箍再套小箍”的做法，柱侧面并排的箍筋重叠就会达到三根、四根甚至更多，这更影响了混凝土对每段钢筋的包裹，而且还浪费更多的钢筋。所以，“大箍套中箍，中箍再套小箍”的做法是最不可取的。

要点 19：设计芯柱锚固构造的情况

为使抗震框架柱等竖向构件在消耗地震能量时有适当的延性，满足轴压比的要求，可在框架柱截面中部三分之一范围内设置芯柱，如图 2－22 所示。芯柱截面尺寸的长和宽一般为 max（$b/3$，250mm）和 max（$h/3$，250mm）。芯柱配置的纵筋和箍筋按设计标注，芯柱纵筋的连接与根部锚固同框架柱，向上直通至芯柱顶标高。非抗震设计时，一般不设计芯柱。

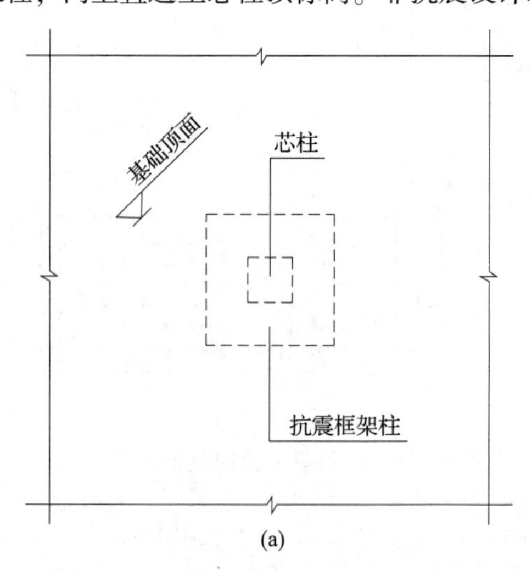

(a)

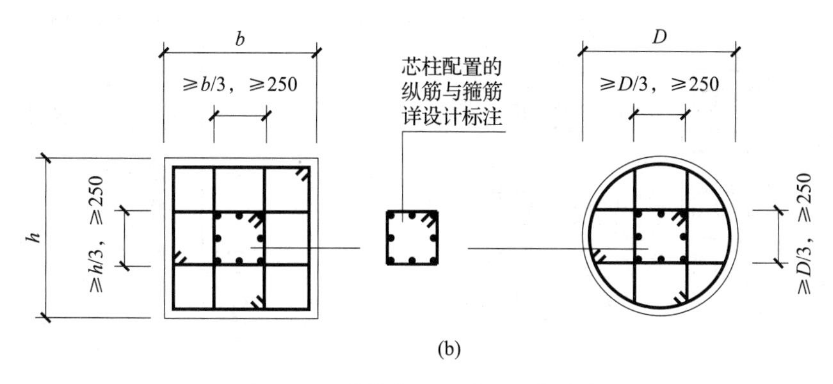

图 2－22　芯柱截面尺寸及配筋构造

（a）芯柱的设置位置；（b）芯柱的截面尺寸与配筋

要点 20：框架柱插筋在基础中的锚固构造

柱插筋及其箍筋在基础中的锚固构造，可根据基础类型、基础高度、基础梁与柱的相对尺寸等因素综合确定。柱插筋在基础中的锚固构造如图 2－23 所示。

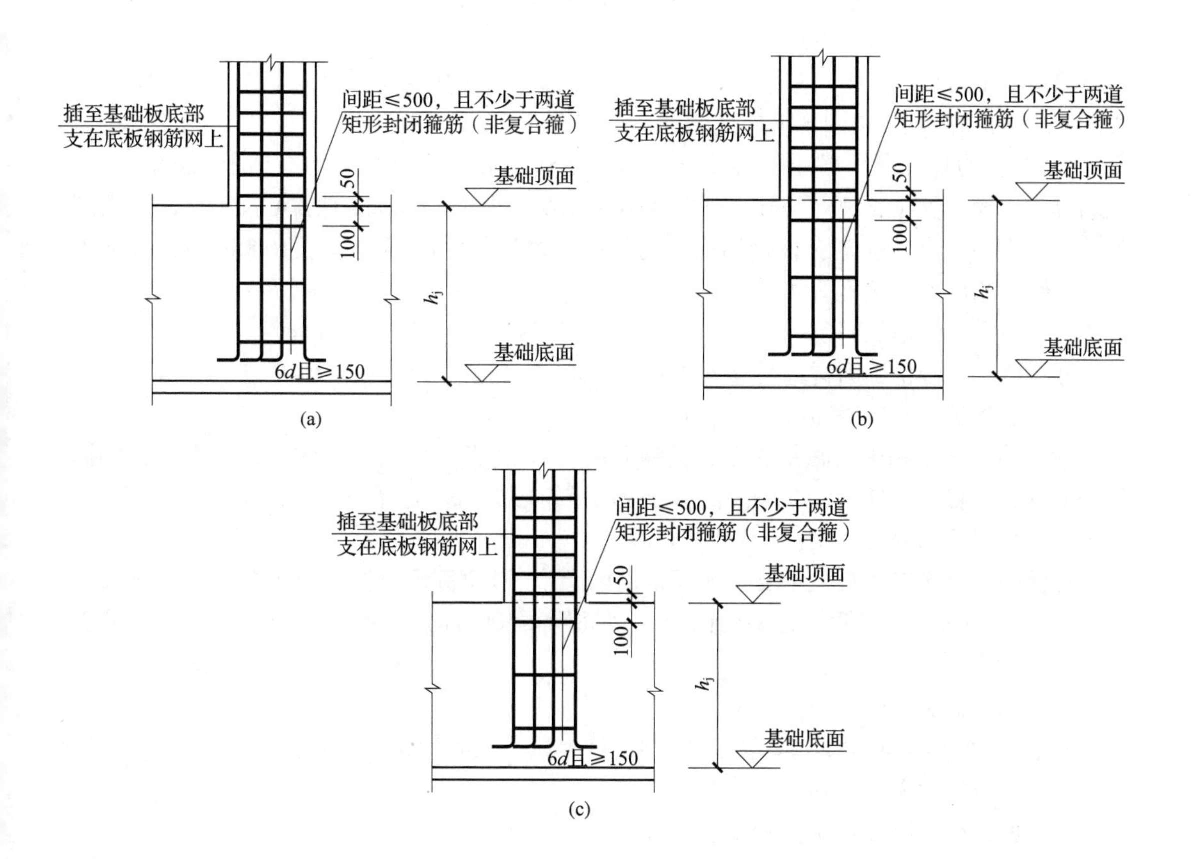

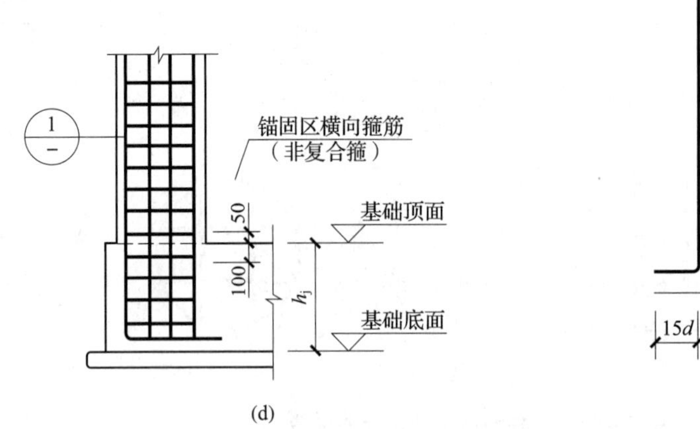

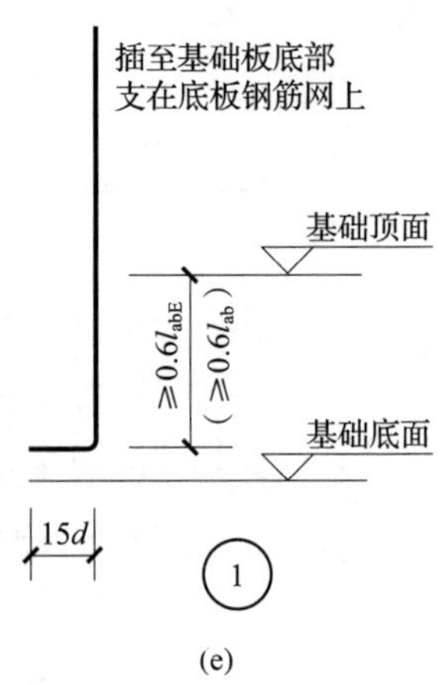

(d)　　　　(e)

图 2-23　柱插筋在基础中的锚固构造

（a）插筋保护层厚度 >5d，$h_j>l_{aE}$（l_a）；（b）插筋保护层厚度 >5d，$h_j\leq l_{aE}$（l_a）；
（c）插筋保护层厚度≤5d，$h_j>l_{aE}$（l_a）；（d）插筋保护层厚度≤5d，$h_j\leq l_{aE}$（l_a）；（e）节点 1 构造

柱插筋在基础中锚固构造的构造要求为：

1）图中 h_j 为基础底面至基础顶面的高度。对于带基础梁的基础为基础梁顶面至基础梁底面的高度。当柱两侧基础梁标高不同时取较低标高。

2）锚固区横向箍筋应满足直径≥d/4（d 为插筋最大直径），间距≤10d（d 为插筋最小直径）且≤100mm 的要求。

3）当插筋部分保护层厚度不一致时（如部分位于板中部分位于梁内），保护层厚度小于 5d 的部位应设置锚固区横向箍筋。

4）当柱为轴心受压或小偏心受压，独立基础、条形基础的高度不小于 1200mm 时，或当柱为大偏心受压，独立基础、条形基础的高度不小于 1400mm 时，可仅将柱四角插筋伸至底板钢筋网上（伸至底板钢筋网上的柱插筋之间的间距不应大于 1000mm），其他钢筋满足锚固长度 l_{aE}（l_a）即可。

5）图中 d 为插筋直径。

柱插筋在基础中锚固构造的具体构造要点为：

①插筋保护层厚度 >5d，$h_j>l_{aE}$（l_a）。

柱插筋“插至基础板底部支在底板钢筋网上”，弯折“6d 且≥150mm”，而且，墙插筋在基础内设置“间距≤500mm，且不少于两道矩形封闭箍筋（非复合箍）”。

②插筋保护层厚度 >5d，$h_j\leq l_{aE}$（l_a）。

柱插筋“插至基础板底部支在底板钢筋网上”，且锚固垂直段“≥0. 6l_{abE}（0. 6l_{ab}）”，弯折“15d”，而且，墙插筋在基础内设置“间距≤500mm，且不少于两道矩形封闭箍筋（非复合箍）”。

③插筋保护层厚度≤5d，$h_j>l_{aE}$（l_a）。

柱插筋“插至基础板底部支在底板钢筋网上”，弯折“6d 且≥150mm”，而且，墙插筋在基础内设置“锚固区横向箍筋”。

④插筋保护层厚度≤5d，$h_j\leq l_{aE}$（l_a）。

柱插筋“插至基础板底部支在底板钢筋网上”，且锚固垂直段“≥0. 6l_{abE}（0. 6l_{ab}）”，

弯折“15d”，而且，墙插筋在基础内设置“锚固区横向箍筋”。

要点21：框架梁上起柱钢筋锚固构造

框架梁上起柱指一般抗震或非抗震框架梁上的少量起柱（例如支撑层间楼梯梁的柱等），其构造不适用于结构转换层上的转换大梁起柱。

框架梁上起柱，框架梁是柱的支撑，因此，当梁宽度大于柱宽度时，柱的钢筋能比较可靠地锚固到框架梁中，当梁宽度小于柱宽度时，为使柱钢筋在框架梁中锚固可靠，应在框架梁上加侧腋以提高梁对柱钢筋的锚固性能。

柱插筋伸入梁中的竖直锚固长度应≥0.5l_{ab}，水平弯折12d，d为柱插筋直径。

柱在框架梁内应设置两道柱箍筋，当柱宽度大于梁宽度时，梁应设置水平加腋，其构造要求如图2-24所示。

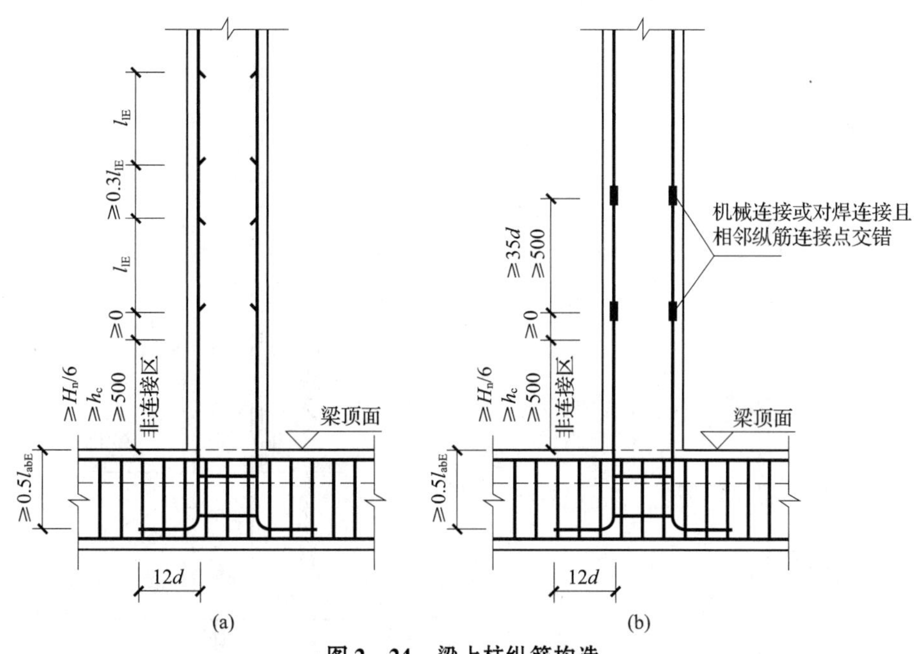

图2-24　梁上柱纵筋构造

（a）绑扎连接；（b）机械/焊接连接

要点22：剪力墙上柱钢筋锚固构造

抗震和非抗震剪力墙上柱是指普通剪力墙上个别部位的少量起柱，不包括结构转换层上的剪力墙柱。剪力墙上柱按柱纵筋的锚固情况分为柱与墙重叠一层和柱纵筋锚固在墙顶部两种类型。

1. 柱与剪力墙重叠一层的墙上柱

柱与剪力墙重叠一层的墙上起柱的构造要求主要有：柱的纵筋直通下层剪力墙底部下层楼面；在剪力墙顶面以下锚固范围内的柱箍筋按上柱箍筋非加密区要求配置，如图2-25所示。

2. 直接在剪力墙顶部起柱

抗震设计时，若直接在剪力墙顶部起柱，当柱下三面或四面有剪力墙时，柱所有纵筋自楼板顶面向下的锚固长度为 $1.2l_{aE}$，箍筋配置与上柱箍筋非加密区的复合箍筋配置相同，其构造要求如图 2－26 所示。

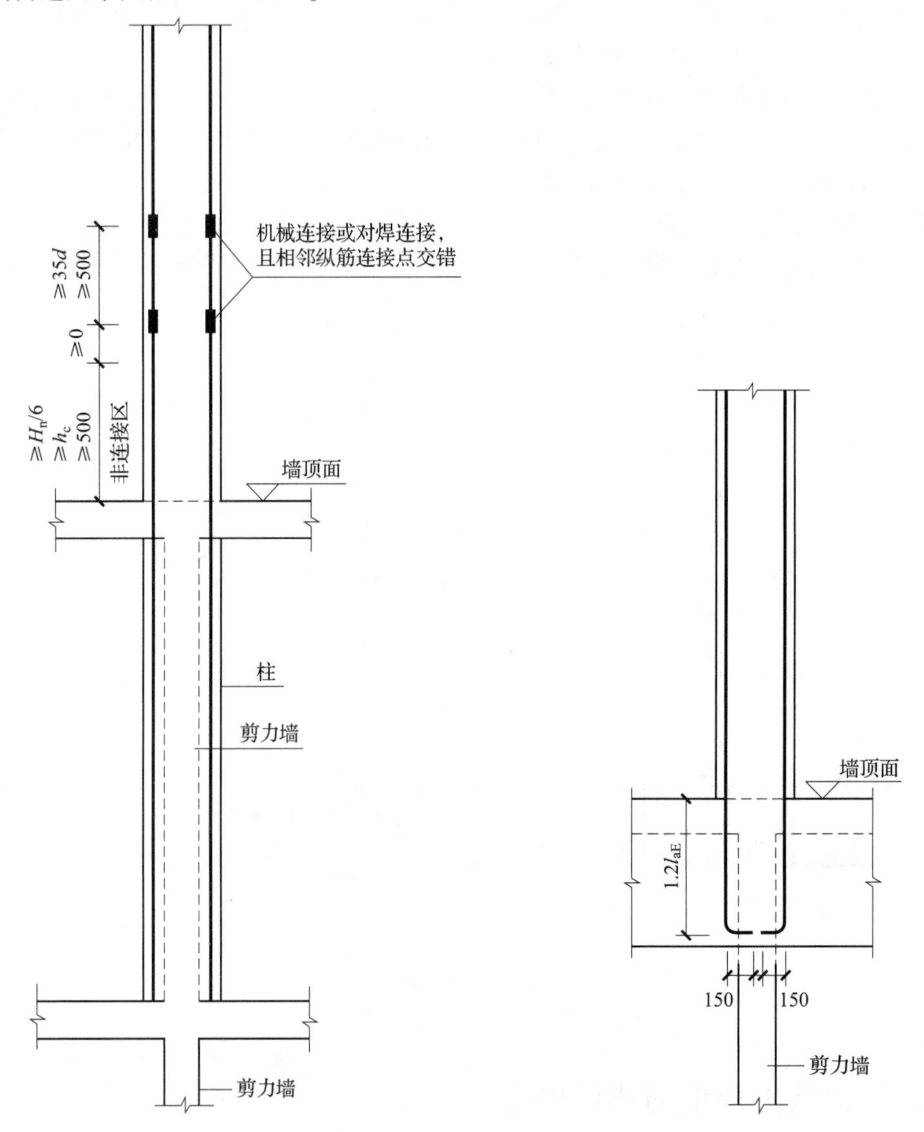

图 2－25 剪力墙上柱（柱与墙重叠一层） 图 2－26 剪力墙上柱（直接在剪力墙顶部起柱）

为保证剪力墙结构的侧向刚度，不宜直接在单片剪力墙顶部起柱。

要点 23：柱中纵向受力钢筋的配置

柱中纵向钢筋的配置应符合下列规定：

1）纵向受力钢筋的直径不宜小于 12mm，全部纵向钢筋的配筋率不宜大于 5%。

2）柱中纵向钢筋的净间距不应小于50mm，且不宜大于300mm。

3）偏心受压柱的截面高度不小于600mm时，在柱的侧面上应设置直径不小于10mm的纵向构造钢筋，并相应设置复合箍筋或拉筋。

4）圆柱中的纵向钢筋不宜少于8根，且不应少于6根，并宜沿周边均匀布置。

5）在偏心受压柱中，垂直于弯矩作用平面的侧面上的纵向受力钢筋以及轴心受压柱中各边的纵向受力钢筋，其中距不宜大于300mm。

要点24：柱中纵向钢筋的接头

1. 现浇柱中纵向钢筋的接头

现浇柱中的纵向钢筋应优先采用焊接或机械连接的接头。

1）柱中纵向受拉钢筋的焊接接头应符合下列规定：

①细晶粒热轧带肋钢筋以及直径大于28mm的带肋钢筋，其焊接应经试验确定；余热处理钢筋不宜焊接。

②纵向受力钢筋的焊接接头应相互错开。钢筋焊接接头连接区段的长度为35d且不应小于500mm，d为连接钢筋的较小直径，凡接头中点位于该连接区段长度内的焊接接头均属于同一连接区段。

③纵向受拉钢筋的接头面积百分率不宜大于50%，但对预制构件的拼接处，可根据实际情况放宽。纵向受压钢筋的接头面积百分率可不受限制。

2）柱中纵向受拉钢筋的机械连接接头应符合下列规定：

①纵向受拉钢筋的机械连接接头宜相互错开。钢筋机械连接区段的长度为35d，d为连接钢筋的较小直径。凡接头中点位于该连接区段长度内的机械连接接头均属于同一连接区段。

②位于同一连接区段内的纵向受拉钢筋接头面积百分率不宜大于50%；但对板、墙、柱及预制构件的拼接处，可根据实际情况放宽。纵向受压钢筋的接头面积百分率可不受限制。

③机械连接套筒的保护层厚度宜满足有关钢筋最小保护层厚度的规定。机械连接套筒的横向净间距不宜小于25mm；套筒处箍筋的间距仍应满足构造要求。

④直接承受动力荷载结构构件中的机械连接接头，除应满足设计要求的抗疲劳性能外，位于同一连接区段内的纵向受拉钢筋接头面积百分率不应大于50%。

2. 柱中纵向钢筋的搭接接头

1）柱中纵向钢筋的搭接接头应符合下列规定：

①同一构件中相邻纵向受拉钢筋的绑扎搭接接头宜相互错开。钢筋绑扎搭接接头连接区段的长度为1.3倍的搭接长度，凡搭接接头中点位于该连接区段长度内的搭接接头均属于同一连接区段（图2－27）。同一连接区段内纵向受拉钢筋搭接接头面积百分率为该区段内有搭接接头的纵向受拉钢筋与全部纵向受拉钢筋截面面积的比值。当直径不同的钢筋搭接时，接直径较小的钢筋计算。

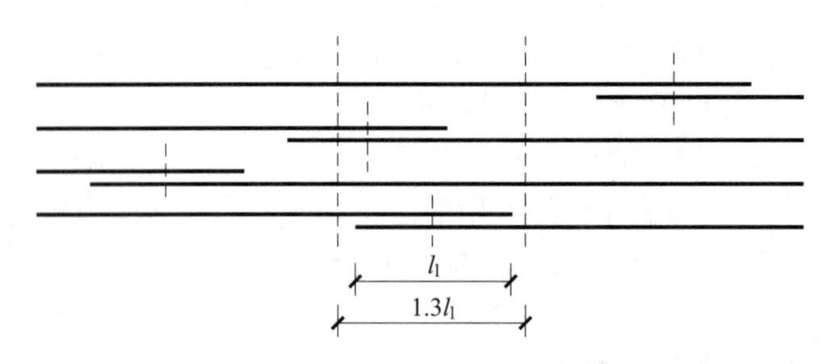

图 2－27 同一连接区段内纵向受拉钢筋的绑扎搭接接头

注：图中所示同一连接区段内的搭接接头钢筋为两根，当钢筋直径相同时，钢筋搭接接头面积百分率为 50%。

位于同一连接区段内的受拉钢筋搭接接头面积百分率，对梁类、板类及墙类构件，不宜大于 25%；对柱类构件，不宜大于 50%。当工程中确有必要增大受拉钢筋搭接接头面积百分率时，对梁类构件，不宜大于 50%；对板、墙、柱及预制构件的拼接处，可根据实际情况放宽。

并筋采用绑扎搭接连接时，应按每根单筋错开搭接的方式连接。接头面积百分率应按同一连接区段内所有的单根钢筋计算。并筋中钢筋的搭接长度应按单筋分别计算。

②纵向受拉钢筋绑扎搭接接头的搭接长度，应根据位于同一连接区段内的钢筋搭接接头面积百分率按下式计算，且不应小于 300mm。

$$l_1 = \zeta_1 l_a \tag{2-1}$$

式中：l_1——纵向受拉钢筋的搭接长度；

ζ_1——纵向受拉钢筋搭接长度的修正系数，按表 2－2 取用。当纵向搭接钢筋接头面积百分率为表的中间值时，修正系数可按内插法取值。

表 2－2 纵向受拉钢筋搭接长度的修正系数

纵向搭接钢筋接头面积百分率（%）	≤25	50	100
ζ_1	1.2	1.4	1.6

③构件中的纵向受压钢筋采用搭接连接时，其受压搭接长度不应小于②中规定的纵向受拉钢筋搭接长度的 70%，且不应小于 200mm。

④在梁、柱类构件的纵向受力钢筋搭接长度范围内的构造钢筋应符合《混凝土结构设计规范》GB 50010—2010 第 8.3.1 条的规定。当受压钢筋直径大于 25mm 时，尚应在搭接接头两个端面外 100mm 的范围内各设置两道箍筋。

2）柱中纵向钢筋各部位的接头采用搭接接头方案时，搭接方案宜满足下列要求：

①受压钢筋直径 $d \leqslant 32$mm；受拉钢筋直径 $d \leqslant 28$mm。

②搭接位置可以从基础顶面或各层楼面开始。

③当柱的每边钢筋不多于 4 根时，可在同一水平截面上接头，如图 2－28（a）所示；每边钢筋为 5～8 根时，应在两个水平截面上接头，如图 2－28（b）所示；每边钢筋为 9～12 根时，应在三个水平截面上接头，如图 2－28（c）所示。当钢筋受拉时，其搭接长

度 l_1 按接头面积百分率的规定确定，且不小于300mm；钢筋受压时，l_1 按接头面积百分率的规定确定，且不小于200mm。

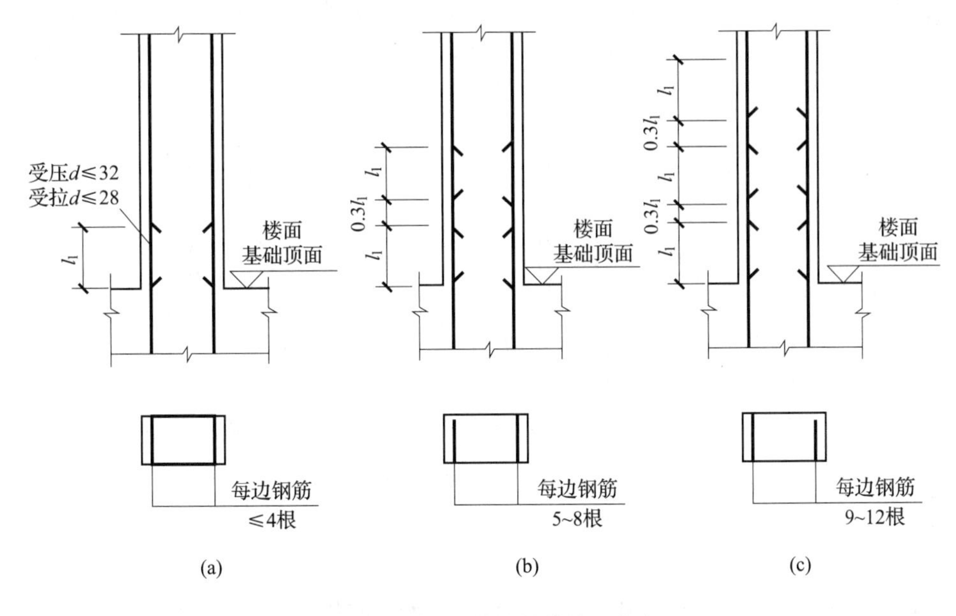

图2－28　纵向钢筋搭接接头方案

3）下柱伸入上柱搭接钢筋的根数及直径应满足上柱受力筋的要求。当上下柱内钢筋直径不同时，搭接长度应按上柱内的钢筋直径计算。

4）当钢筋的折角大于1∶6时，应设插筋或将上柱内的钢筋锚在下柱内［图2－29（a）］，当折角不大于1∶6时，钢筋可以弯曲伸入上柱搭接［图2－29（b）］。

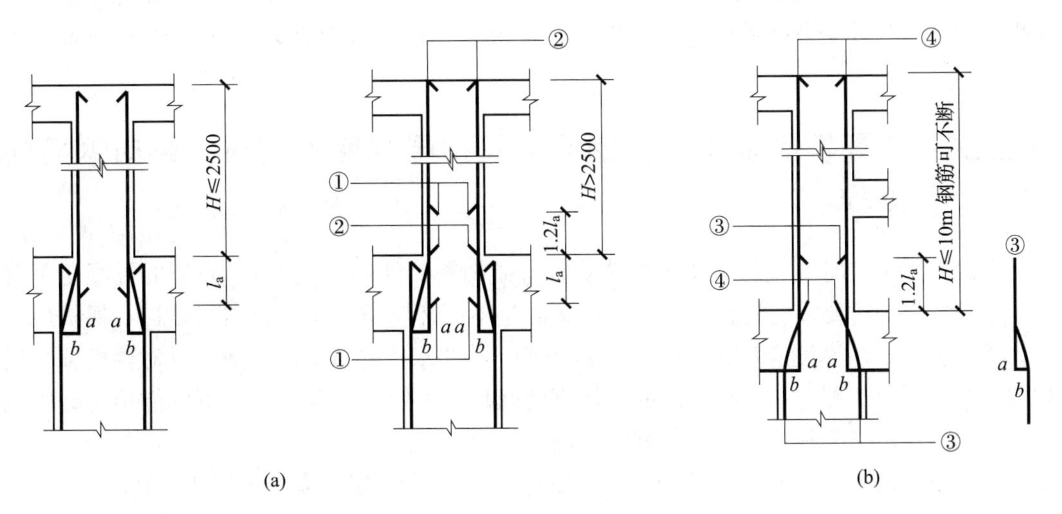

图2－29　插筋和弯折连接

（a）$\frac{b}{a}>\frac{1}{6}$时；（b）$\frac{b}{a}\leq\frac{1}{6}$时

3. 预制柱的钢筋接头

在预制柱中，当上柱纵向受力钢筋的直径和根数与下柱相同时，上柱钢筋伸入下柱内的形式如图2－30（a）所示；当上柱纵向受力钢筋的直径和根数与下柱不同时，上柱钢筋伸入下柱内的形式如图2－30（b）所示；中间柱的小柱纵向受力钢筋伸入下柱的形式如图2－30（c）所示。

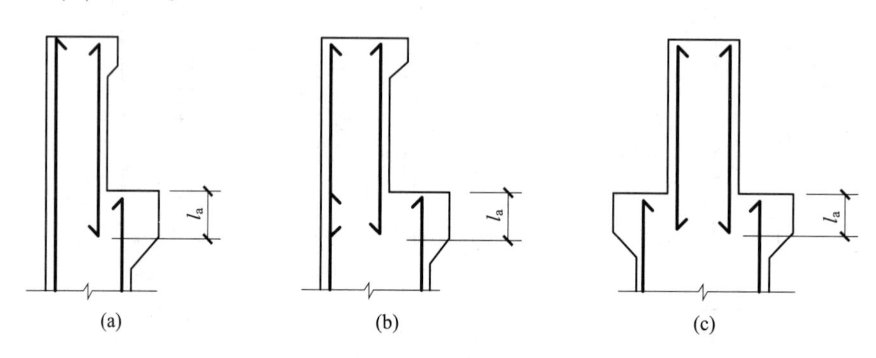

图2－30　柱钢筋的接头（预制柱）

（a）下柱外侧钢筋直接伸入柱内；（b）、（c）上柱钢筋伸入下柱牛腿内锚固

要点25：柱纵向钢筋的“非连接区”的规定

柱端箍筋的加密区就是纵向钢筋的非连接区，包括柱上端加密区、柱下端加密区、节点核心区，均为纵向钢筋的非连接区。“非连接区”是一个连续的区域，节点区受力复杂，应避开“非连接区”连接，框架柱在非连接区不应采用搭接连接，当无法避开时，可采用机械连接，接头率不大于50%。为保证节点区的延性，保证“强剪弱弯”，非连接区的尺寸控制如下：长度均取柱截面（圆柱直径）长边尺寸H_c、柱净高H_n的1/6和500mm三者中的最大值。

要点26：柱环境类别不同，钢筋的保护层厚度不同时，纵向钢筋的处理

当保护层很厚时（例如框架顶层端节点弯弧钢筋以外的区域等），开裂的混凝土剥落可能造成危险，这要求在任何情况下均应该满足不同环境类别中柱纵向钢筋最小保护层厚度（混凝土保护层厚度应从表层分布钢筋算起）的要求，并宜采取有效的针对性措施，通常是在保护层中加配防裂、防剥落的焊接钢筋网片或采用纤维混凝土，不仅能预防破碎混凝土的剥落，还能起到控制裂缝宽度的作用。

1）当柱纵向钢筋保护层厚度大于50mm时，应对保护层采取防裂构造措施。

2）当梁和柱中纵向钢筋的保护层厚度差别不大时，柱纵向受力钢筋的保护层厚度，当无地下室时，±0.000以下柱段满足地下环境的最小保护层厚度的要求，一般采用外加保护层厚度的方法，使柱主筋在同一位置不变；当有地下室时，在地下室顶层节点内改变保护层厚度；当保护层厚度相差较大时，与设计工程师协商。

3）柱钢筋保护层厚度改变处，应该在节点范围内或在±0.000上下位置范围内，不应在柱范围；钢筋在保护层厚度变化处，可采用在上柱连接或者钢筋坡折法连接；不得采用直弯或加热方法使纵向钢筋回到设计位置。

4）当梁、柱、墙中纵向受力钢筋的保护层厚度大于50mm时，宜对保护层采取有效的构造措施。可在保护层内配置防裂、防剥落的焊接钢筋网片，网片钢筋的保护层厚度不应小于25mm，并应采取有效的绝缘、定位措施。

要点27：框支柱、转换柱的构造

由于复杂高层建筑结构体系的设计，出现竖向体型收进、悬挑结构和多见的塔楼与裙房结构，为保证上部结构的地震作用可靠地传力到下部结构，在高层建筑结构的底部，当上部楼层部分竖向构件（剪力墙、框架柱）不能直接连续贯通落地时，应设置结构转换层，在结构转换层布置转换结构构件，这样的结构体系属于竖向抗侧力构件不连续体系。部分不能落地的剪力墙和框架柱，需要在转换层的梁上生根，这样的梁称作框支梁（KZL），而支承框支梁的柱称为框支柱（KZZ）。

转换结构构件可采用梁、桁架、空腹桁架、箱形结构、斜撑、板等，转换梁、转换柱起传递力的作用，转换层上部的竖向抗侧力构件（墙、柱、抗震支撑等）宜直接落在转换层的主结构上；非抗震设计和6度抗震设计时转换构件可采用厚板，7、8度抗震设计的地下室的转换构件可采用厚板。框支层的截面尺寸会比普通的框架柱大，其构造措施相对更为严格，由于在水平荷载作用下，转换层上下结构的侧向刚度对构件的内力影响比较大，会导致构件中的内力突变，所以框支柱和落地剪力墙底部加强区的抗震等级应比主体结构提高一级，施工图设计文件中会有特殊的说明，并对箍筋及加密区都有强制性规定。

如果一个结构单元的转换层以上为剪力墙，转换层以下为框架，那么转换层以下的楼层为框支层。若地下室顶板作为上部结构的嵌固部位，不能采用无梁楼盖的结构形式，而应采用现浇梁板结构，且其板厚不宜小于180mm，而位于地下室内的框支层，不计入规范允许的框支层数之内。

1）转换柱纵向钢筋的间距不应小于80mm，且不宜大于200mm（抗震）或250mm（非抗震）。

2）转换柱的箍筋应全高加密，间距不应大于100mm和6倍纵向钢筋的较小值。

3）有抗震设防要求时，框支柱、转换柱宜采用复合螺旋箍筋（多用于圆形箍筋）或井字复合箍（采用外箍加拉筋），其体积配箍率不应小于1.2%，9度时不应小于1.5%，梁柱节点核心区的体积配箍率不应小于上下柱端的较大值（计算体积配筋率时，可以计入在节点有效宽度范围内梁的纵向钢筋）；箍筋直径不应小于10mm，箍筋间距不应大于100mm和6倍纵向钢筋直径的较小值，并应沿柱全高加密。

无抗震设防要求时，箍筋应采用复合螺旋箍筋或井字复合箍，箍筋直径不应小于10mm，箍筋间距不应大于150mm。

井字复合箍采用“外箍加拉筋”，在抗震中的抗扭、抗剪比一般箍筋（大箍套小箍，小箍对大箍不产生约束）要好得多，其构造形式是紧靠纵向钢筋，拉住外箍，将外箍、拉筋和柱纵向钢筋三者用同一组加长绑丝紧密地绑扎在一起，拉筋拉住外箍减少了外箍的无支长度，限制了外箍的横向变形从而约束了柱的各纵向钢筋的侧向变形，提高了框架柱的抗破坏能力和承载能力。

4）节点区水平箍筋及拉筋应将每根柱的纵向钢筋拉住，拉筋也应拉住箍筋。

5）框支柱部分纵向钢筋应延伸至上一层剪力墙顶板，原则为能通则通，（上层无墙）不能延伸的钢筋应水平弯锚在框支梁或楼板内不小于 l_{ae}（l_a），自框支柱边缘算起，弯折前的竖直投影长度不应小于 $0.5l_{abe}$（$0.5l_{ab}$）且应伸到柱顶，如图 2－31 所示。

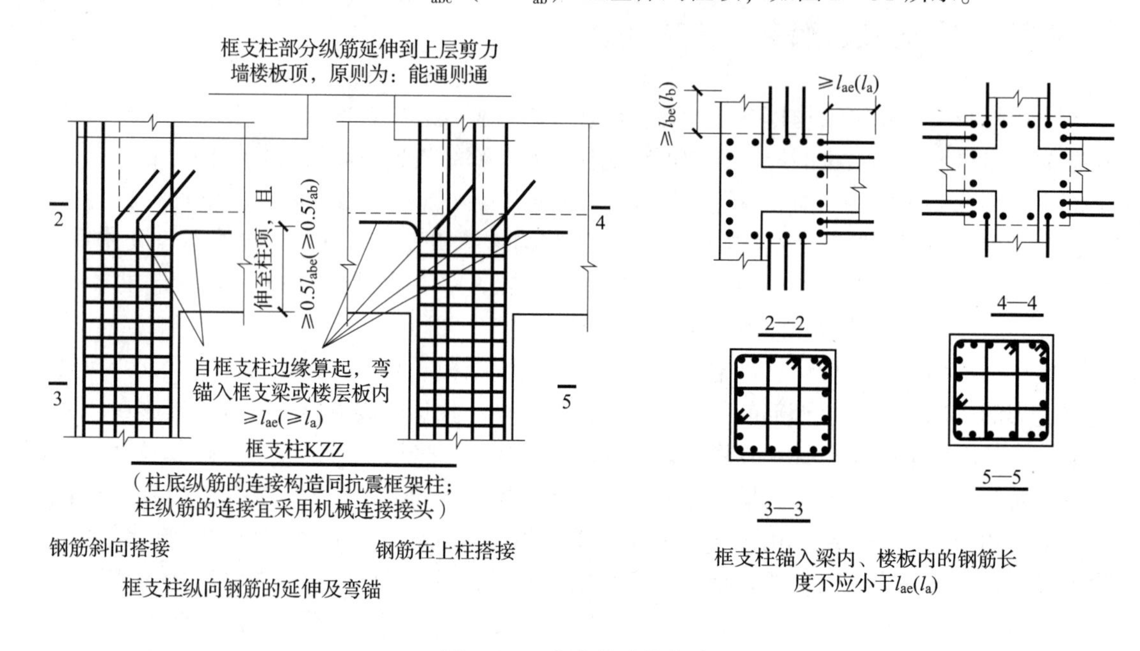

图 2－31　框支柱配筋构造

6）柱底纵筋的连接构造同抗震框架柱，框支柱的纵向钢筋宜采用机械连接接头，同一截面内接头钢筋截面面积不应超过全部纵筋截面面积的 50%，接头位置应避开上部墙体开洞部位、梁上托柱部位及受力较大部位。

要点 28：框支柱箍筋和拉结钢筋的弯钩设计

1）有抗震设防要求的框架柱的箍筋应是封闭箍筋，箍筋的弯钩应为 135°，并保证有足够的直线段，弯钩的直线段应为箍筋直径 10 倍和 75mm 中的较大值；当无抗震设防的要求时，柱中的周边箍筋应做成封闭式，弯钩直线段长度不小于 $5d$。

2）拉结钢筋的弯钩和直线段同箍筋，拉结钢筋应紧靠柱纵向受力钢筋并勾住封闭箍筋，在柱截面中心可以用拉结钢筋代替部分箍筋。

3）圆柱中的非螺旋箍筋的弯钩搭接长度应≥l_{ae}且≥300mm，有抗震设防要求的直线段为箍筋直径的 10 倍，无抗震设防要求的直线段为箍筋直径的 5 倍，弯钩应勾住柱纵向受力钢筋。

4）箍筋弯钩内半径的要求如下：

①HPB300 级钢筋末端不需做 180°弯钩，弯弧内直径不应小于 2. 5d。

②HRB335、HRB400 级钢筋末端做 135°弯钩时，弯弧内直径不应小于 4d。

③钢筋弯折不大于 90°时，弯弧内直径不应小于 5d。

5）钢筋的调直宜采用机械调直，当采用冷拉调直时应符合下列规定：

①光圆 HPB300 级钢筋的冷拉率不宜大于 4%。

②带肋 HRB335、HRB400 级钢筋的冷拉率不宜大于 1%。

6）计算复合箍筋体积配筋率时，不要求扣除重复部分的箍筋体积，采用复合螺旋箍筋时，非螺旋箍筋的体积配筋率应乘以换算系数 0. 8。

7）柱纵向钢筋的配筋率超过 3% 时，箍筋直径不应小于 8mm，间距不应大于纵向受力钢筋最小直径的 10 倍，且不应大于 200mm，不要求必须采用焊接封闭箍筋，末端做 135°封闭箍筋且弯钩直线段不小于 10d；如果焊成封闭环式，应避免施工现场焊接而伤及受力钢筋，宜采用闪光接触对焊等可靠的焊接方法，确保焊接质量。

8）柱中宜留出 300mm 见方的空间，便于混凝土导管插入浇筑混凝土。

第3章　剪力墙平法设计

要点1：剪力墙水平分布筋与竖向分布筋的区别

剪力墙主要用于抵抗水平地震力，其设计主要考虑地震力的作用。

剪力墙水平分布筋作为剪力墙墙身的主筋，通常放在竖向分布筋的外侧，剪力墙的保护层是针对墙身水平分布筋而言的。

剪力墙水平分布筋除了抗拉以外，最大的一个作用就是抗剪。剪力墙竖向分布筋也可以受拉，但是墙身竖向分布筋却不抗剪。通常墙身竖向分布筋按构造设置。

因为剪力墙水平分布筋具备抗剪的作用，所以它必须伸到墙肢的尽端，即伸到边缘构件（暗柱和端柱）外侧纵筋的内侧，而不能只伸入暗柱的一个锚固长度，暗柱虽然有箍筋，但是暗柱的箍筋不能承担墙身的抗剪功能。

对于剪力墙竖向分布筋受到拉弯，有“剪力墙像一个支座在地下基础的垂直的悬臂梁”的说法，这可能是由于各层楼板的作用，此时的剪力墙更像一个垂直的多跨连续梁，而且是一个深梁。这样，剪力墙墙身竖向分布筋是“悬臂梁”或“多跨连续梁”的纵向钢筋，在一定程度上起到受弯构件纵筋的作用，即受弯拉的作用。

要点2：剪力墙水平钢筋内、外侧在转角位置的搭接的规定

剪力墙结构的建筑设计可以争取到更多的容积率，对于公共建筑，大都采用框架剪力墙或筒体结构，高层住宅多数为剪力墙结构。剪力墙中的钢筋是分布钢筋，没有受力钢筋，只有边缘构件中有受力钢筋。

暗柱中的箍筋较密，当剪力墙厚度较薄时，剪力墙水平分布筋在阳角处搭接的钢筋会更加密集，影响到混凝土与钢筋之间的“握裹力”，承载力下降，需要通过可靠的构造措施来保证，可采用图3－2、图3－3的做法。

1）在转角墙处，外墙外侧的水平分布钢筋应在墙端外角处弯入翼墙，并与翼墙外侧水平分布钢筋搭接，搭接长度不小于l_{1e}（l_1），如图3－1所示。

2）内侧水平分布钢筋应伸至翼墙或转角边，并分别向两侧水平弯折15d（中间排水平筋同内侧），如图3－1所示，剪力墙的水平分布钢筋在阳角处搭接。

3）转角处水平分布钢筋应在边缘构件以外搭接，且上下层应错开不小于500mm的间距，转角一侧搭接如图3－2所示，转角两侧搭接如图3－3所示。

转角处水平分布钢筋在边缘构件以外搭接，和转角处搭接不一样，在转角部位是l_{1e}（l_1），搭接百分率不能超过50%。搭接百分率为25%的搭接长度为1.2l_{ae}，搭接百分率小

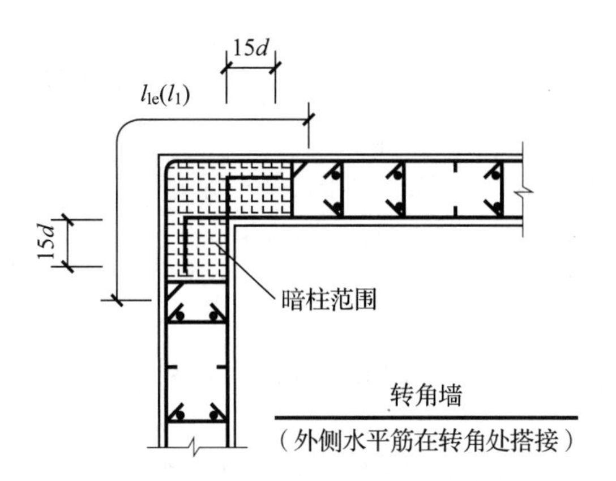

图 3－1　外侧水平分布钢筋在转角处搭接

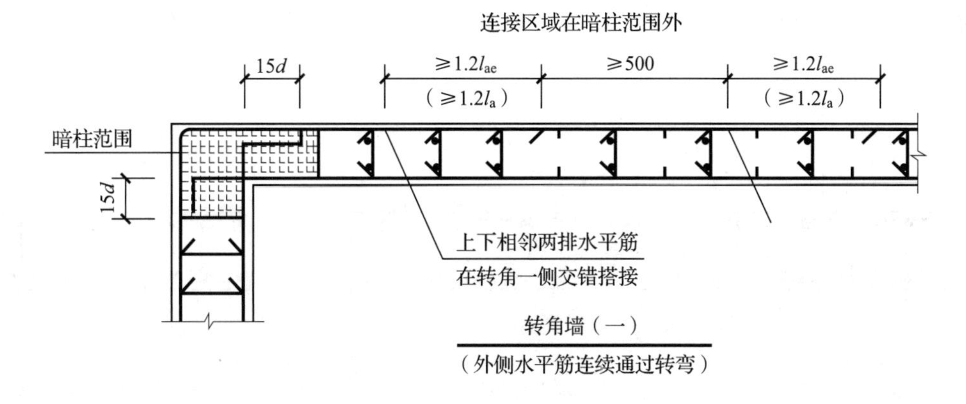

图 3－2　转角一侧搭接

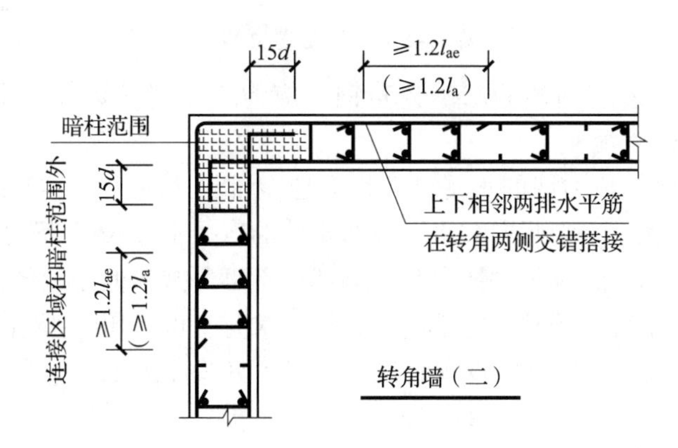

图 3－3　转角两侧搭接

于50%的搭接长度为1.4l_{ae}，在转角以外搭接，搭接长度为1.2l_{ae}，且上下层应错开不小于500mm（特指的）的间距。

4）非正交时，外侧水平钢筋连续配置，其搭接位置应同正交剪力墙在转角外搭接，内侧水平钢筋应伸至剪力墙的远端，水平段不小于15d。如图3－4所示，在地下车库及造型不规则、奇特的建筑结构类型中经常出现这种非正交结构。

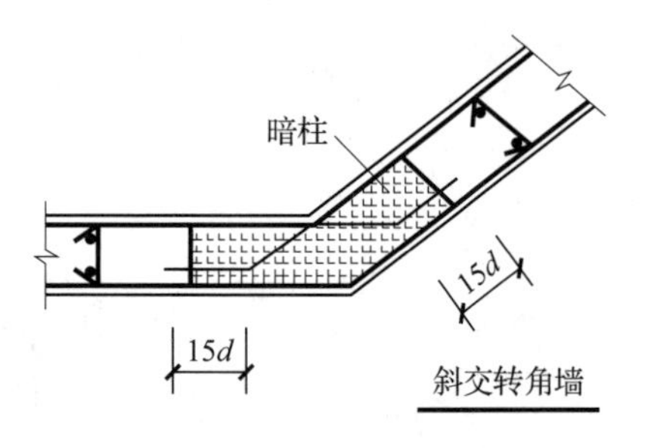

图3－4 非正交搭接

要点3：剪力墙水平分布钢筋伸入端部的构造

1）一字形剪力墙（分有暗柱和无暗柱）：暗柱不是墙的水平支座，钢筋不存在锚固问题，而是连接，无论配置了多少拉筋、水平分布钢筋，水平分布钢筋应伸至墙端部（有暗柱时要过暗柱）再水平弯折不小于10d，当墙厚度较薄时水平弯折10d不能满足要求，可以采用搭接连接，也可采用U形箍（长度要满足搭接的长度），如图3－5所示。

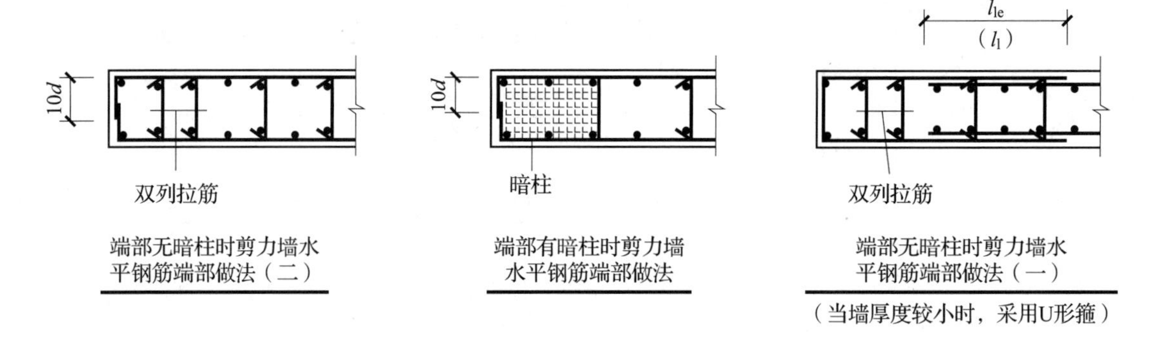

图3－5 一字形剪力墙

2）端部有翼墙：内端两侧的水平分布钢筋应伸至翼墙外边并分别向两侧水平弯折15d（向外），如图3－6所示。

3）在端柱内锚固：剪力墙的水平分布钢筋应全部锚入柱内。一般情况下，剪力墙水平分布钢筋的直径不大，墙中竖向和水平分布钢筋的直径不会大于墙厚的1/10，水平分布钢筋伸入端柱内可以满足直锚长度要求时，端部可不必弯折，但必须伸至端柱对边竖向钢筋内侧位置；当水平钢筋直径较大且不满足直锚要求时，可采用弯折锚固，弯折前不小于0.6l_{ab}（l_{abe}）且伸至远端，弯折后投影长度为15d（直线段为12d）或采用伸至边框柱对边做机械锚固满足锚固要求，如图3－7所示。

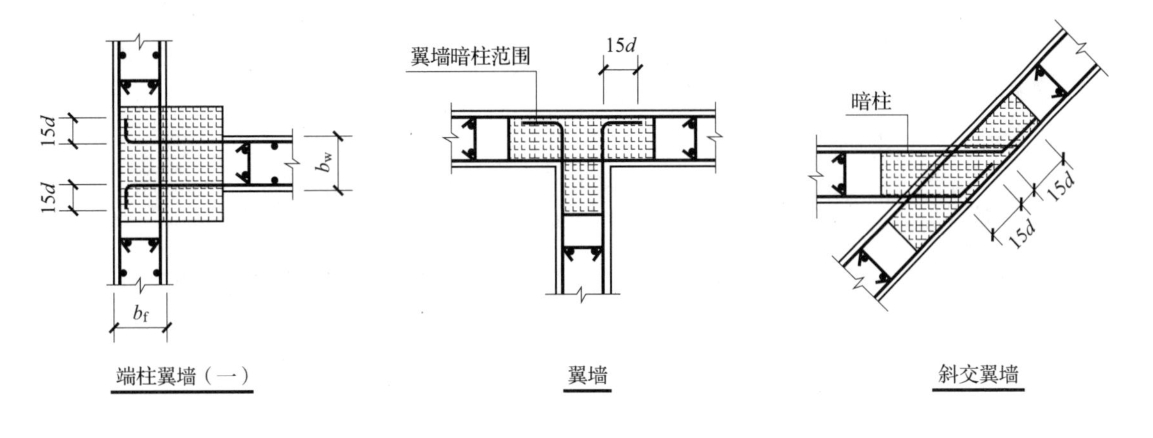
15d
15d
b_w
b_f
端柱翼墙（一）
翼墙暗柱范围
15d
翼墙
暗柱
15d
15d
斜交翼墙

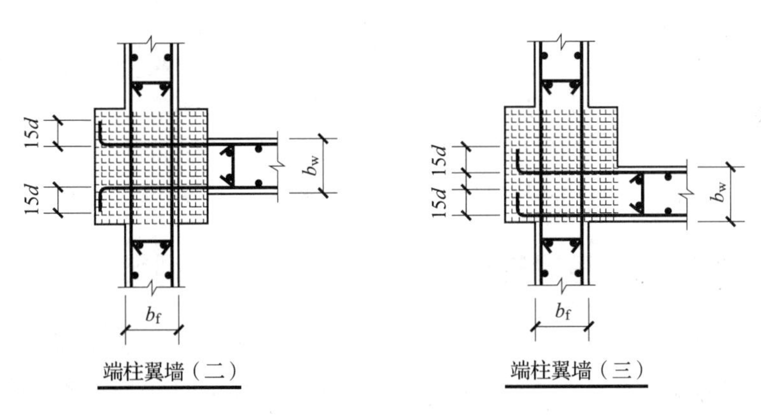
15d
15d
b_w
b_f
端柱翼墙（二）
15d
15d
b_w
b_f
端柱翼墙（三）

图 3 – 6　端部有翼墙

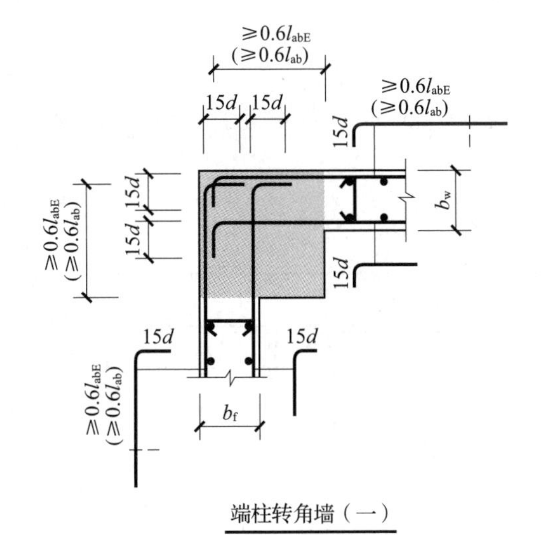
≥0.6l_{abE}
(≥0.6l_{ab})
15d
15d
≥0.6l_{abE}
(≥0.6l_{ab})
15d
15d
15d
b_w
15d
≥0.6l_{abE}
(≥0.6l_{ab})
15d
15d
≥0.6l_{abE}
(≥0.6l_{ab})
b_f
端柱转角墙（一）

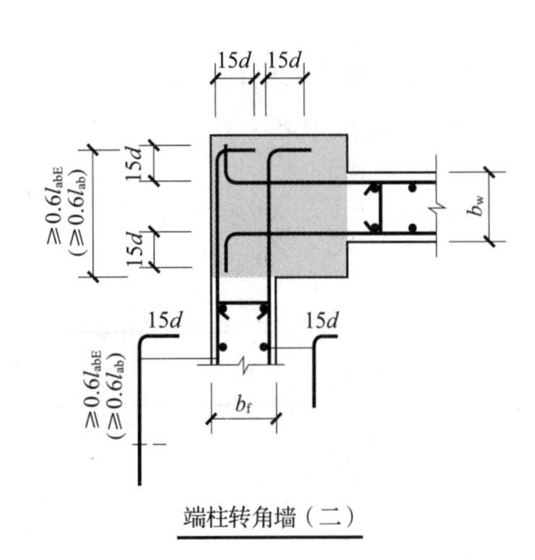
15d
15d
15d
15d
≥0.6l_{abE}
(≥0.6l_{ab})
b_w
15d
15d
≥0.6l_{abE}
(≥0.6l_{ab})
b_f
端柱转角墙（二）

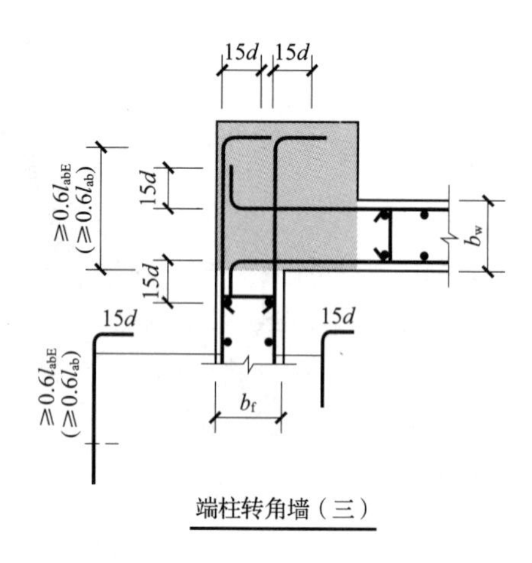

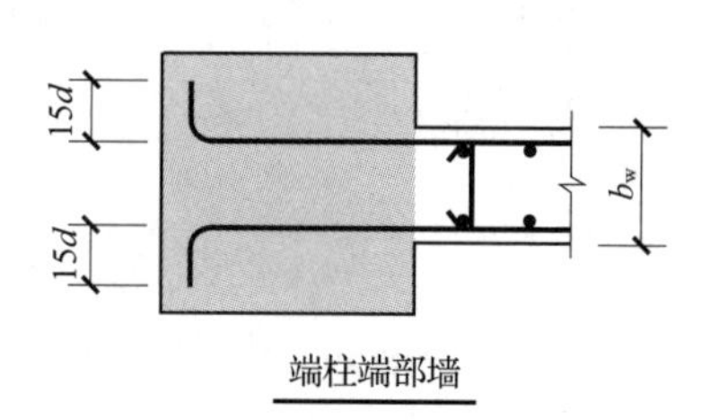

图 3－7　端柱转角墙和端柱端部墙

4）满足钢筋在端柱中锚固的端柱尺寸：柱截面宽度≥$2b_w$墙厚。当柱截面高度≥柱截面宽度时，其足够的端柱尺寸可以满足对剪力墙的约束，在框架剪力墙结构中存在这种结构，通常端柱截面尺寸同本层的框架柱，所以不必担心锚长不够。

5）对约束边缘构件非阴影区的箍筋、拉筋、伸入此段墙身的水平分布筋，要求设计者注明布筋方式，对于在非阴影区用箍筋的，要将箍筋伸入阴影区内包住第二列竖向纵筋。

要点 4：剪力墙端部有暗柱时，剪力墙水平分布钢筋在暗柱中的位置

剪力墙的水平分布钢筋与暗柱的箍筋在同一层面上，暗柱的纵向钢筋和墙中的竖向分布钢筋在同一层面上，在水平分布钢筋的内侧。由于暗柱中的箍筋较密，墙中的水平分布钢筋可以伸入暗柱远端纵筋内侧水平弯折后截断。

1）墙水平分布钢筋在暗柱内不需要满足锚固长度要求，只需满足剪力墙与暗柱的连接构造要求。

2）墙水平分布钢筋伸至暗柱远端纵向钢筋的内侧作水平弯折段。

3）剪力墙与翼墙柱连接时，弯折后的水平长度为 15d；剪力墙与端部连接时，弯折后的水平长度取 10d（图 3－8）。

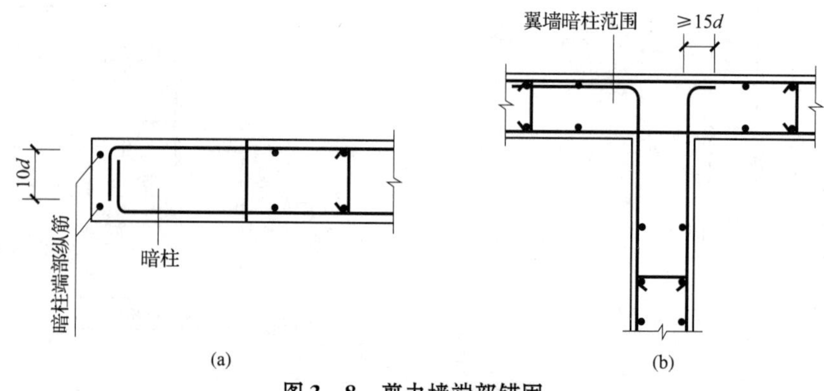

图 3－8　剪力墙端部锚固

（a）剪力墙与端部暗柱连接；（b）剪力墙与翼墙柱连接

要点 5：剪力墙外侧水平分布钢筋不可以在阳角处搭接，而要在暗柱以外的位置进行搭接

在剪力墙的端部和转角处一般都设有端柱或者暗柱，暗柱的箍筋都设置加密，当剪力墙厚度较薄时，此处钢筋比较密集，剪力墙的水平分布钢筋在阳角处搭接，暗柱处的钢筋会更密集，使混凝土与钢筋之间不能够很好地形成“握裹力”，“握裹力”的不足使两种材料不能共同工作，致使该处的承载能力下降，建筑结构的整体安全受到影响。外侧的水平分布钢筋在暗柱以外搭接会给施工增加一定的难度，但是对结构的整体安全是有好处的。

当剪力墙较厚时，剪力墙的水平分布钢筋可在阳角处搭接。剪力墙的外侧水平分布钢筋当墙较薄时宜避开阳角处，在暗柱以外的位置搭接，上、下层应错开搭接，水平间隔不小于 500mm。正交剪力墙内侧的水平分布钢筋应伸至暗柱的远端，在暗柱的纵向钢筋内侧做水平弯折，弯折后的水平段要不小于 15d（图 3－9）。非正交剪力墙外侧水平分布钢筋的搭接位置同正交剪力墙，内侧的水平分布钢筋应伸至剪力墙的远端，在墙竖向钢筋的内侧水平弯折，使总长度满足锚固长度 l_{aE}（l_a）的要求（图 3－10）。

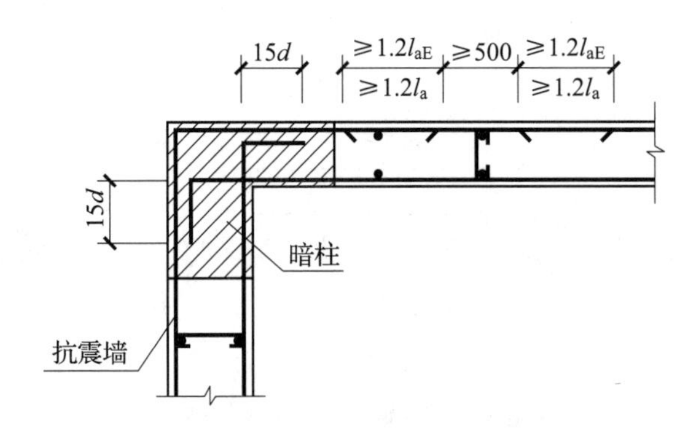

图 3－9　正交剪力墙水平分布钢筋连接

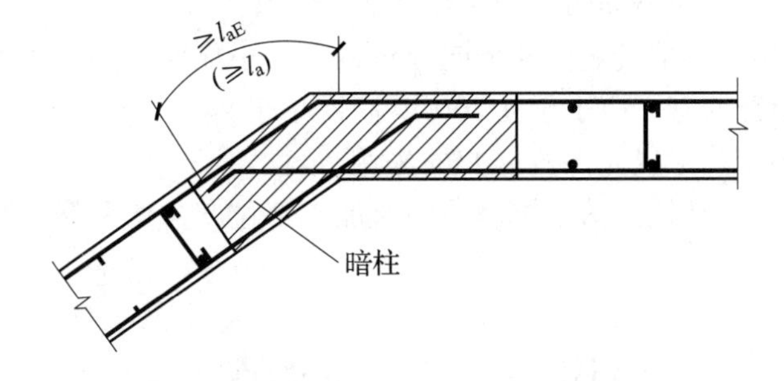

图 3－10　非正交剪力墙水平分布钢筋连接

要点6：剪力墙竖向、横向分布钢筋配置构造要求

剪力墙竖向、横向分布钢筋的配置构造应符合表3－1的要求。

表3－1　剪力墙竖向、横向分布钢筋的配置构造

结构类型	分布筋间距	分布筋直径
剪力墙结构、框架－剪力墙结构	宜≤300mm	不宜大于墙厚的1/10，且不应小于8mm，竖向钢筋不宜小于10mm
部分框支剪力墙结构中落地剪力墙底部加强部位 错层结构中错层处剪力墙 剪力墙中温度、收缩应力较大的部位	宜≤200mm	

注：1　剪力墙厚度大于140mm时，其竖向和横向分布筋不应单排配置，双排分布筋间应布置拉筋，拉筋间距不宜大于600mm，直径不应小于6mm，拉筋应交错布置。

2　剪力墙中竖向和横向分布钢筋应采用双排钢筋。当为多排筋时，水平筋宜均匀放置，竖向筋在保持相同配筋率的条件下外排筋直径宜大于内排筋直径。

3　剪力墙中温度、收缩应力较大的部位指房屋顶层剪力墙、长矩形平面房屋的楼梯间剪力墙、端开间的纵向剪力墙以及端山墙。

剪力墙分布筋构造如图3－11所示。

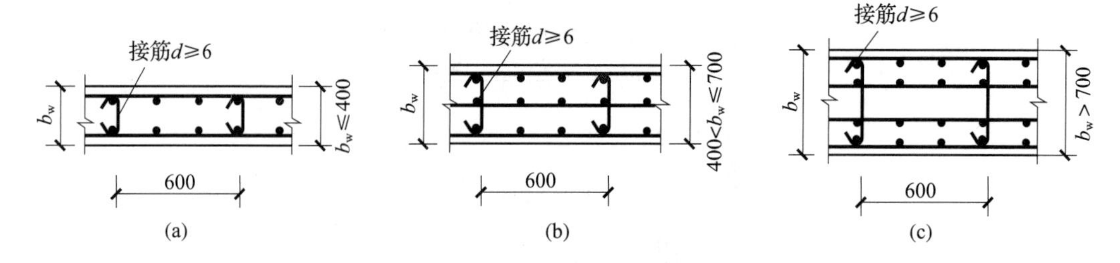

图3－11　剪力墙分布筋构造

（a）构造（一）$b_w \leq 400$；（b）构造（二）$400 < b_w \leq 700$；
（c）构造（三）$b_w > 700$；b_w—墙厚（mm）

抗震墙竖向、横向分布钢筋的配筋应符合下列要求：

1）一、二、三级抗震墙的竖向和横向分布钢筋最小配筋率均不应小于0.25%。四级抗震墙分布钢筋最小配筋率不应小于0.20%。高度小于24m且剪压比很小的四级抗震墙，其竖向分布筋的最小配筋率应允许按0.15%采用。

2）部分框支抗震墙结构的落地抗震墙底部加强部位，竖向和横向分布钢筋配筋率均不应小于0.3%。

要点7：剪力墙竖向分布钢筋在楼面处的连接

1）剪力墙抗震等级为一、二级时，底部加强区部位采用搭接连接，且应错开搭接，采用HPB300钢筋端部加180°钩，如图3－12（a）所示。

2）剪力墙抗震等级为一、二级的非底部加强区部位或抗震等级为三、四级及非抗震时，采用搭接连接，可在同一部位搭接（齐头），采用 HPB300 钢筋端部加 180°钩，如图 3－12（b）所示。

3）各级抗震等级或非抗震，当采用机械连接时，连接点应在结构面 500mm 高度以上，相邻钢筋应交错连接，错开净距不小于 35d，如图 3－12（c）所示。

4）各级抗震等级或非抗震，当采用焊接连接时，连接点应在结构面 500mm 高度以上，相邻钢筋应交错连接，错开净距不小于 35d 且不小于 500mm，如图 3－12（d）所示。

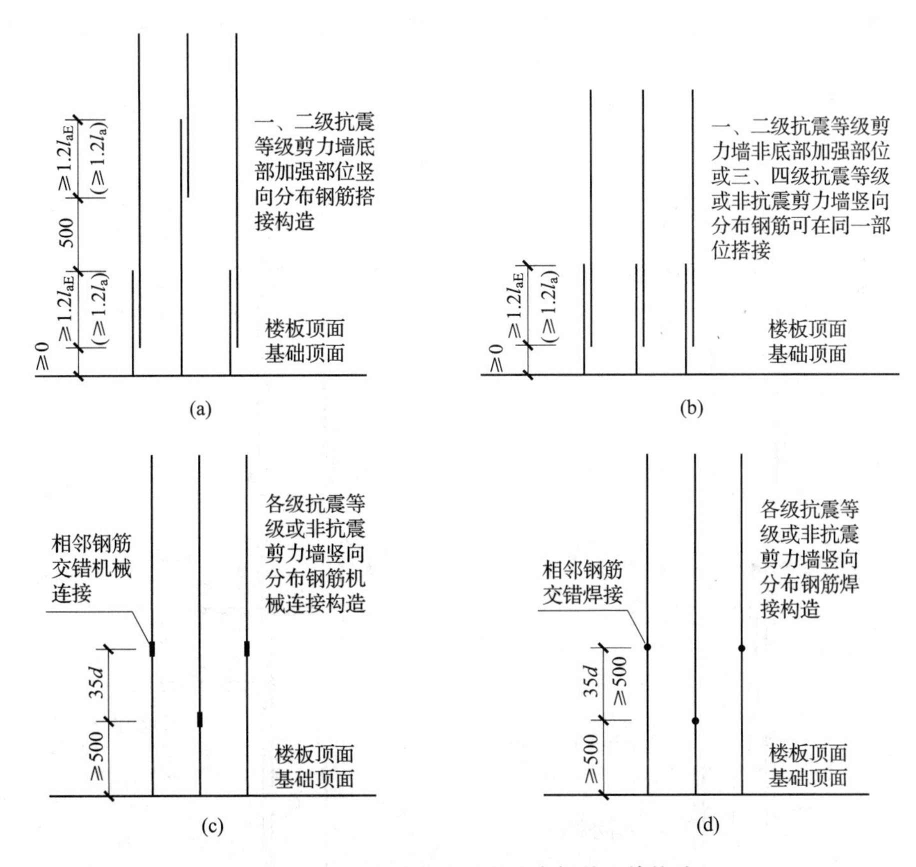

图 3－12　剪力墙墙身竖向分布钢筋连接构造

（a）底部加强区绑扎连接；（b）非底部加强区绑扎连接；（c）机械连接；（d）焊接连接

5）在剪力墙的底部加强区与非加强区的交接部位，遇到楼层上、下层的交接部位出现钢筋的直径或间距不同时，应本着“能通则通”的原则。

竖向分布钢筋的间距相同而上层直径小于下层直径时，可根据抗震等级和连接方式在楼板以上处连接，搭接长度按上部竖向分布钢筋直径计算；竖向分布钢筋的间距不相同而直径相同时，上层竖向分布钢筋应在下层剪力墙中锚固，其锚固长度不小于 $1.2l_{ae}$（$1.2l_a$），下层竖向分布钢筋在楼板上部处水平弯折，弯折后的水平段长度为 15d（投影长度）。

要点8：剪力墙竖向及水平分布筋锚固构造

剪力墙水平分布钢筋的锚固应符合下列要求：

1）剪力墙水平分布钢筋应伸至墙端，并向内水平弯折 10d 后截断，其中 d 为水平分布钢筋的直径。

2）当剪力墙端部有翼墙或转角墙时，内墙两侧的水平分布钢筋和外墙内侧的水平分布钢筋应伸至翼墙或转角墙外边，并分别向两侧水平弯折 15d 后截断。

在转角墙处，外墙外侧的水平分布钢筋应在墙端外角处弯入翼墙，并与翼墙外侧水平分布钢筋搭接，搭接长度不应小于 $1.2l_{aE}$。

3）带边框的剪力墙，其水平和竖向分布钢筋宜分别贯穿柱、梁或锚固在柱、梁内。

剪力墙竖向及水平分布筋锚固构造示意图如图 3－13 所示。

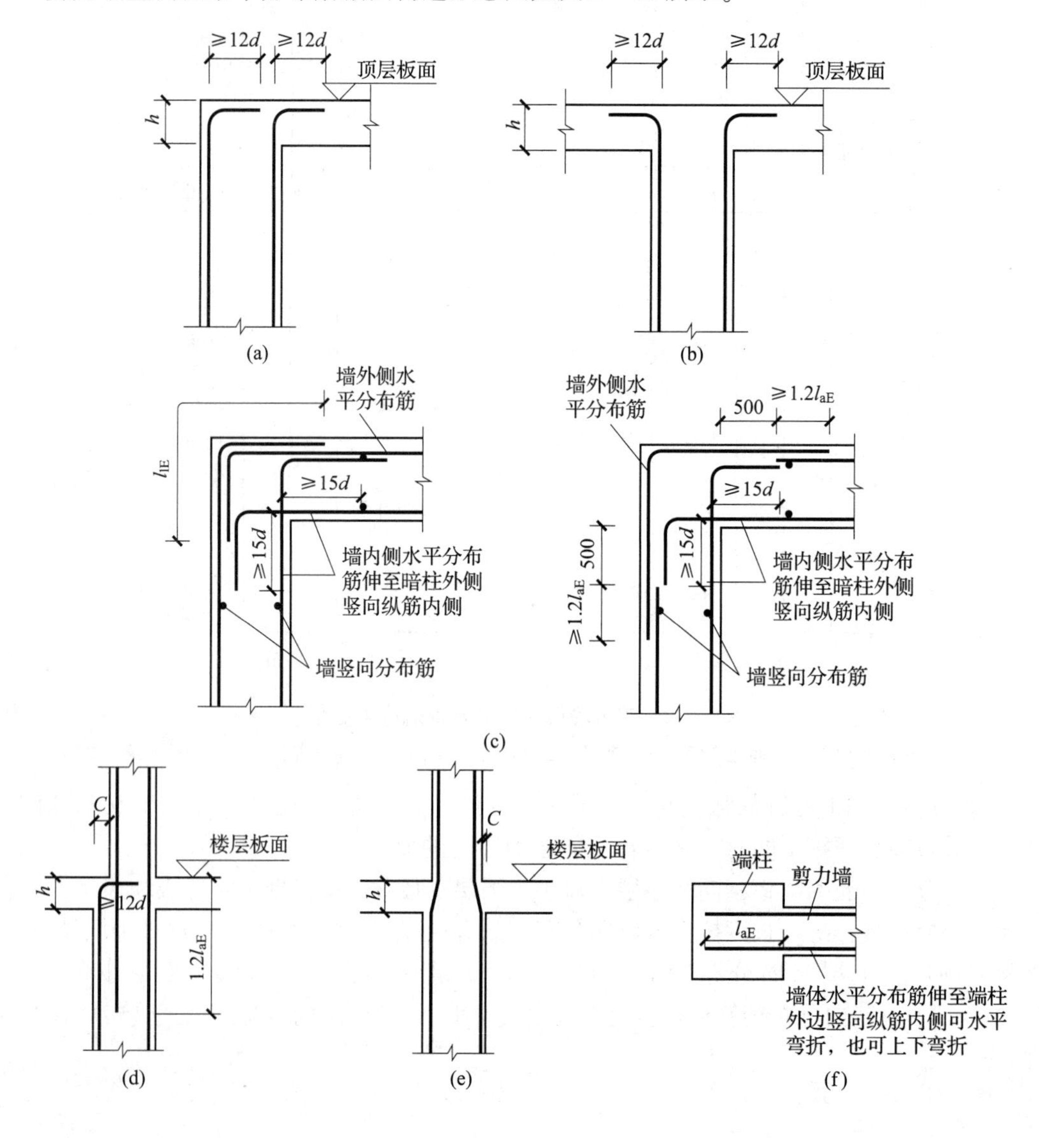

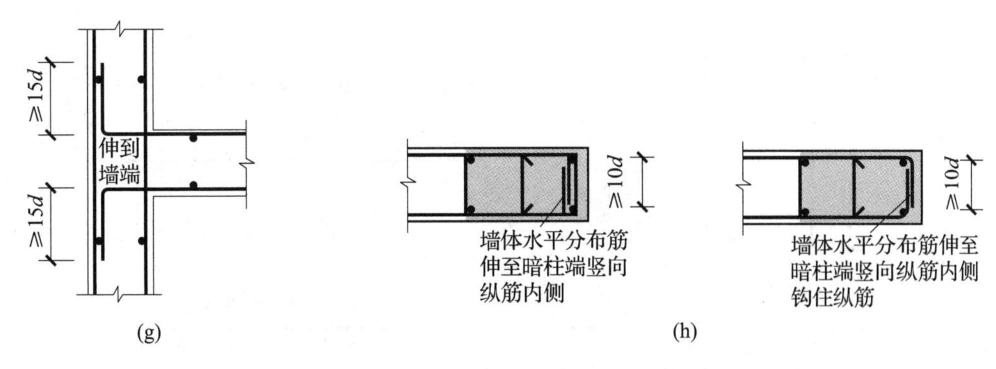

图3－13　剪力墙竖向及水平分布筋锚固构造示意图

（a）墙竖向分布筋在墙顶构造（单侧有板）；（b）墙竖向分布筋在墙顶构造（双侧有板）；
（c）转角墙节点水平筋锚固；（d）墙变截面处墙竖向分布筋构造（$C/h>1/6$）；
（e）墙变截面处墙竖向分布筋构造（$C/h \leqslant 1/6$）；（f）有端柱墙水平筋锚固；
（g）有翼墙节点墙水平筋锚固；（h）暗柱节点墙水平筋锚固

要点9：剪力墙竖向及水平分布筋连接构造

剪力墙竖向及水平分布钢筋采用搭接连接时，在一、二级剪力墙的底部加强部位，接头位置应错开，同一截面连接的钢筋数量不宜超过总数量的50%，错开净距不宜小于500mm，其他情况剪力墙的钢筋可在同一截面连接。分布钢筋的搭接长度，非抗震设计时不应小于$1.2l_a$，抗震设计时不应小于$1.2l_{aE}$。

剪力墙竖向及水平分布筋连接构造示意图如图3－14所示。

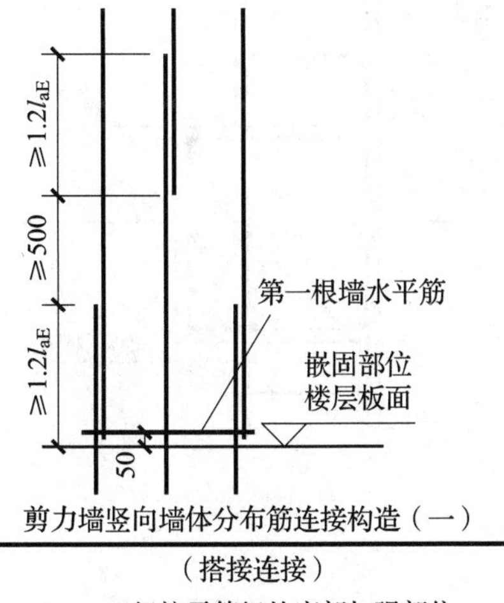

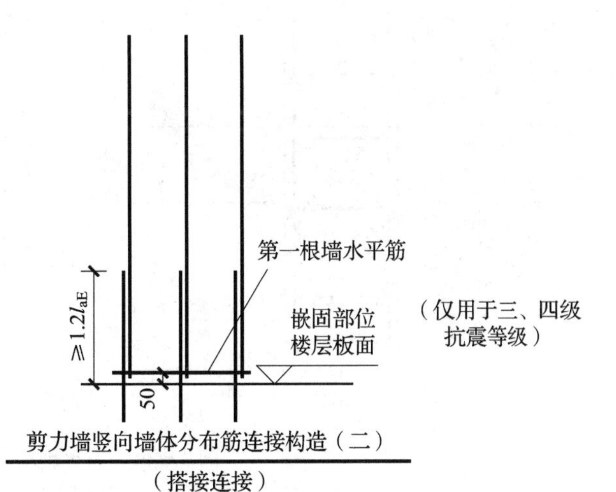

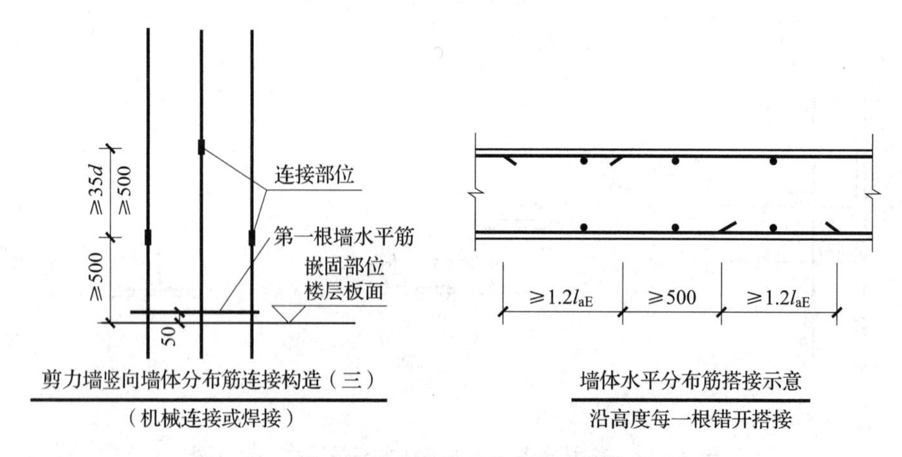

图 3－14　剪力墙竖向及水平分布筋连接构造示意图

注：1　当不同直径钢筋搭接时，搭接长度按较小直径钢筋计算；当不同直径钢筋机械连接时，钢筋错开间距按较小直径钢筋计算。

2　当相邻钢筋连接要求错开时，同一连接区段内，钢筋连接接头面积不大于 50%。

3　剪力墙竖筋在基础锚固，除定位钢筋外，其余钢筋满足锚固长度即可。

要点 10：剪力墙中的竖向分布钢筋和水平分布钢筋与墙暗梁中的钢筋摆放

通常情况下，剪力墙中的水平分布钢筋位于外侧，而竖向分布钢筋位于水平分布钢筋的内侧。

暗梁的宽度与剪力墙的厚度相同时，钢筋的摆放层次由外层到内侧如图 3－15 所示。

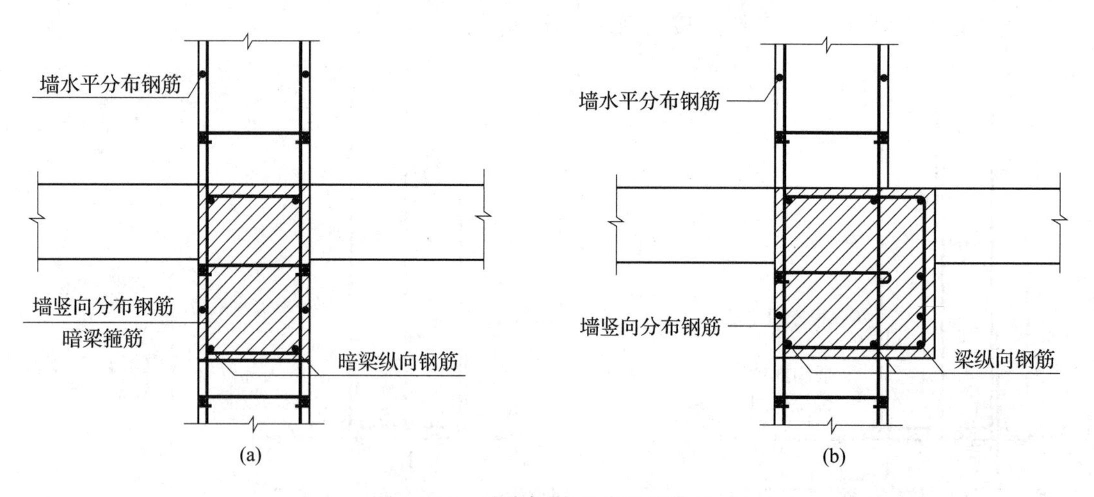

图 3－15　墙中钢筋与暗梁的关系

（a）暗梁与剪力墙同宽；（b）梁宽大于墙厚

1）剪力墙中的水平分布钢筋在最外侧（第一层），在暗梁高度范围内也应布置剪力墙的水平分布钢筋。

2）剪力墙中的竖向分布钢筋及暗梁中的箍筋，应在水平分布钢筋的内侧（第二层），在水平方向错开放置，不应重叠放置。

3）暗梁中的纵向钢筋位于剪力墙中竖向分布钢筋和暗梁箍筋的内侧（第三层）。

要点 11：剪力墙中的竖向分布钢筋在顶层楼板处遇到暗梁或边框梁时的锚固

根据《建筑抗震设计规范》GB 50011—2010 的规定，框架－剪力墙结构的剪力墙在楼层和顶层处应设置边框梁或暗梁，因此在框架－剪力墙结构中，在楼层和顶层处均设有边框梁或暗梁。带边框梁柱剪力墙其竖向分布钢筋在楼层贯穿边框梁，在顶层锚固在边框梁内。由于暗梁是剪力墙的一部分，应符合下列要求：

1）剪力墙中的竖向分布钢筋在顶层处，应穿过暗梁或边框梁伸入顶层楼板内并满足锚固长度的要求。

2）剪力墙中的竖向分布钢筋伸入顶层楼板内的连接长度，应从顶层楼板的板底算起，而不是从暗梁的底部算起。

3）竖向分布钢筋伸入顶层楼板的上部后再弯折水平段（图 3－16、图 3－17）。

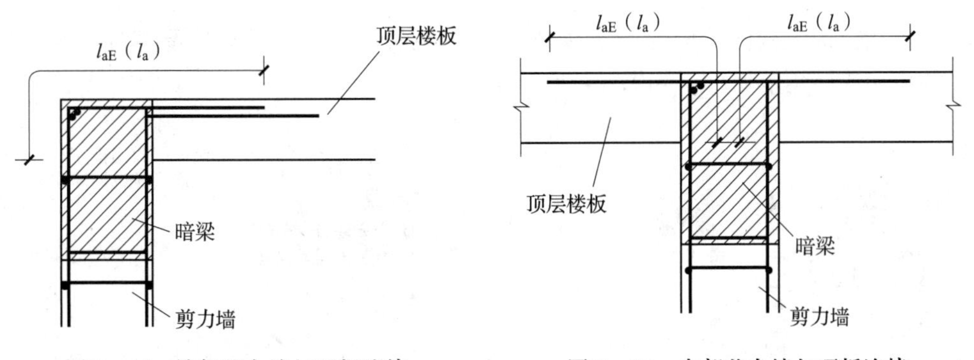

图 3－16 端部剪力墙与顶板连接

图 3－17 中部剪力墙与顶板连接

要点 12：剪力墙第一根竖向分布钢筋距边缘构件的距离

在剪力墙的端部或洞口边都设有边缘构件（约束边缘构件或构造边缘构件），当边缘构件是暗柱或翼墙柱时，它们是剪力墙的一部分，不能作为单独构件考虑。剪力墙中第一根竖向分布钢筋的设置位置应根据间距整体安排后，将排布后的最小间距放在靠边缘构件处。有端柱的剪力墙，竖向分布钢筋按墙设计间距摆放后，第一根钢筋距端柱近边的距离不大于 100mm。剪力墙的水平分布钢筋应按设计要求的间距排布，根据整体排布后第一根水平分布钢筋距楼板的上、下结构面（基础顶面）的距离不大于 100mm，也可以从基础顶面开始连续排布水平分布钢筋。注意楼板负筋位置宜布置剪力墙内水平分布钢筋，以确保楼板负筋的正确位置（图 3－18、图 3－19）。

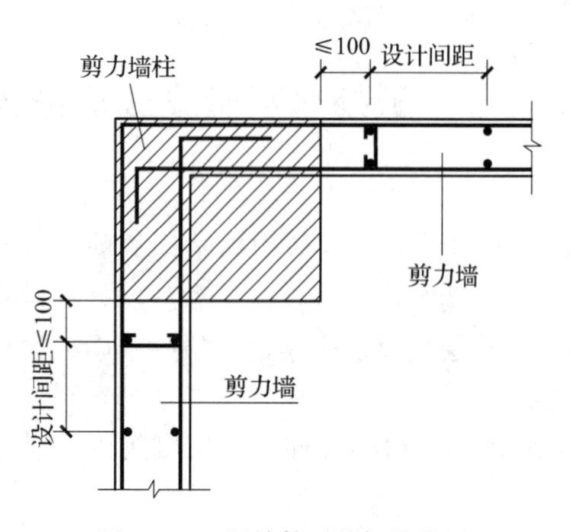

图 3－18 遇端柱时的摆放位置

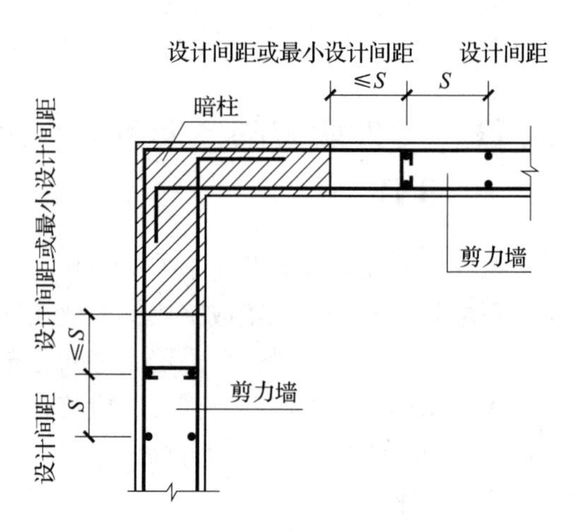

图 3－19 遇暗柱时的摆放位置

要点 13：剪力墙约束边缘构件的设置

剪力墙约束边缘构件（以 Y 字开头）包括约束边缘暗柱、约束边缘端柱、约束边缘翼墙、约束边缘转角墙四种，如图 3－20 所示。

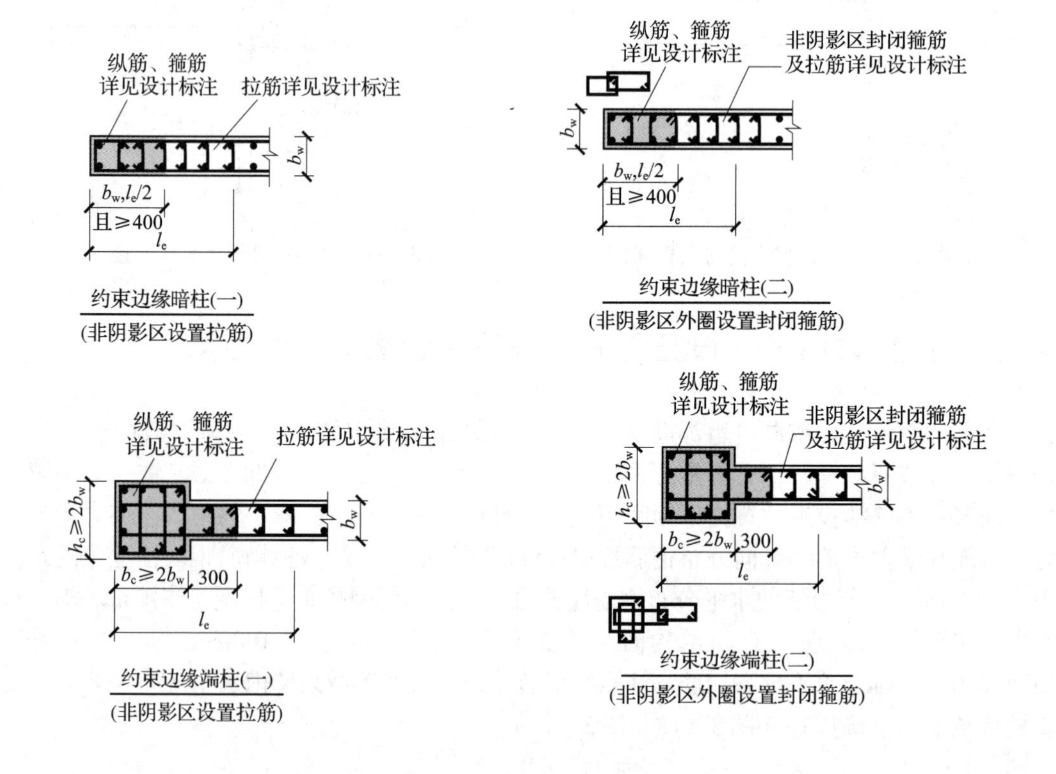

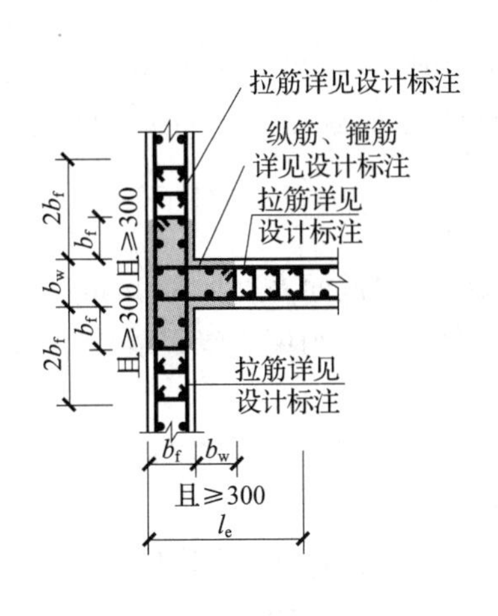

约束边缘翼墙(一)
(非阴影区设置拉筋)

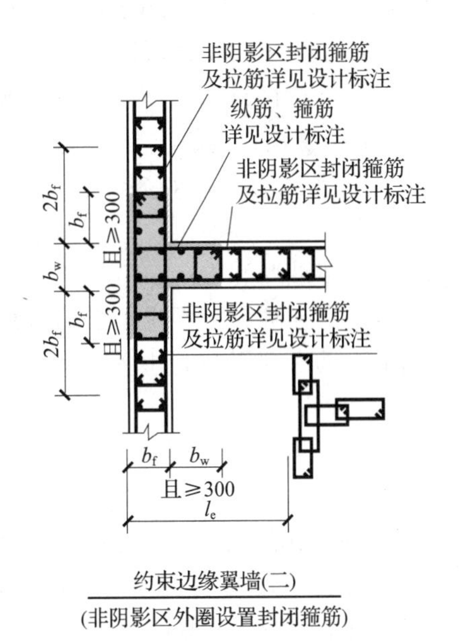

约束边缘翼墙(二)
(非阴影区外圈设置封闭箍筋)

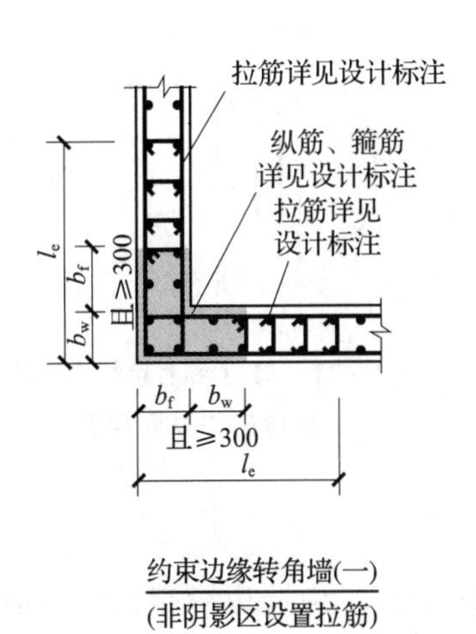

约束边缘转角墙(一)
(非阴影区设置拉筋)

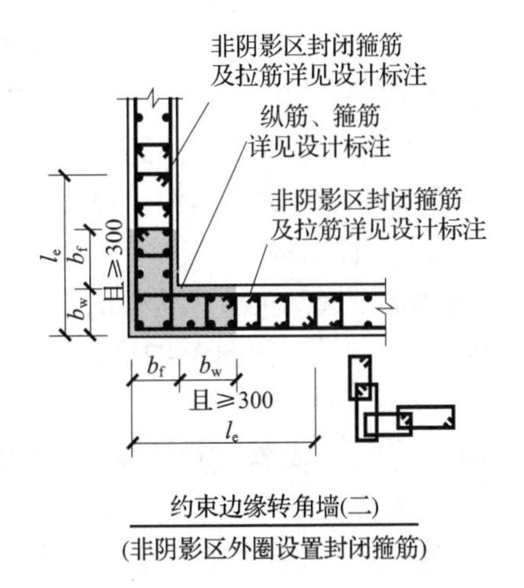

约束边缘转角墙(二)
(非阴影区外圈设置封闭箍筋)

图3-20　剪力墙约束边缘构件构造

1）约束边缘构件的设置：

《建筑抗震设计规范》GB 50011—2010第6.4.5条规定，底层墙肢底截面的轴压比大于规范规定（见表3-2）的一~三级抗震墙，以及部分框支抗震结构的抗震墙，应在底部加强部位及相邻上一层设置；无抗震设防要求的剪力墙不设置底部加强区。

表3-2　抗震墙设置构造边缘构件的最大轴压比

抗震等级或烈度	一级（9度）	一级（7、8度）	二、三级
轴压比	0.1	0.2	0.3

《建筑抗震设计规范》GB 50011—2010 第 6.1.14 条规定，地下室顶板作为上部结构的嵌固部位时，地下一层抗震墙墙肢端部边缘构件纵向钢筋的截面面积，不应少于地下一层对应墙肢边缘构件纵向钢筋的截面面积。

2）约束边缘构件的纵向钢筋配置在阴影范围内时如图 3－20 所示，其中 l_c 为约束边缘构件沿墙肢长度，与抗震等级、墙肢长度、构件截面形状有关，且应满足下列要求：

①不应小于墙厚和 400mm。

②有翼墙和端柱时，不应小于翼墙厚度或端柱沿墙肢方向截面高度加 300mm。

剪力墙平面布置图中应注明约束边缘构件沿墙肢长度 l_c，当约束边缘翼墙中沿墙肢长度尺寸为 $2b_f$ 时可不注。

3）《建筑抗震设计规范》GB 50011—2010 第 6.4.5 条规定，抗震墙的长度小于其 3 倍厚度或端柱截面边长小于 2 倍墙厚时，按无翼墙、无端柱考虑。

4）沿墙肢长度 l_c 范围内的箍筋或拉筋由设计文件注明，其沿竖向间距为：

①一级抗震（8、9 度）为 100mm。

②二、三级抗震为 150mm。

约束边缘构件墙柱的扩展部位是与剪力墙身的共有部分，该部位的水平筋是剪力墙的水平分布筋，竖向分布筋的强度等级和直径按剪力墙身的竖向分布筋，但其间距小于竖向分布筋的间距，具体间距值相应于墙柱扩展部位设置的拉筋间距。设计不写明时，具体构造要求见平法详图构造。

5）剪力墙上起约束边缘构件的纵向钢筋应伸入下部墙体内锚固 $1.2l_{ae}$，如图 3－21 所示。

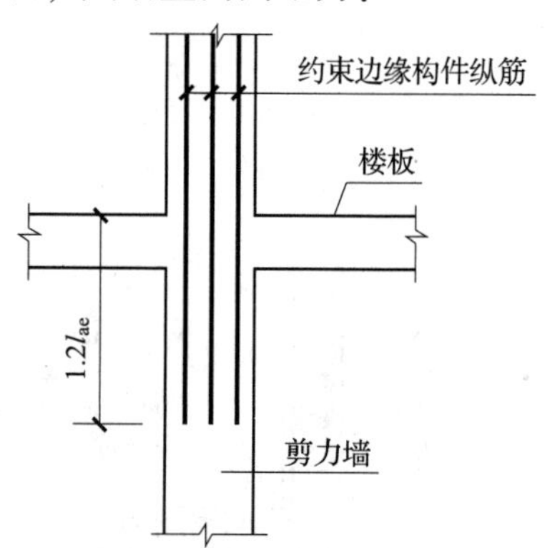

图 3－21　剪力墙上起约束作用的边缘构件纵筋构造

要点 14：剪力墙构造边缘构件的设置

剪力墙构造边缘构件（以 G 字开头）包括构造边缘暗柱、构造边缘端柱、构造边缘翼墙、构造边缘转角墙四种，如图 3－22 所示。

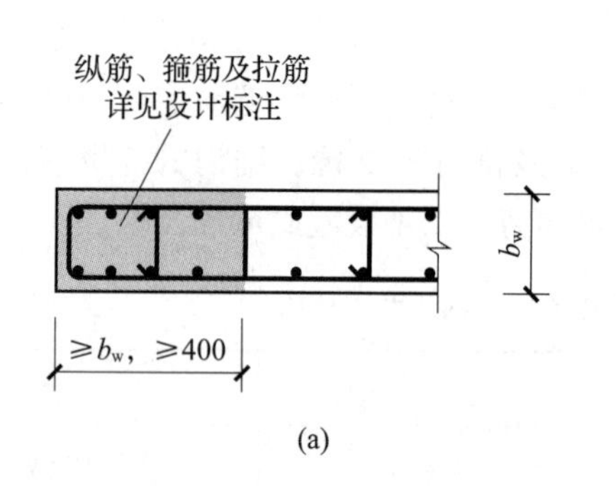

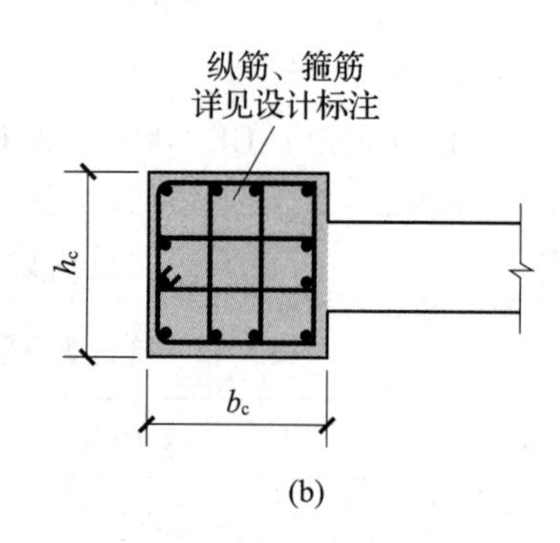

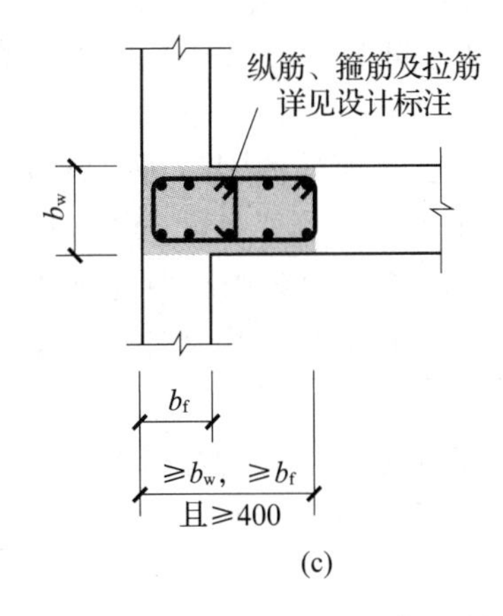

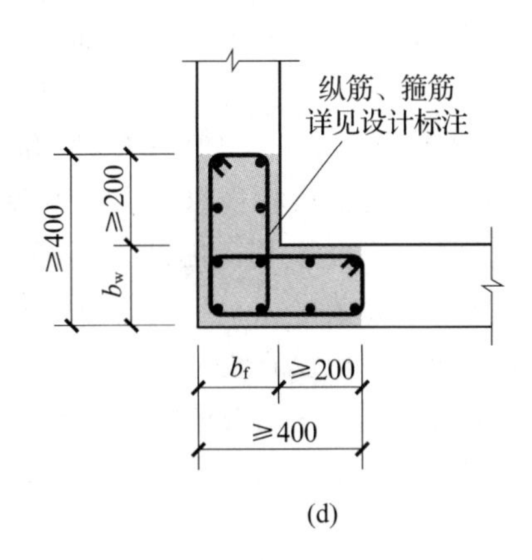

图3－22　剪力墙构造边缘构件

（a）构造边缘暗柱；（b）构造边缘端柱；（c）构造边缘翼墙；（d）构造边缘转角墙

1）剪力墙的端部和转角等部位设置边缘构件，目的是改善剪力墙肢的延性性能。

《建筑抗震设计规范》GB 50011—2010第6.4.5条规定，对于抗震墙结构，底层墙肢底截面的轴压比不大于规范规定（见表3－2）的一、二、三级抗震墙及四级抗震墙，墙肢两端、洞口两侧可设置构造边缘构件。

抗震墙的构造边缘构件范围如图3－23所示。

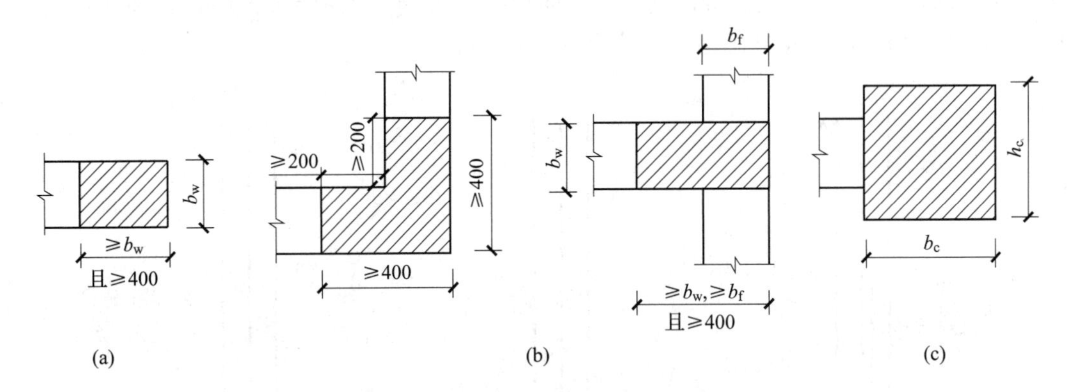

图3－23　抗震墙的构造边缘构件范围

（a）暗柱；（b）翼墙；（c）端柱

2）底部加强部位的构造边缘构件与其他部位的构造边缘构件配筋要求不同（底部加强区的剪力墙构造边缘构件配筋率为0.7%，其他部位的边缘约束构件的配筋率为0.6%）。

《高层建筑混凝土结构技术规程》JGJ 3—2010第7.2.16条规定，剪力墙构造边缘构件箍筋及拉结钢筋的无支长度（肢距）不宜大于300mm；箍筋及拉结钢筋的水平间距不应大于竖向钢筋间距的2倍，转角处宜采用箍筋，如图3－23所示。

有抗震设防要求时，对于复杂建筑结构中的剪力墙构造边缘构件，不宜全部采用拉结筋，宜采用箍筋或箍筋和拉筋结合的形式。

当构造边缘构件是端柱时，端柱承受集中荷载，其纵向钢筋和箍筋应满足框架柱的配筋及构造要求。构造边缘构件的钢筋宜采用高强钢筋，可配箍筋与拉筋相结合的横向钢筋。

3）剪力墙受力状态：平面内的刚度和承载力较大，平面外的刚度和承载力较小，当剪力墙与平面外方向的梁相连时，会产生墙肢平面外的弯矩，当梁高大于2倍墙厚时，梁端弯矩对剪力墙平面外不利，因此，当楼层梁与剪力墙相连时会在墙中设置扶壁柱或暗柱；在非正交的剪力墙中和十字交叉剪力墙中，除在端部设置边缘构件外，在非正交墙的转角处及十字交叉处也设有暗柱。

如果施工设计图未注明具体的构造要求，扶壁柱应按框架柱的构造措施，暗柱应按构造边缘构件的构造措施（扶壁柱及暗柱的尺寸和配筋根据设计确定）。

要点15：剪力墙边缘构件纵向钢筋连接构造

剪力墙边缘构件纵向钢筋连接构造如图3－24所示。

图3－24（a）：剪力墙边缘构件纵向钢筋可在楼层层间任意位置搭接连接，搭接长度为$1.2l_{aE}$，搭接接头错开距离为500mm，钢筋直径大于28mm时不宜采用搭接连接。

图3－24（b）：当采用机械连接时，纵筋机械连接接头错开35d，机械连接的连接点距离结构层顶面（基础顶面）或底面≥500mm。

图3－24（c）：当采用焊接连接时，纵筋焊接接头错开35d且≥500mm，焊接连接的连接点距离结构层顶面（基础顶面）或底面≥500mm。

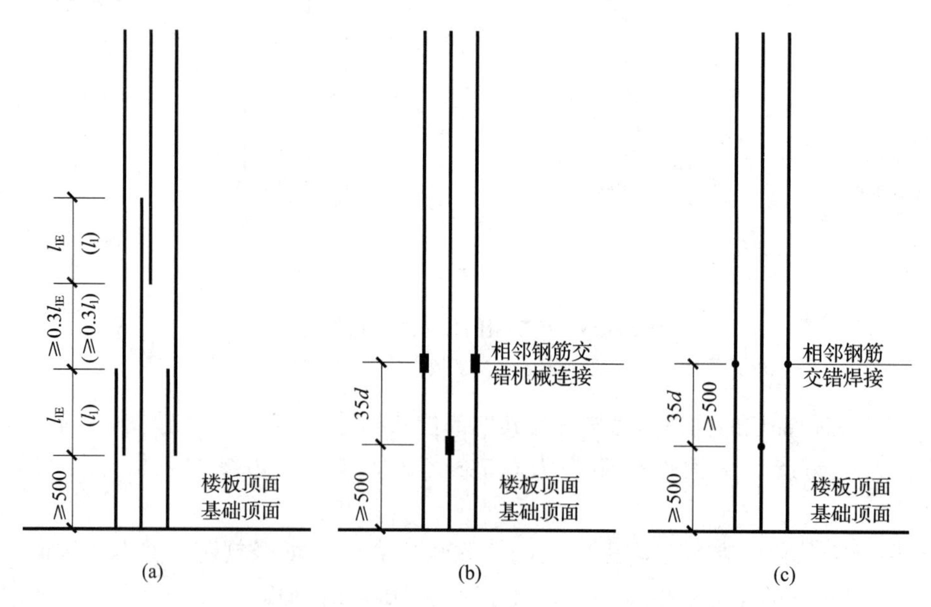

图3－24　剪力墙边缘构件纵向钢筋连接构造

（a）绑扎搭接；（b）机械连接；（c）焊接连接

要点16：剪力墙连梁钢筋构造

剪力墙连梁设置在剪力墙洞口上方，连接两片剪力墙，与剪力墙同厚。连梁有单洞口连梁和双洞口连梁两种。

1．单洞口连梁

当洞口两侧水平段长度不能满足连梁纵筋直锚长度≥max［l_{aE}（l_a），600mm］的要求时，可采用弯锚形式，连梁纵筋伸至墙外侧纵筋内侧弯锚，竖向弯折长度为15d（d为连梁纵筋直径），如图3－25（b）所示。

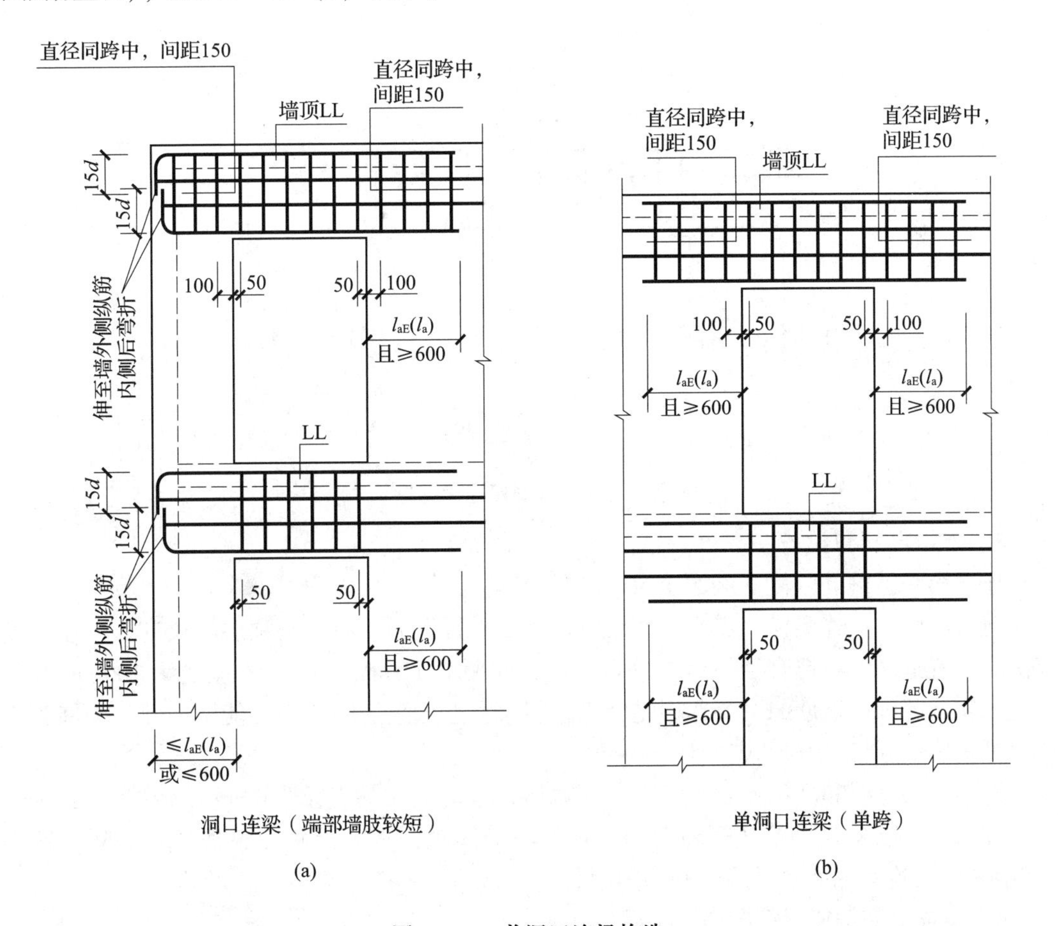

图3－25　单洞口连梁构造

（a）墙端部洞口连梁构造；（b）墙中部洞口连梁构造

洞口连梁下部纵筋和上部纵筋锚入剪力墙内的长度要求为max［l_{aE}（l_a），600mm］，如图3－25（a）所示。

2．双洞口连梁

当两洞口的洞间墙长度不能满足两侧连梁纵筋直锚长度min［l_{aE}（l_a），1200mm］的要求时，可采用双洞口连梁，如图3－26所示。其构造要求为：连梁上部、下部、侧面纵筋连续通过洞间墙，上下部纵筋锚入剪力墙内的长度要求为 max（l_{aE}，600mm）。

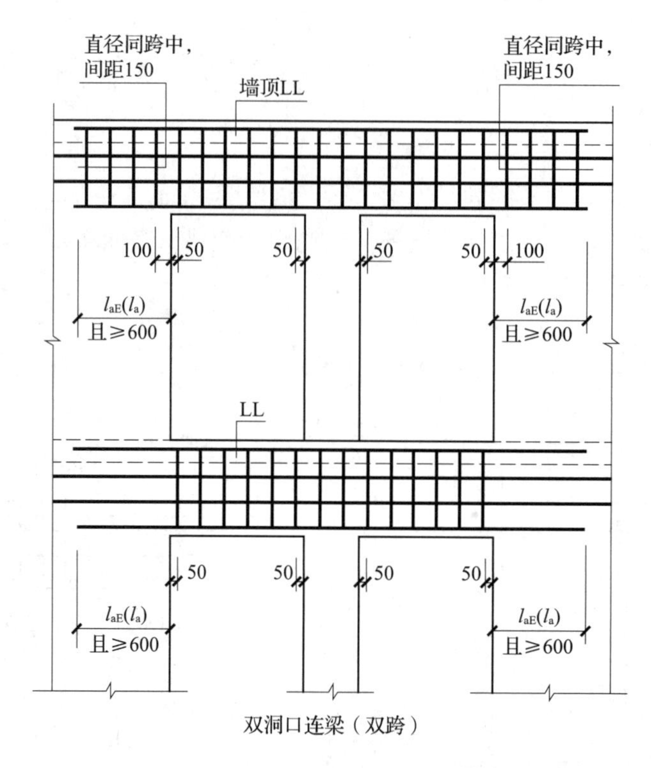

图 3－26　双洞口连梁构造

3．连梁箍筋和拉筋

连梁第一道箍筋距离支座边缘 50mm 开始设置。

剪力墙中间层连梁锚入支座长度范围内不需设置箍筋，剪力墙顶层连梁锚入支座长度范围应设置箍筋，箍筋直径与跨中箍筋相同，间距为 150mm，距离支座边缘 100mm 开始设置，在该范围内箍筋的主要作用是增强顶层连梁上部纵筋的锚固性能，因此，为施工方便，可采用下开口箍筋形式。

连梁拉筋直径和间距要求为：当梁宽≤350mm 时，拉筋直径取 6mm，当梁宽＞350mm 时，拉筋直径取 8mm；拉筋间距为两倍连梁箍筋间距，竖向沿侧面水平分布筋隔一拉一（间距为两倍连梁侧面水平构造钢筋间距）。

4．连梁交叉斜筋配筋构造

当洞口连梁截面宽度≥250mm 时，连梁中应根据具体条件设置斜向交叉斜筋配筋，如图 3－27 所示。斜向交叉钢筋锚入连梁支座内的锚固长度应≥max［l_{aE}（l_a），600mm］；交叉斜筋配筋连梁的对角斜筋在梁端部应设置拉筋，具体值见设计标注。

交叉斜筋配筋连梁的水平钢筋及箍筋形成的钢筋网之间应采用拉筋拉结，拉筋直径不宜小于 6mm，间距不宜大于 400mm。

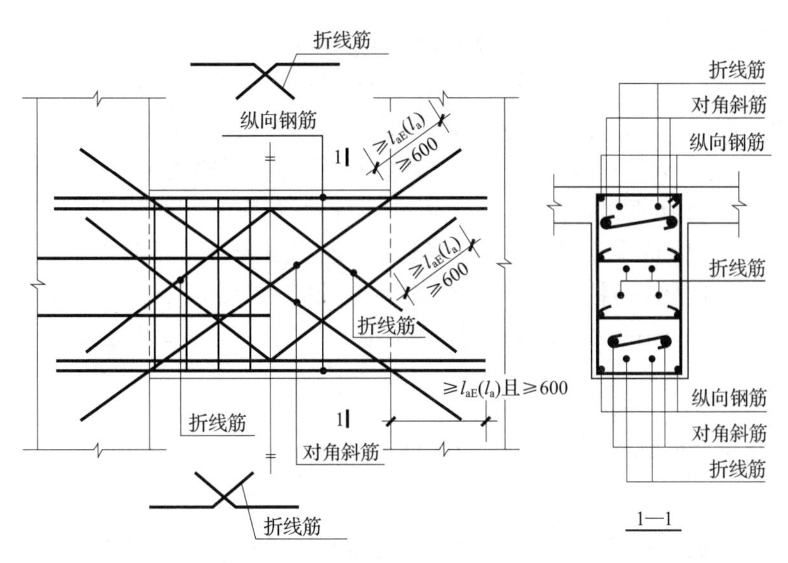

图3-27　连梁交叉斜筋配筋构造

5. 连梁对角配筋构造

当连梁截面宽度≥400mm时，连梁中应根据具体条件设置集中对角斜筋配筋或对角暗撑配筋，如图3-28所示。

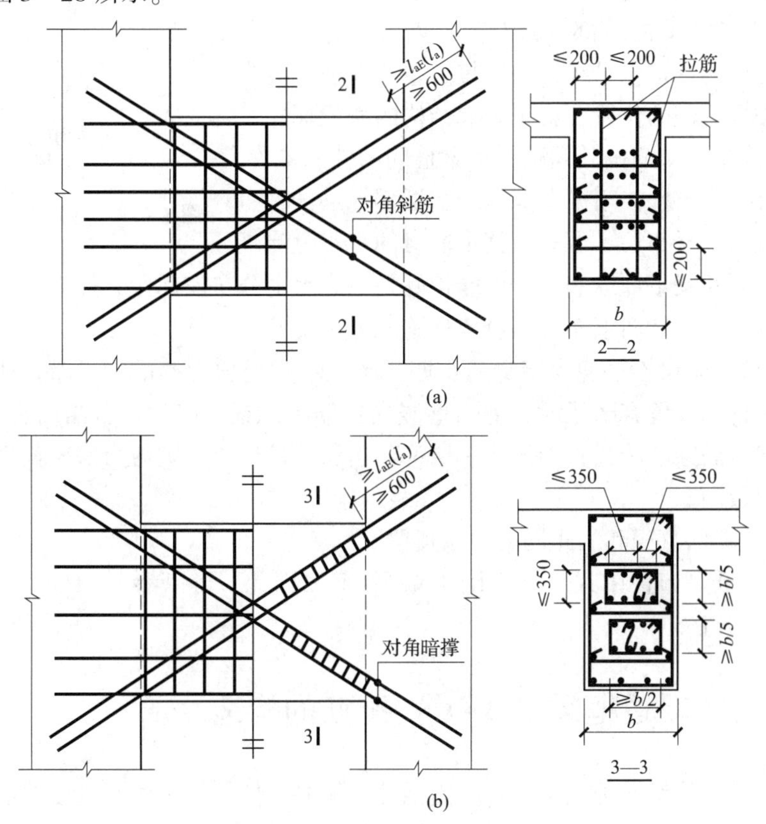

图3-28　连梁对角配筋构造

(a) 对角斜筋配筋；(b) 对角暗撑配筋

集中对角斜筋配筋连梁构造如图 3－28（a）所示，应在梁截面内沿水平方向及竖直方向设置双向拉筋，拉筋应勾住外侧纵向钢筋，间距不应大于 200mm，直径不应小于 8mm。集中对角斜筋锚入连梁支座内的锚固长度≥max（l_{aE}，600mm）。

对角暗撑配筋连梁构造如图 3－28（b）所示，其箍筋的外边缘沿梁截面宽度方向不宜小于连梁截面宽度的一半，另一方向不宜小于 1/5，对角暗撑约束箍筋肢距不应大于 350mm。当为抗震设计时，暗撑箍筋在连梁支座位置 600mm 范围内进行箍筋加密，对角交叉暗撑纵筋锚入连梁支座内的锚固长度≥max（l_{aE}，600mm）。其水平钢筋及箍筋形成的钢筋网之间应采用拉筋拉结，拉筋直径不宜小于 6mm，间距不宜大于 400mm。

要点 17：剪力墙暗梁（AL）钢筋的构造

剪力墙暗梁的钢筋种类包括：纵向钢筋、箍筋、拉筋、暗梁侧面的水平分布筋。

暗梁的纵筋是沿墙肢方向贯通布置，而暗梁的箍筋也是沿墙肢方向全长布置，而且是均匀布置，不存在箍筋加密区和非加密区。

剪力墙暗梁配筋构造，如图 3－29 所示。

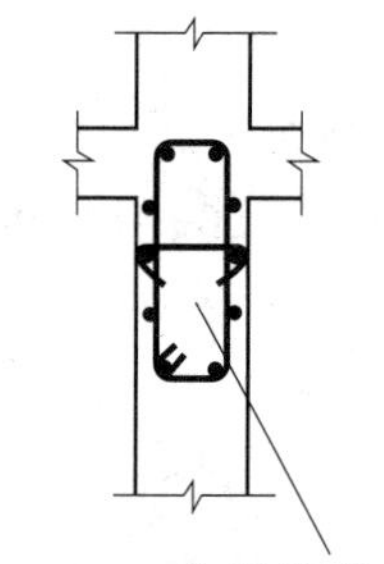

图 3－29　剪力墙暗梁配筋构造

1）暗梁是剪力墙的一部分，对剪力墙有阻止开裂的作用，是剪力墙的一道水平线性加强带。暗梁一般设置在剪力墙靠近楼板底部的位置，就像砖混结构的圈梁那样。

2）墙身水平分布筋按其间距在暗梁箍筋的外侧布置。从图 3－29 可以看出，在暗梁上部纵筋和下部纵筋的位置上不需要布置水平分布筋。但是，整个墙身的水平分布筋按其间距布置到暗梁下部纵筋时，可能正好是一个水平分布筋间距，此时的墙身水平分布筋是否还按其间距继续向上布置，可依从施工人员安排。

3）剪力墙的暗梁不是剪力墙身的支座，暗梁本身是剪力墙的加强带。所以，当每个楼层的剪力墙顶部设置有暗梁时，剪力墙竖向钢筋不能锚入暗梁。若当前层是中间楼层，则剪力墙竖向钢筋穿越暗梁直伸入上一层；若当前层是顶层，则剪力墙竖向钢筋应该穿越暗梁锚入现浇板内。

4）暗梁拉筋的直径和间距同剪力墙连梁。

5）暗梁纵筋是布置在剪力墙身上的水平钢筋，因此，可以参考 11G101－1 图集剪力墙身水平钢筋构造。

要点 18：剪力墙边框梁（BKL）配筋的构造

剪力墙边框梁的钢筋种类包括：纵向钢筋、箍筋、拉筋、边框梁侧面的水平分布筋。

边框梁的纵筋是沿墙肢方向贯通布置，而边框梁的箍筋也是沿墙肢方向全长布置，而且是均匀布置，不存在箍筋加密区和非加密区。

剪力墙边框梁配筋构造，如图3－30所示。

1）墙身水平分布筋按其间距在边框梁箍筋的内侧通过。因此，边框梁侧面纵筋的拉筋同时钩住边框梁的箍筋和水平分布筋。

2）墙身垂直分布筋穿越边框梁。剪力墙的边框梁不是剪力墙的支座，边框梁本身也是剪力墙的加强带。所以，当剪力墙顶部设置有边框梁时，剪力墙竖向钢筋不能锚入边框梁。若当前层是中间楼层，则剪力墙竖向钢筋穿越边框梁直伸入上一层；若当前层是顶层，则剪力墙竖向钢筋应该穿越边框梁锚入现浇板内。

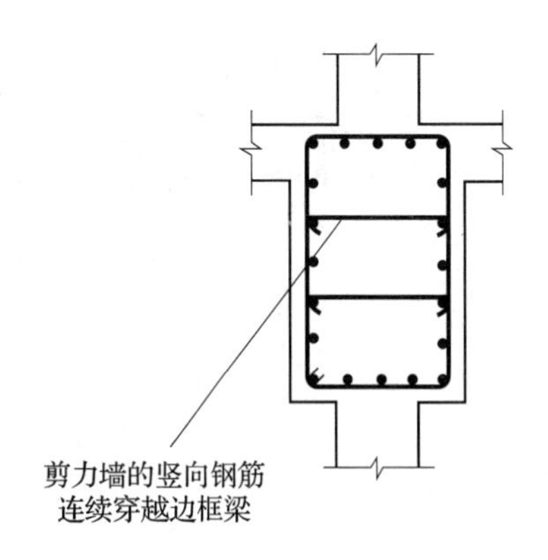

图3－30　剪力墙边框梁配筋构造

3）边框梁拉筋的直径和间距同剪力墙连梁。

4）边框梁的纵筋应满足下列要求：

①边框梁一般都与端柱发生联系，而端柱的竖向钢筋和箍筋构造与框架柱相同，所以，边框梁纵筋与端柱纵筋之间的关系也可以参考框架梁纵筋与框架柱纵筋的关系，即边框梁纵筋在端柱纵筋之内伸入端柱。

②边框梁纵筋伸入端柱的长度不同于框架梁纵筋在框架柱的锚固构造，因为端柱不是边框梁的支座，它们都是剪力墙的组成部分。因此，边框梁纵筋在端柱的锚固构造可以参考11G101－1图集剪力墙身水平钢筋构造。

要点19：剪力墙连梁与暗梁或边框梁发生局部重叠时，两个梁的纵筋搭接

暗梁或边框梁和连梁重叠的特点一般是两个梁顶标高相同，而暗梁的截面高度小于连梁，所以连梁的下部纵筋在连梁内部穿过，因此，搭接时主要应关注暗梁或边框梁与连梁上部纵筋的处理方式。

顶层边框梁或暗梁与连梁重叠时配筋构造，见图3－31。

楼层边框梁或暗梁与连梁重叠时配筋构造，见图3－32。

从1—1断面图可以看出重叠部分的梁上部纵筋：

第一排上部纵筋为边框梁（BKL）或暗梁（AL）的上部纵筋。

第二排上部纵筋为“连梁上部附加纵筋，当连梁上部纵筋计算面积大于边框梁或暗梁时需设置”。

连梁上部附加纵筋、连梁下部纵筋的直锚长度为“l_{aE}（l_a）且≥600mm”。

以上是边框梁（BKL）或暗梁（AL）的纵筋与连梁（LL）纵筋的构造。对于它们的箍筋：

由于连梁（LL）的截面宽度与暗梁（AL）相同，[连梁（LL）的截面高度大于暗梁（AL）]，所以重叠部分的连梁（LL）箍筋兼做暗梁（AL）箍筋。但是边框梁（BKL）就不同，边框梁（BKL）的截面宽度大于连梁（LL），所以边框梁（BKL）与连梁（LL）的箍筋是各布各的，互不相干。

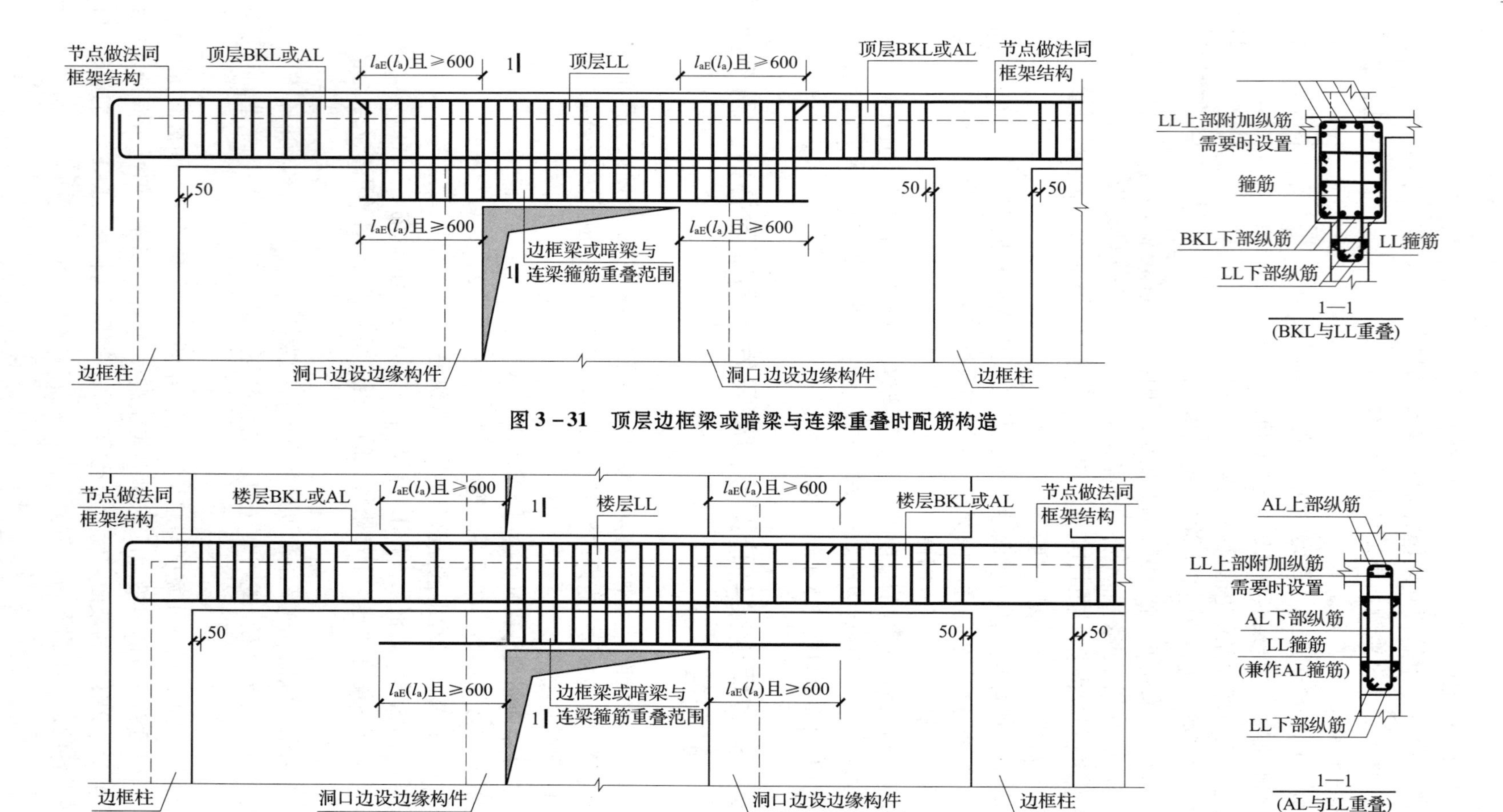

图 3-31　顶层边框梁或暗梁与连梁重叠时配筋构造

图 3-32　楼层边框梁或暗梁与连梁重叠时配筋构造

要点20：地下室外墙纵向钢筋在首层楼板的连接

1）当箱形基础上部无剪力墙时，纵向钢筋伸入顶板内不小于 l_{ae}（l_a），且水平段投影长度不小于15d。当筏形基础地下室顶板作为嵌固部位时，也应按此法连接，楼板钢筋做法另外详述，如图3－33所示。

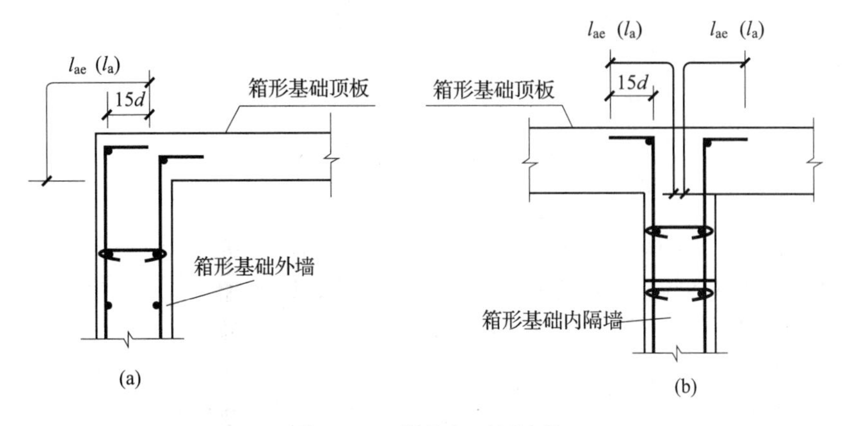

图3－33　钢筋与顶板连接

（a）外墙钢筋与顶板连接；（b）内墙钢筋与顶板连接

2）当上部有混凝土墙时，纵向钢筋可贯通，或下层纵向钢筋伸至上层墙体内，按剪力墙底部加强区连接方式。下部墙体不能贯通的纵向钢筋，应水平弯折投影长度不小于15d；上部插筋的长度应满足不小于 l_{ae}（l_a），如图3－34所示。

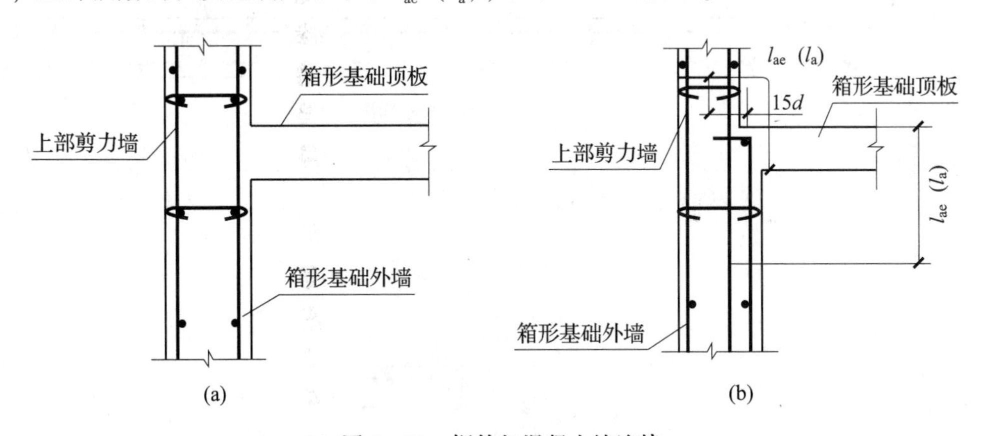

图3－34　钢筋与混凝土墙连接

（a）外墙与剪力墙同宽；（b）外墙与剪力墙不同宽

3）顶板与混凝土外墙按铰接计算时，外墙纵向钢筋应伸至板顶，弯折后的水平直线段长度不小于12d，如图3－35（a）所示。

4）地下室顶板作为外墙的弹性嵌固支承点时，外墙与板上部钢筋可采用搭接连接方式，板下部钢筋、墙内侧钢筋水平弯折的投影长度不小于15d，如图3－35（b）所示。

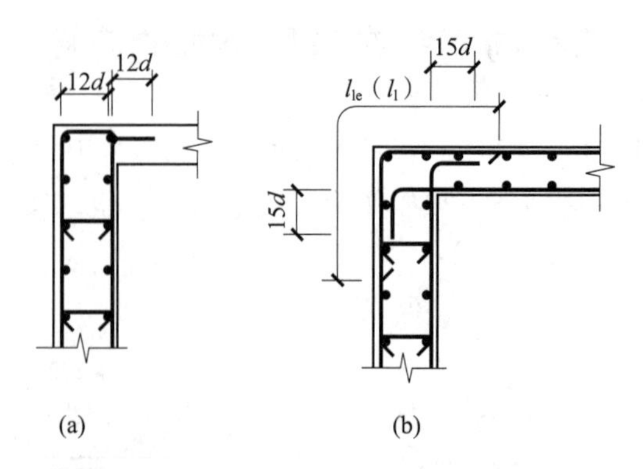

图 3－35　外墙与地下室顶板的连接方式

（a）顶板作为外墙的简支支承；（b）顶板作为外墙的弹性嵌固支承

5）外墙与地下室顶板的连接方式，如图 3－35 所示，有“顶板作为外墙的简支支承”、“顶板作为外墙的弹性嵌固支承”两种节点做法，应在设计文件中明确。

6）地下室外墙（DWQ）钢筋构造如图 3－36 所示。

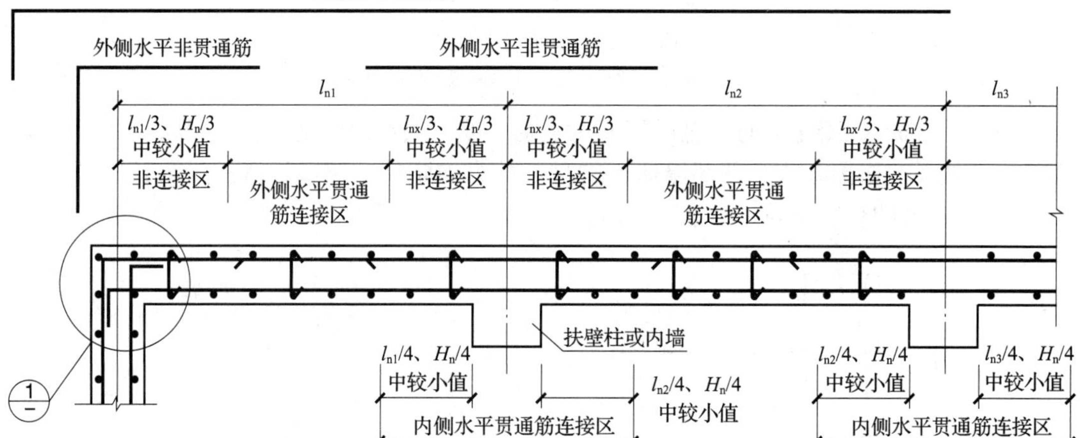

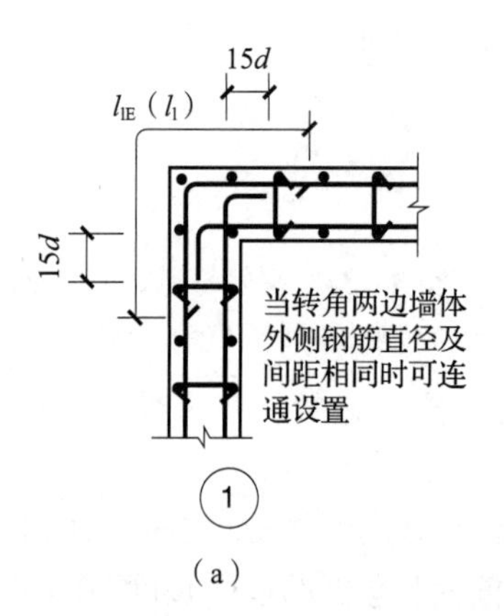

（a）

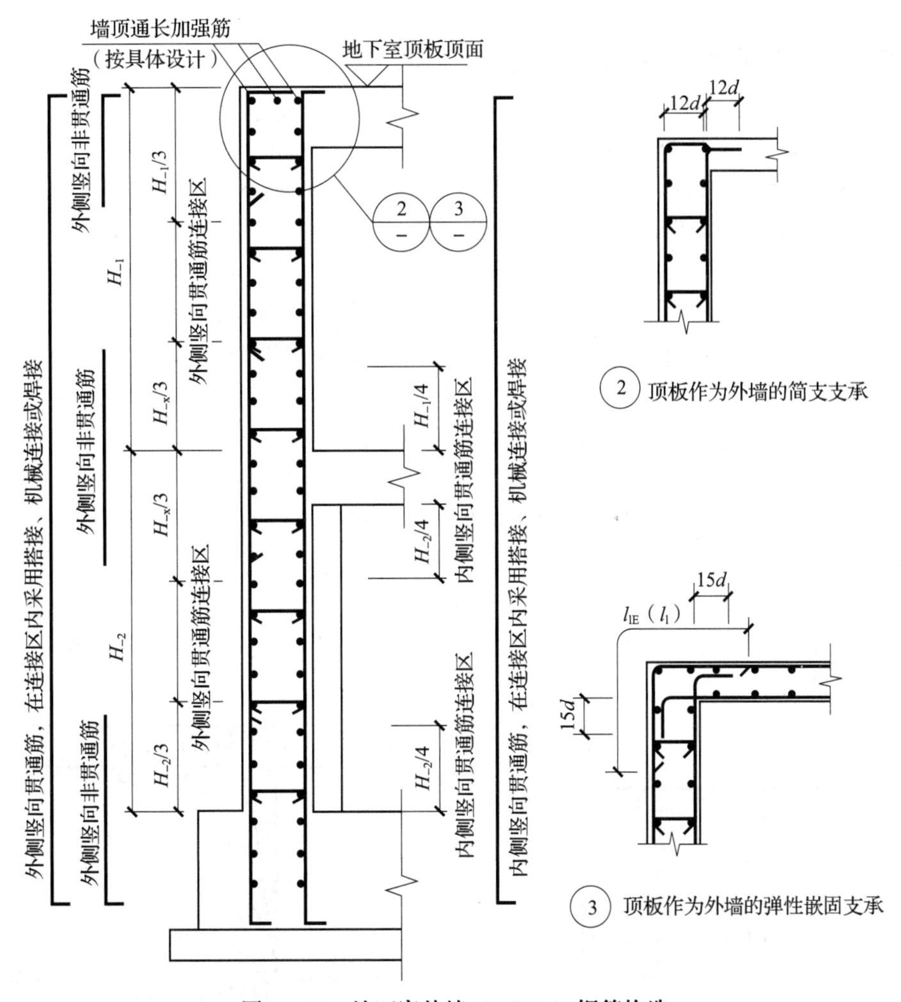

图3－36　地下室外墙（DWQ）钢筋构造

（a）地下室外墙水平钢筋构造；（b）地下室外墙竖向钢筋构造

①水平非贯通筋的非连接区长度确定：端支座取端跨1/3长或1/3本层层高之间的较小值，中间跨取相邻水平跨的较大净跨值1/3长或1/3本层层高之间的较小值作为单边计算长度。

②外侧垂直非贯通筋的非连接区长度确定：当设计没有单独说明时，顶层和底层按各自楼层的1/3层高计取；中间层按相邻层高大的楼层的1/3层高计取。内侧垂直非贯通筋的连接区位置确定：在基础或楼板的上下1/4层高处，地下室顶板处不考虑。

③扶壁柱、内墙是否作为地下室外墙的平面外支承应由设计人员根据工程具体情况确定，并在设计文件中明确。当扶壁柱、内墙不作为地下室外墙的平面外支承时，水平贯通筋的连接区域不受限制。

④地下室外墙竖向钢筋的插筋作为箱形墙体的内柱，除柱四角纵筋直通到基底外，其余纵筋伸入顶板底面下40d，外柱和上部剪力墙相连的柱及其他内柱的纵筋应直通到基底。

要点 21：剪力墙洞口补强钢筋构造

1. 剪力墙矩形洞口补强钢筋构造

剪力墙由于开矩形洞口，需补强钢筋，当设计注写补强纵筋具体数值时，按设计要求，当设计未注明时，依据洞口宽度和高度尺寸，按以下构造要求：

(1) 剪力墙矩形洞口宽度和高度均不大于 800mm

剪力墙矩形洞口宽度、高度不大于 800mm 时的洞口需补强钢筋，如图 3-37 所示。

补强钢筋面积：按每边配置两根不小于 12mm 且不小于同向被切断纵筋总面积的一半补强。

补强钢筋级别：补强钢筋级别与被截断钢筋相同。

补强钢筋锚固措施：补强钢筋两端锚入墙内的长度为 l_{aE}（l_a），洞口被切断的钢筋设置弯钩，弯钩长度为过墙中线加 $5d$（即墙体两面的弯钩相互交错 $10d$），补强纵筋固定在弯钩内侧。

(2) 剪力墙矩形洞口宽度和高度均大于 800mm

剪力墙矩形洞口宽度或高度均大于 800mm 时需补强暗梁，如图 3-38 所示，配筋具体数值按设计要求。

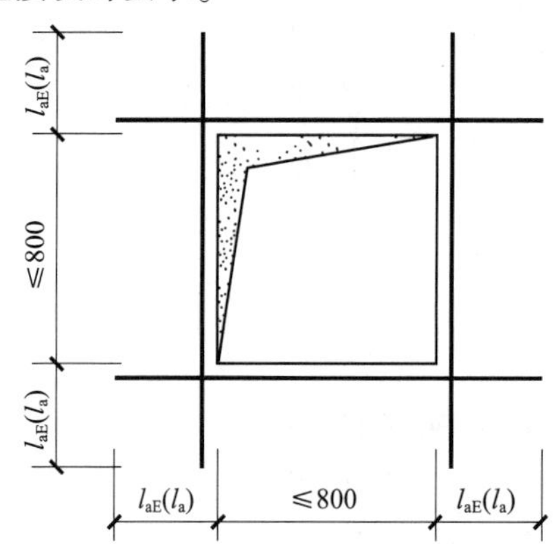

图 3-37　剪力墙矩形洞口补强钢筋构造（剪力墙矩形洞口宽度和高度均不大于 800mm）

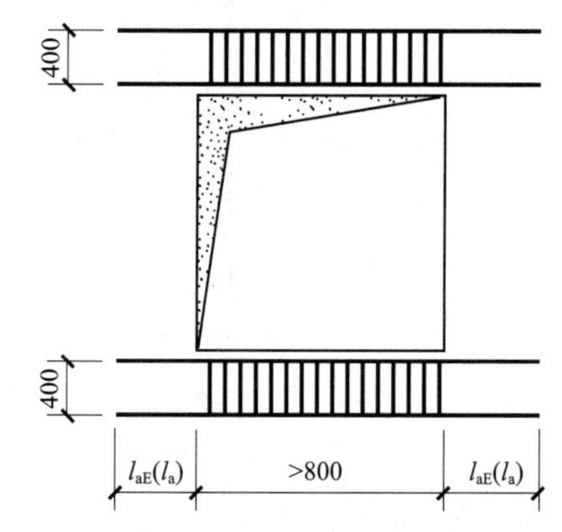

图 3-38　剪力墙矩形洞口补强钢筋构造（剪力墙矩形洞口宽度和高度均大于 800mm）

当洞口上边或下边为连梁时，不再重复补强暗梁，洞口竖向两侧设置剪力墙边缘构件。洞口被切断的剪力墙竖向分布钢筋设置弯钩，弯钩长度为 $15d$，在暗梁纵筋内侧锚入梁中。

2. 剪力墙圆形洞口补强钢筋构造

(1) 剪力墙圆形洞口直径不大于 300mm

剪力墙圆形洞口直径不大于 300mm 时的洞口需补强钢筋。剪力墙水平分布筋与竖向分布筋遇洞口不截断时，均绕洞口边缘通过，或按设计标注在洞口每侧补强纵筋，锚固长度为两边均不小于 l_{aE}（l_a），如图 3-39 所示。

（2）剪力墙圆形洞口直径大于300mm且小于或等于800mm

剪力墙圆形洞口直径大于300mm且小于或等于800mm的洞口需补强钢筋。洞口每侧补强钢筋设计标注内容，锚固长度均应≥l_{aE}（l_a），如图3－40所示。

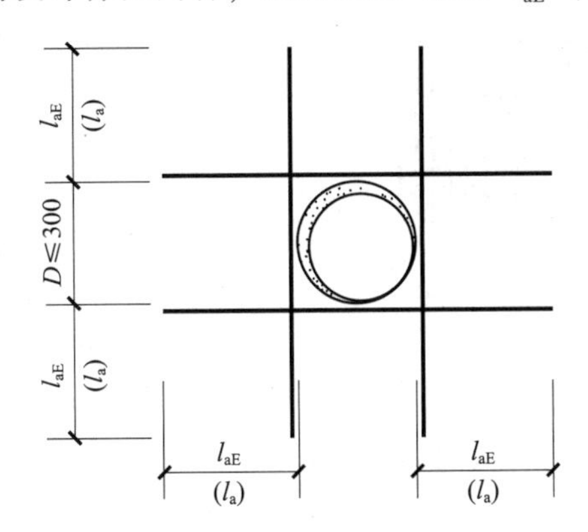

图3－39　剪力墙圆形洞口补强钢筋构造（圆形洞口直径不大于300mm）

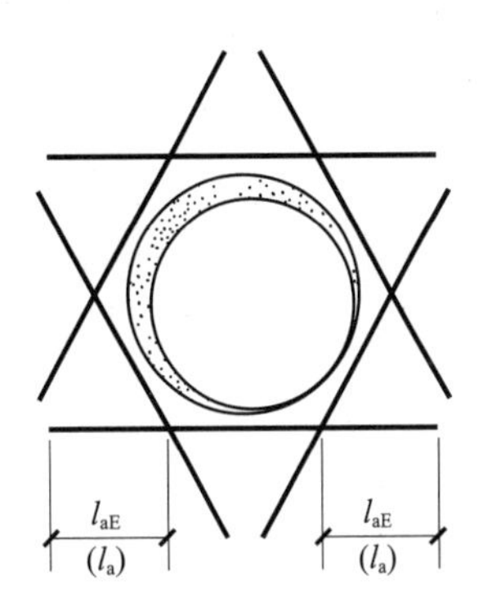

图3－40　剪力墙圆形洞口补强钢筋构造（圆形洞口直径大于300mm且小于或等于800mm）

（3）剪力墙圆形洞口直径大于800mm

剪力墙圆形洞口直径大于800mm时的洞口需补强钢筋。当洞口上边或下边为剪力墙连梁时，不再重复设置补强暗梁。洞口每侧补强钢筋设计标注内容，锚固长度均应≥max（l_{aE}，300mm），如图3－41所示。

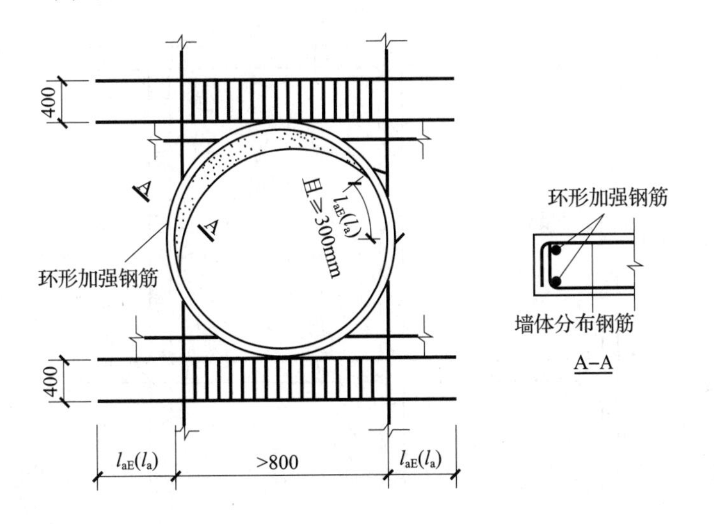

图3－41　剪力墙圆形洞口补强钢筋构造（圆形洞口直径大于800mm）

3．连梁中部洞口

连梁中部有洞口时，洞口边缘距离连梁边缘不小于max（$h/3$，200mm）。洞口每侧补强纵筋与补强箍筋按设计标注，补强钢筋的锚固长度为不小于l_{aE}（l_a），如图3－42所示。

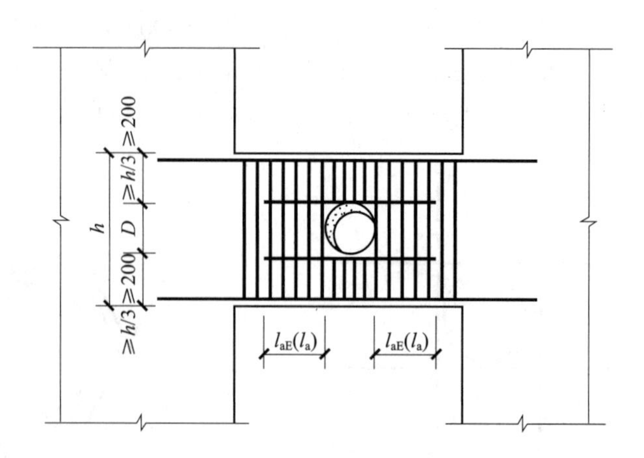

图 3－42　剪力墙连梁洞口补强钢筋构造

要点 22：剪力墙结构的布置

1）剪力墙结构的平面布置应力求简单规整，不应有过多的凸凹。结构平面和刚度分布应尽量均匀对称，上、下楼层剪力墙宜拉通对直。

2）门窗洞口的平面位置应满足图 3－43 的要求。如个别门窗洞口开设的位置不能满足图 3－43 的要求时，应适当采取加强措施。

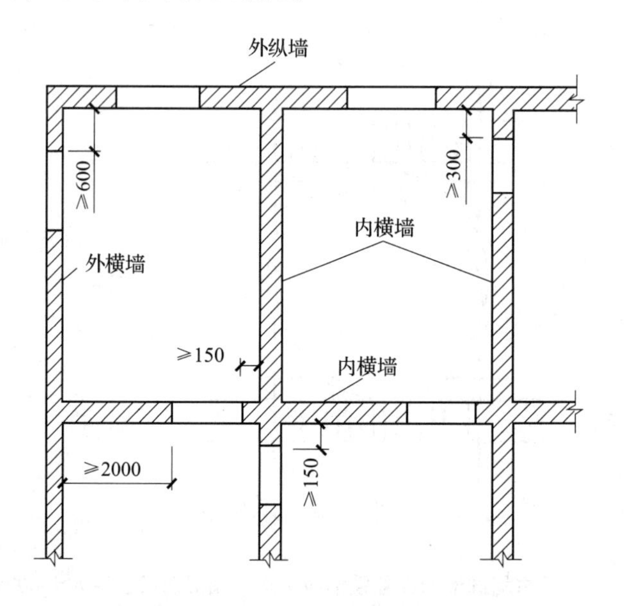

图 3－43　门窗洞口控制位置

3）剪力墙中的门窗洞口宜上下对齐，洞口之间的连梁除应满足正截面抗弯承载力及斜截面受剪承载力要求外，尚应满足剪力墙抗水平荷载的刚度要求。

剪力墙中不宜设置叠合错洞。当不得不采用叠合错洞时，应在洞周边增设暗框架钢筋骨架，如图 3－44（a）所示。

当剪力墙底层设有局部错洞时，应在一、二层洞口两侧形成上、下连续的暗柱，并在一层洞口上部增设暗梁，如图3－44（b）所示。

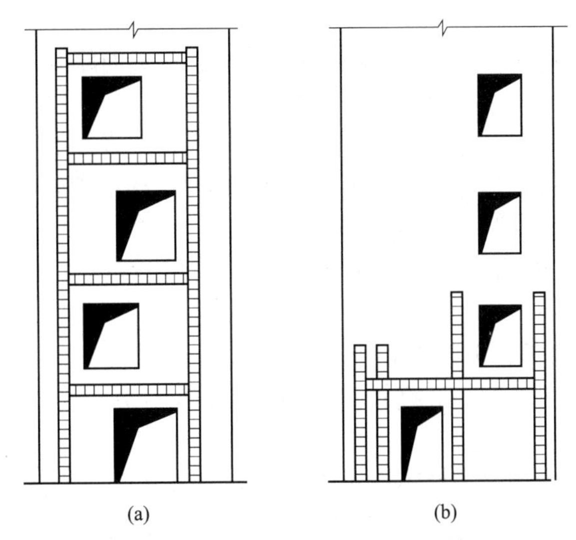

图3－44　错洞剪力墙的加强配筋

（a）叠合错洞墙；（b）底层局部错洞墙

4）各层楼板及屋面板应设置在同一标高，避免同一楼层的楼板或屋面板高低错层。

5）屋顶的局部凸出部分（如电梯间机房和水箱间等）不采用混合结构。

6）在首层地面、各层楼板及屋面板标高处，应沿全部剪力墙设置水平圈梁连成构造框架。

7）应尽量减轻建筑物自重，非承重外墙或内隔墙尽可能采用轻质材料。

8）结构单元的两端或拐角不宜设置楼梯间和电梯间，必须设置时，应采取有效措施，保证山墙与纵墙连接的可靠性及整体性。

9）较长的剪力墙宜结合洞口设置弱连梁，将一道剪力墙分成较均匀的若干墙段，各墙段（包括小开洞墙及联肢墙）的高宽比不宜小于2。

10）房屋底部有框支层时，框支层的刚度不应小于相邻上层刚度的50%，落地剪力墙数不宜小于上部剪力墙数的50%，其间距不宜大于四开间和24m的较小值。

11）剪力墙宜拉通对直，刚度沿房屋高度不宜突变。

要点23：剪力墙配筋的规定

1. 竖向受力钢筋及墙的翼缘计算宽度

1）剪力墙墙肢两端应配置竖向钢筋，并与墙内的竖向分布钢筋共同用于墙的正截面受弯承载力计算。每端的竖向受力钢筋不宜少于4根直径为12mm或2根直径为16mm的钢筋，并宜沿该竖向钢筋方向配置直径不小于6mm、间距为250mm的箍筋或拉筋。

2）在承载力计算中，剪力墙的翼缘计算宽度可取剪力墙的间距、门窗洞间翼墙的宽度、剪力墙厚度加两侧各6倍翼墙厚度、剪力墙墙肢总高度的1/10四者中的最小值。

2. 配筋率

1）墙水平及竖向分布钢筋直径不宜小于8mm，间距不宜大于300mm。可利用焊接钢筋网片进行墙内配筋。

2）对于房屋高度不大于10m且不超过3层的墙，其截面厚度不应小于120mm，其水平与竖向分布钢筋的配筋率均不宜小于0.15%。

3. 其他要求

1）厚度大于160mm的墙应配置双排分布钢筋网；结构中重要部位的剪力墙，当其厚度不大于160mm时，也宜配置双排分布钢筋网。

双排分布钢筋网应沿墙的两个侧面布置，且应采用拉筋连系，拉筋直径不宜小于6mm，间距不宜大于600mm。

2）墙中配筋构造应符合下列要求：

①墙竖向分布钢筋可在同一高度搭接（即接头面积百分率为100%），搭接长度不应小于$1.2l_a$。

②墙水平分布钢筋的搭接长度不应小于$1.2l_a$。同排水平分布钢筋的搭接接头之间以及上、下相邻水平分布钢筋的搭接接头之间，沿水平方向的净间距不宜小于500mm。

③墙中水平分布钢筋应伸至墙端，并向内水平弯折$10d$，d为钢筋直径。

④端部有翼墙或转角的墙，内墙两侧和外墙内侧的水平分布钢筋应伸至翼墙或转角外边，并分别向两侧水平弯折$15d$。在转角墙处，外墙外侧的水平分布钢筋应在墙端外角处弯入翼墙，并与翼墙外侧的水平分布钢筋搭接。

⑤带边框的墙，水平和竖向分布钢筋宜分别贯穿柱、梁或锚固在柱、梁内。

3）墙洞口连梁应沿全长配置箍筋，箍筋直径不应小于6mm，间距不宜大于150mm。在顶层洞口连梁纵向钢筋伸入墙内的锚固长度范围内，应设置间距不大于150mm的箍筋，箍筋直径宜与跨内箍筋直径相同。同时，门窗洞边的竖向钢筋应满足受拉钢筋锚固长度的要求。

墙洞口上、下两边的水平钢筋除应满足洞口连梁正截面受弯承载力的要求外，尚不应少于2根直径不小于12mm的钢筋。对于计算分析中可忽略的洞口，洞边钢筋截面面积分别不宜小于洞口截断的水平分布钢筋总截面面积的一半。纵向钢筋自洞口边伸入墙内的长度不应小于受拉钢筋的锚固长度。

要点24：框架－剪力墙结构的布置

1）框架－剪力墙结构体系是由框架和剪力墙共同承担风荷载作用，为使框架与剪力墙协同工作，剪力墙的平面布置宜均匀分布，各片墙的刚度宜接近。

横向剪力墙宜设置在建筑物的端部附近，以增强结构承受偏心扭转的能力，楼梯间、电梯间、平面形状变化处及恒载较大的部位也应设置剪力墙。在伸缩缝、沉降缝、防震缝两侧不宜设置剪力墙。

纵向剪力墙宜布置在结构单元的中间区段，房屋纵向长度较长时，不宜集中在两端布置纵向剪力墙，否则会造成墙对框架温度变形的约束。纵向剪力墙间距较大时，宜在其间留施工后浇带以减少温度和收缩应力的影响。

剪力墙的设置如图3－45所示。

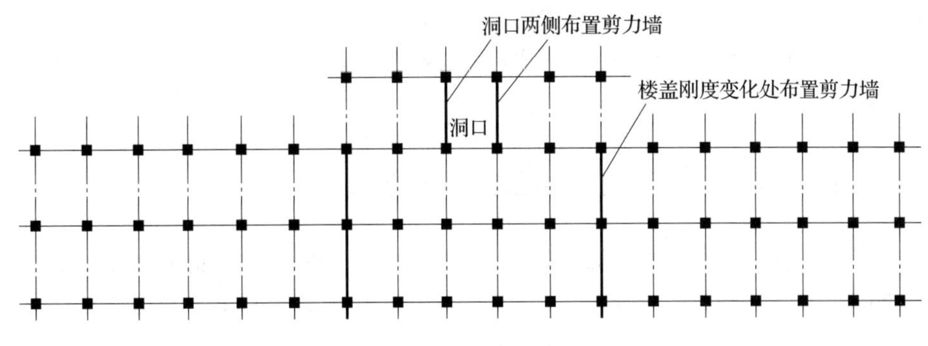

图3－45　剪力墙平面布置示意图

2）楼盖平面内的变形将影响楼层侧力在各抗侧力构件之间的分配，横向剪力墙的间距和剪力墙之间楼盖的长宽比宜满足表3－3的要求，如楼盖有较大的开洞时，剪力墙的间距应予以减少。

表3－3　剪力墙的间距

楼盖形式	非抗震设计	抗震设防烈度		
		6度、7度	8度	9度
现浇楼板	≤5B且≤60m	≤4B且≤50m	<3B且≤40m	≤2B且≤30m
装配整体楼板	≤3.5B且≤50m	≤3B且≤40m	≤2.5B且≤30m	—

注：1　表中B为楼盖的宽度。

2　现浇层厚度大于60mm的叠合楼板可作为现浇楼板考虑。

3）楼盖是保证水平力作用沿平面传递的重要横向构件，因此必须有足够的刚度和整体性。框架－剪力墙结构高度超过50m时，应优先采用现浇楼盖。不超过50m的建筑也可采用装配整体式楼盖。预制板应均匀排列，板缝拉开的宽度不宜小于40mm，板缝大于40mm时应在板缝内配置钢筋，并宜贯通整个结构单元。预制板板缝和板缝梁后浇混凝土强度等级不应低于C20。

要点25：底部加强区部位的确定

根据《混凝土结构设计规范》GB 50010—2010、《建筑抗震设计规范》GB 50011—2010、《高层建筑混凝土结构技术规程》JGJ 3—2010的规定，底部加强区部位发生变化时，取剪力墙高度的1/10。

《建筑抗震设计规范》GB 50011—2010第6.1.10条规定，抗震墙底部加强部位的范围应符合下列要求：

1）底部加强部位的高度应从地下室顶板算起。

2）部分框支抗震墙结构的抗震墙，其底部加强部位的高度可取框支层加框支层以上两层的高度及落地抗震墙总高度的1/10二者的较大值。其他结构的抗震墙，房屋高度大于24m时，底部加强部位的高度可取底部两层和墙体总高度的1/10二者的较大值；房屋高度不大于24m时，底部加强部位可取底部一层。

3）当结构计算嵌固端位于地下一层的底板或以下时，底部加强部位尚宜向下延伸到计算嵌固端。

要点26：部分框支剪力墙在框支梁中的锚固

1）部分框支剪力墙结构属竖向不规则结构体系，如果一个结构单元的转换层以上为剪力墙，转换层以下为框架，那么转换层以下的楼层为框支层，框支层是薄弱部位，有抗震设防要求时，这个部位通常为底部加强区，设计上应采取加强措施。在实际工程中有采用框支主次梁方案的，即框支主梁承托剪力墙并承托转换次梁及其上的剪力墙，在框支梁上部相邻的剪力墙均为底部加强区。

2）框支梁剪力墙的端部有较大的应力集中区，竖向和水平分布钢筋在此范围内需要加强，以保证钢筋与混凝土共同承担竖向压力。

3）剪力墙端部竖向分布钢筋的加强范围，从端杠边$0.2l_n$，如图3－46所示。

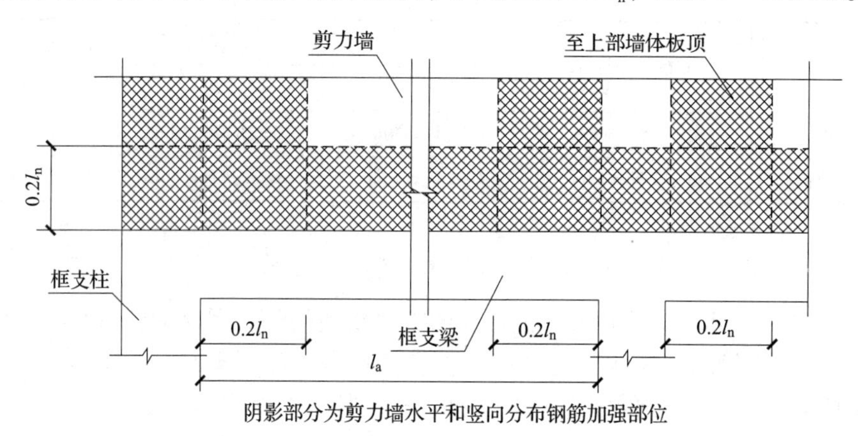

图3－46　剪力墙水平和竖向分布钢筋的加强范围

4）框支梁上剪力墙水平分布筋的加强范围，从框支梁上皮$0.2l_n$，如图3－46所示。

5）剪力墙竖向分布钢筋在框支梁中的锚固构造要求与其他部位的锚固要求是不同的，施工中由于此处留有施工缝，为防止钢筋产生滑移，在此处的剪力墙竖向分布钢筋宜采用U形插筋伸入框支梁内或锚入框支梁内$1.2l_{ae}$（$1.2l_a$），宜与梁内箍同一位置，插筋与梁内箍的绑扎搭接，如图3－47所示。

6）竖向分布钢筋的连接按剪力墙底部加强区的构造要求，如图3－12所示。

7）转换梁上的剪力墙及一级抗震剪力墙，采用插筋时，水平施工缝处应进行抗滑移验算；如果不满足要求，钢筋面积不足时，可以设置附加插筋并在上、下墙内留有足够的锚固长度。

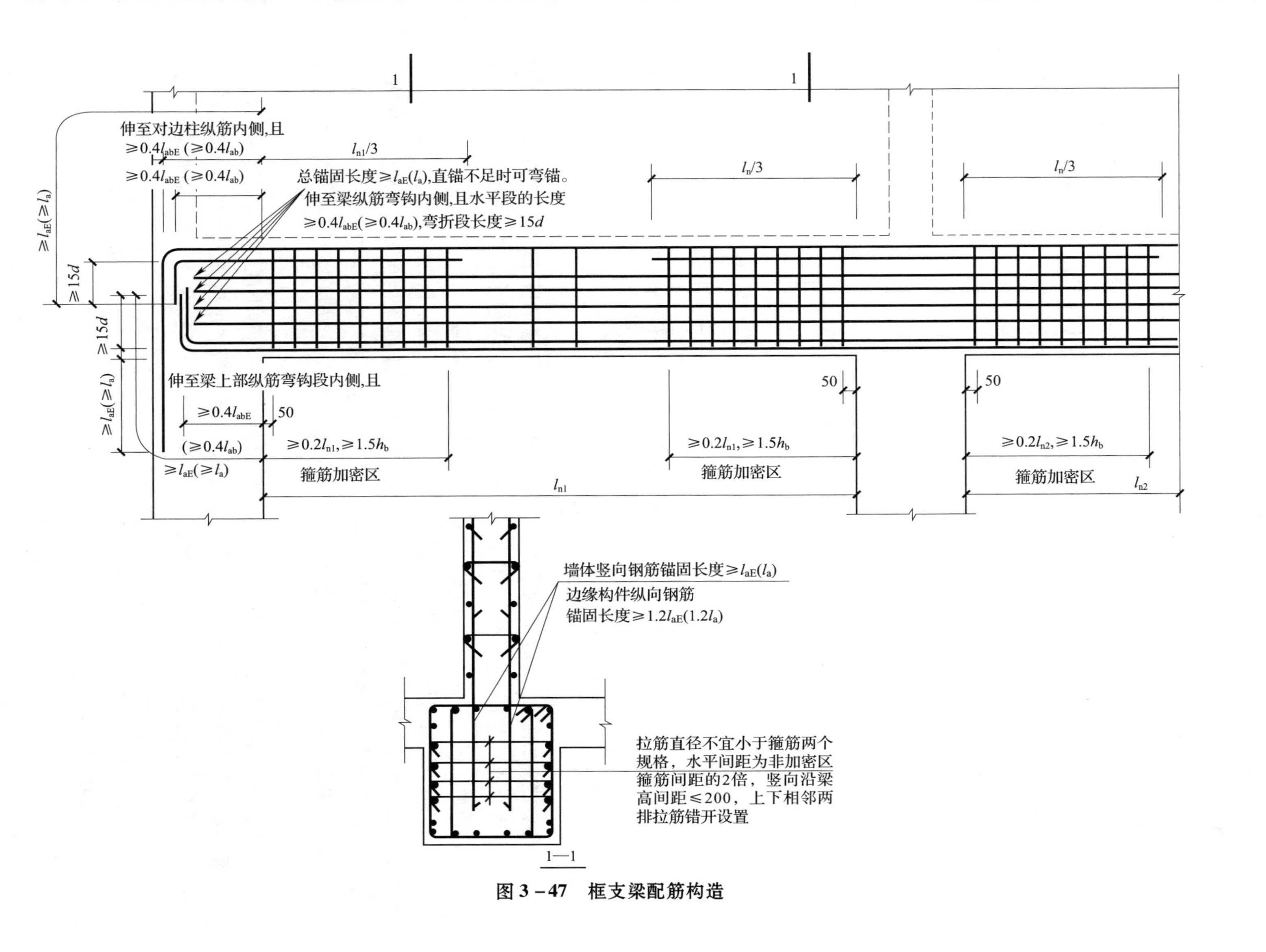

图3-47　框支梁配筋构造

要点 27：墙体及连梁开洞的要求

1. 洞口布置

1）为了提高抗震墙的变形能力，避免发生剪切破坏，对于一道较长的抗震墙，应该利用洞口或者结合洞口设置弱连梁，将它分割成较均匀的若干墙段，这些墙段可为小开洞墙、多肢墙或单肢墙如图 3－48 所示，并使每个墙段的高长比不小于 2。

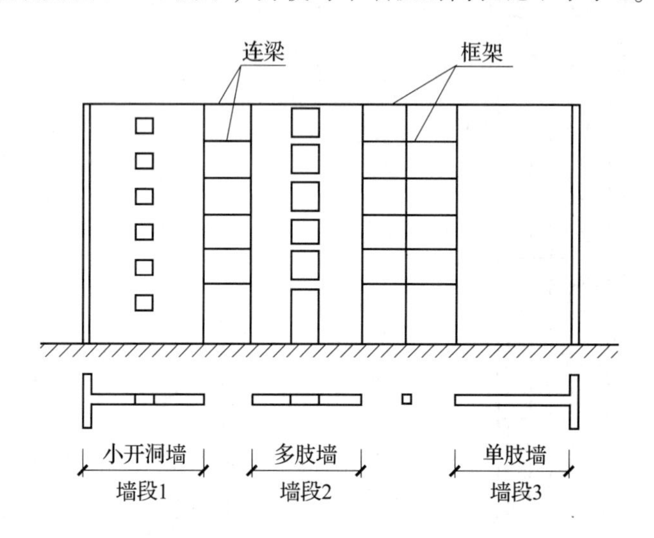

图 3－48　较长抗震墙的分段

弱连梁是指在地震作用下各层连梁的总约束弯矩不大于该墙段总地震弯矩的 20% 的连梁。考虑到耗能，连梁不宜过弱。然而，连梁又不能太强，以免在水平地震作用下某个墙肢出现全截面受拉。抗震墙中的墙肢发生小偏心受拉是比较危险的。

2）因为单肢墙的延性差，且仅具有一道抗震防线，所以，在剪力墙体系中，不要全部采用无约束的单肢墙。抗震等级为一级的抗震墙更不能全部采用单肢墙，应该采用有多道连梁连接的多肢墙或各层洞口上下对齐的开洞抗震墙。

多肢墙和单肢墙的对比试验结果指出，多肢墙的延性系数要比单肢实体墙大一倍左右。

3）试验研究和震害分析表明，抗震墙的门窗洞口如果布置不规则，将引起应力集中，易使墙体发生剪切破坏，如果各层洞口布置规则，上下对齐，形成的多肢抗震墙能够依靠各层连梁耗散地震能量，就可以减轻墙肢的破坏。对于一级抗震墙，上下各层洞口应对齐；对于二、三级抗震墙，上下各层洞口宜对齐。

4）在多肢墙中，窄墙肢水平截面长度不宜小于截面厚度 b_w 的 5 倍。

2. 错位洞口的暗框架

开小洞口和连梁开洞应符合下列规定：

1）剪力墙开有边长小于 800mm 的小洞口且在结构整体计算中不考虑其影响时，应在洞口上、下和左、右配置补强钢筋，补强钢筋的直径不应小于 12mm，截面面积应分别不小于被截断的水平分布钢筋和竖向分布钢筋的面积。

2）穿过连梁的管道宜预埋套管，洞口上、下的截面有效高度不宜小于梁高的 1/3，且不宜小于 200mm；被洞口削弱的截面应进行承载力验算，洞口处应配置补强纵向钢筋和箍筋，补强纵向钢筋的直径不应小于 12mm。

第4章　梁平法设计

要点1：当框架梁和连续梁的相邻跨度不相同时，上部非通长钢筋的长度确定

1）上部非通长钢筋向两跨内延伸的长度是按弯矩包络图计算确定的。

2）相邻跨度相同或接近时，（净跨跨度相差不大于20%时，认为是等跨的）钢筋的截断长度按相邻较大跨度计算。

3）相邻跨长度相差较大时的做法，根据弯矩包络图，短跨是正弯矩图，所以较小跨的上部通长钢筋应通长设置，原位标注优先，集中标注满足要求时，不需要进行原位标注。

4）对不等跨的框架梁和连续梁，相对较小跨内的支座和跨中往往有负弯矩，在较小跨的上部通长钢筋应按图中的原位标注设置，按两支座中较大纵向受力钢筋的面积贯通，如果按本跨净跨长度的1/3截断，是不安全的。

5）非抗震的框架梁及连续梁，包括次梁，不需要设置上部通长钢筋。

如图4－1所示，在非抗震设计且相邻梁的跨度相差不大时，支座负筋延伸长度为（1/3～1/4）l_n，为施工方便，通常上部第一排钢筋的截断点取相邻较大跨度净跨长度l_n的1/3处，第二排在1/4处。

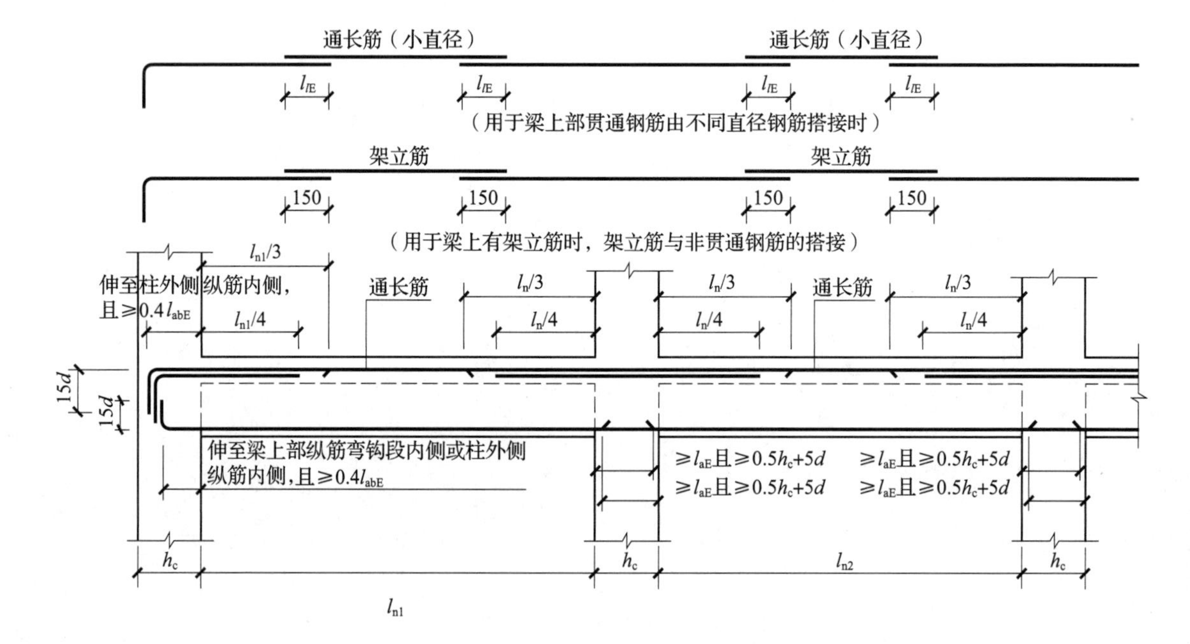

图4－1　抗震楼层框架梁（KL）纵向钢筋构造

要点2：框架梁上部钢筋在端支座的锚固

1）直锚的长度不应小于 l_{ae}（l_a）的要求，且应伸过柱中心线 $5d$，取 $0.5h_c+5d$ 和 l_{ae} 中的较大值。

2）直锚的长度不足时，梁上部钢筋可采用90°弯折锚固，水平段应伸至柱外侧钢筋内侧并向节点内弯折，含弯弧在内的水平投影长度≥$0.4l_{abe}$（$0.4l_{ab}$），且包括弯弧在内的投影长度不应小于 $15d$ 的竖向直线段，如图4－2所示。

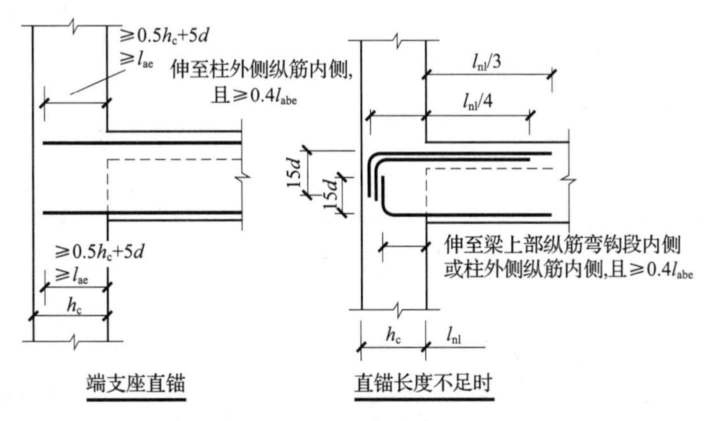

图4－2　端支座锚固

3）水平长度不满足 $0.4l_{abe}$（$0.4l_{ab}$）时，不能用加长直钩达到总长度满足 l_{abe}（l_{ab}）的做法，在实际工程中，由于框架梁的纵向钢筋直径较粗，框架柱的截面宽度较小，会出现水平段长度不满足要求的情况，这种情况不得采用通过增加垂直段的长度使总长度满足锚固要求的做法，这些都通过框架节点试验证明过。

4）柱截面尺寸不足时，可以采用减小主筋的直径，或采用钢筋端部加锚头（或锚板，按预埋铁件考虑）的锚固方式。钢筋宜伸至柱外侧钢筋内侧，含机械锚头在内的水平投影长度应≥$0.4l_{abe}$（$0.4l_{ab}$），过柱中心线水平尺寸不小于 $5d$，如图4－3所示。

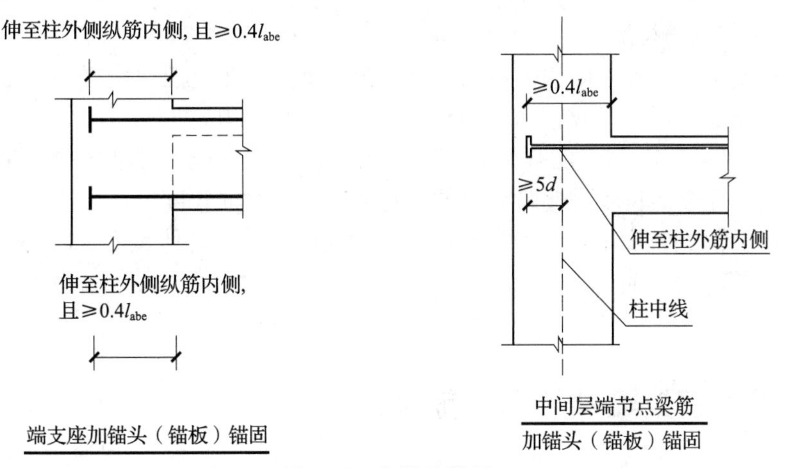

图4－3　加锚头锚固

5）上部钢筋采用弯锚时，钢筋内半径的要求如图4－4所示。

6）在框剪结构中，框架梁端支座为剪力墙时，支承在翼墙、端柱、转角墙处应为主梁（编号为KL××），支承在其他部位为次梁（编号为L××）。当次梁与剪力墙垂直相交为端支座时，墙内设置扶壁柱或暗柱，次梁端支座按简支考虑。

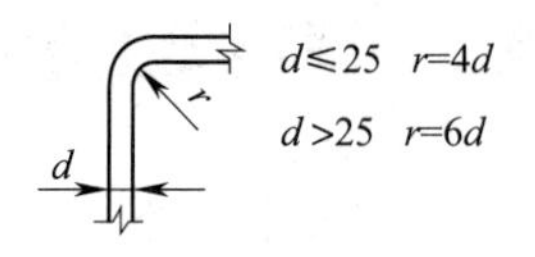

图4－4 纵向钢筋弯折要求

要点3：抗震楼层框架梁上部纵筋

框架梁上部纵筋包括：上部通长筋、支座上部纵向钢筋（即支座负筋）和架立筋。这里所介绍的内容同样适用于屋面框架梁。

1. 框架梁上部通长筋

根据《建筑抗震设计规范》GB 50011—2010 第6.3.4条规定，梁端纵向钢筋的配筋率不宜大于2.5%。沿梁全长顶面、底面的配筋，一、二级不应少于2ϕ14，且分别不应少于梁顶面、底面两端纵向配筋中较大截面面积的1/4；三、四级不应少于2ϕ12。11G101－1图集第4.2.3条指出，通长筋可为相同或不同直径采用搭接连接、机械连接或焊接的钢筋。由此可看出：

1）上部通长筋的直径可以小于支座负筋，这时，处于跨中上部的通长筋就在支座负筋的分界处（$l_n/3$处），与支座负筋进行连接，根据这一点，可以计算出上部通长筋的长度。

2）上部通长筋与支座负筋的直径相等时，上部通长筋可以在$l_n/3$的范围内进行连接，这时，上部通长筋的长度可以按贯通筋计算。

2. 支座负筋的延伸长度

支座负筋的延伸长度在不同部位是有差别的。

在端支座部位，框架梁端支座负筋的延伸长度为：第一排支座负筋从柱边开始延伸至$l_{n1}/3$位置；第二排支座负筋从柱边开始延伸至$l_{n1}/4$位置（l_{n1}是边跨的净跨长度）。

在中间支座部位，框架梁支座负筋的延伸长度为：第一排支座负筋从柱边开始延伸至$l_{n1}/3$位置；第二排支座负筋从柱边开始延伸至$l_{n1}/4$位置（l_n是支座两边的净跨长度l_{n1}和l_{n2}的最大值）。

3. 框架梁架立筋构造

架立筋是梁的一种纵向构造钢筋。当梁顶面箍筋转角处无纵向受力钢筋时，应设置架立筋。架立筋的作用是形成钢筋骨架和承受温度收缩应力。

由图4－1可以看出，当设有架立筋时，架立筋与非贯通钢筋的搭接长度为150mm，因此，可得出架立筋的长度是逐跨计算的，每跨梁的架立筋长度为：

$$\text{架立筋的长度}=\text{梁的净跨长度}-\text{两端支座负筋的延伸长度}+150\times2$$

当梁为“等跨梁”时，

$$\text{架立筋的长度}=l_n/3+150\times2$$

要点4：屋面框架梁端纵向钢筋构造

屋面框架梁纵筋构造要求如图4－5所示。

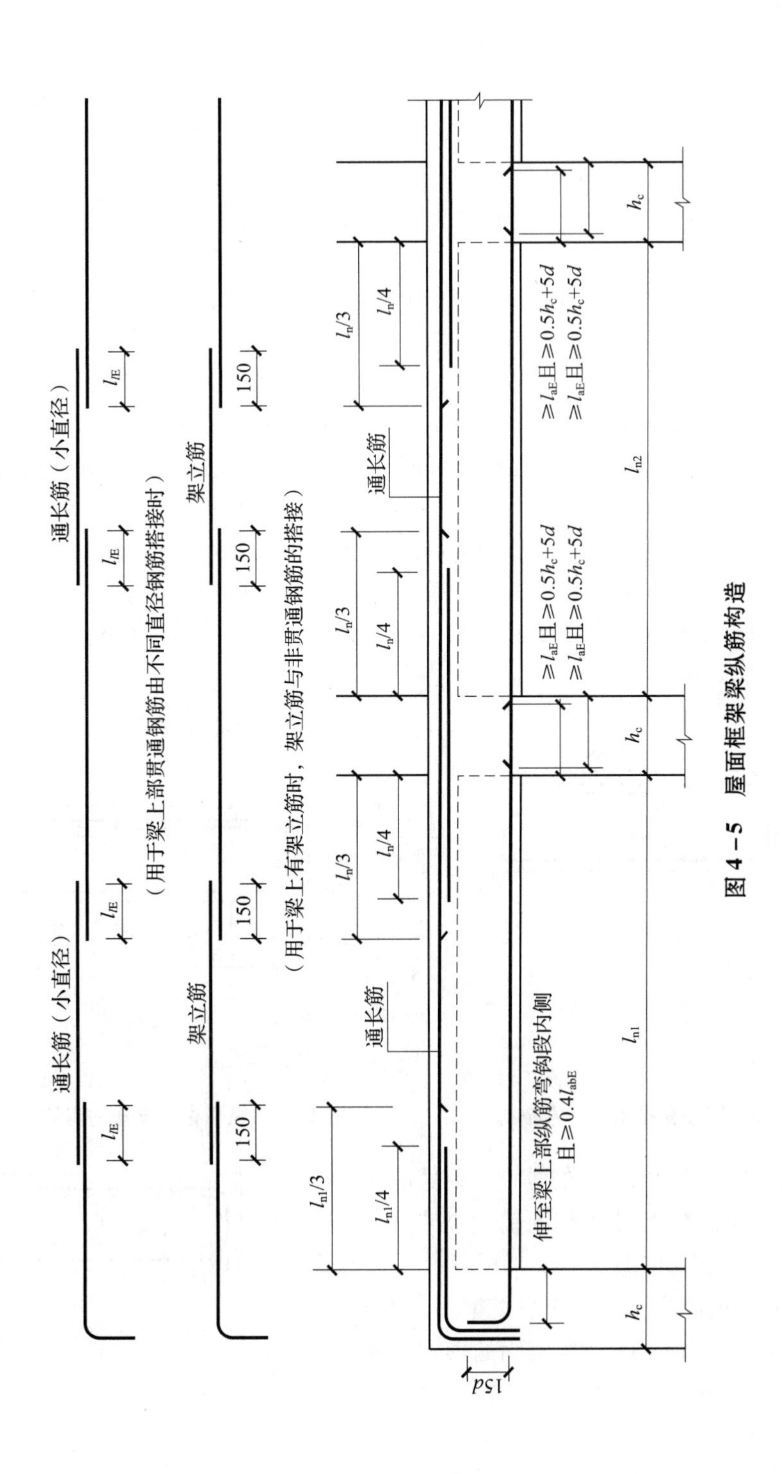

图4-5　屋面框架梁纵筋构造

1）梁上下部通长纵筋的构造：上部通长纵筋伸至尽端弯折伸至梁底，下部通长纵筋伸至梁上部纵筋弯钩段内侧，弯折 $15d$，锚入柱内的水平段均应≥$0.4l_{abE}$；当柱宽度较大时，上部纵筋和下部纵筋在中间支座处伸入柱内的直锚长度≥l_{aE}且≥$0.5h_c+d$（h_c为柱截面沿框架方向的高度，d 为钢筋直径）。

2）端支座负筋的延伸长度：第一排支座负筋从柱边开始延伸至 $l_{n1}/3$ 位置；第二排支座负筋从柱边开始延伸至 $l_{n1}/4$ 位置（l_{n1}为边跨的净跨长度）。

3）中间支座负筋的延伸长度：第一排支座负筋从柱边开始延伸至 $l_n/3$ 位置；第二排支座负筋从柱边开始延伸至 $l_n/4$ 位置（l_n为支座两边的净跨长度 l_{n1}和 l_{n2}的较大值）。

4）当梁上部贯通钢筋由不同直径搭接时，通长筋与支座负筋的搭接长度为 l_{lE}。

5）当梁上有架立筋时，架立筋与非贯通钢筋搭接，搭接长度为 150mm。

6）屋面楼层框梁下部纵筋在端支座的锚固要求有：

①直锚形式。在屋面框架梁中，当柱截面沿框架方向的高度 h_c比较大时，即 h_c减柱保护层 c 大于或等于纵向受力钢筋的最小锚固长度时，下部纵筋在端支座可以采用直锚形式。直锚长度取值应满足 max（l_{aE}，$0.5h_c+5d$）的要求，如图 4－6 所示。

②弯锚形式。当柱截面沿框架方向的高度 h_c比较小，即 h_c减柱保护层 c 小于纵向受力钢筋的最小锚固长度时，纵筋在端支座应采用弯锚形式。下部纵筋伸入梁柱节点的锚固要求为水平长度取值≥$0.4l_{abE}$，竖直长度为 $15d$。通常，弯锚的纵筋伸至柱截面外侧钢筋的内侧，如图 4－7 所示。

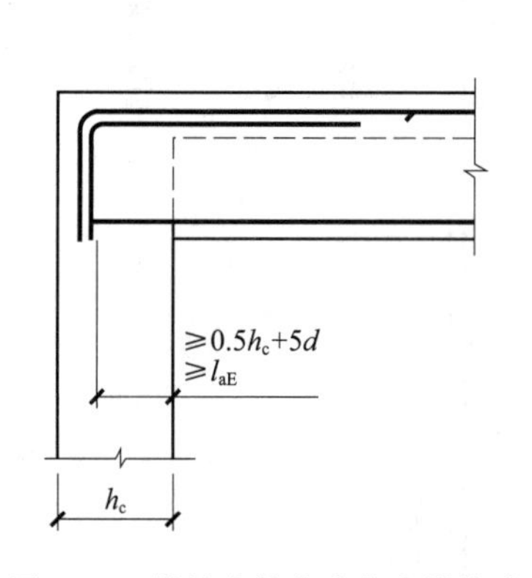

图 4－6　纵筋在端支座的直锚构造

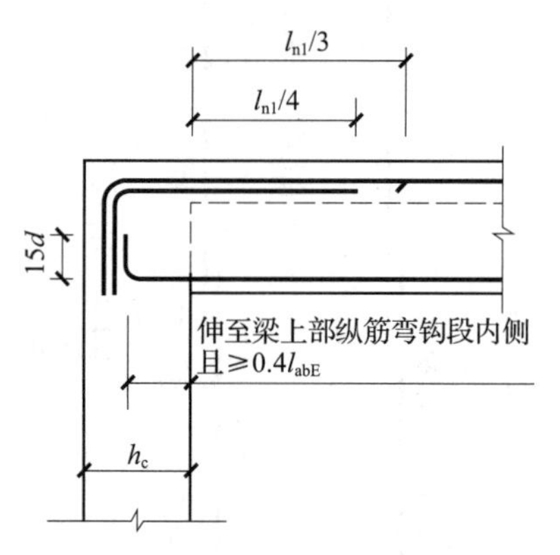

图 4－7　纵筋在端支座的弯锚构造

应注意：弯折锚固钢筋的水平长度取值≥$0.4l_{abE}$，是设计构件截面尺寸和配筋时要考虑的条件而不是钢筋量计算的依据。

③加锚头/锚板形式。在屋面框架梁中，下部纵筋在端支座可以采用加锚头/锚板锚固的形式。锚头/锚板伸至柱截面外侧纵筋的内侧，且锚入水平长度取值≥$0.4l_{abE}$，如图 4－8 所示。

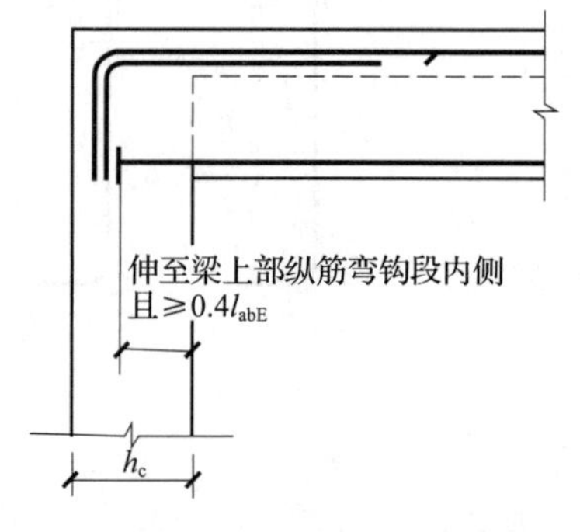

图 4－8　纵筋在端支座加锚头/锚板构造

7）屋面框架梁下部纵筋在中间支座节点外搭接。屋面框架梁下部纵筋不能在柱内锚固时，可在节点外搭接，如图4－9所示。相邻跨钢筋直径不同时，搭接位置位于较小直径的一跨。

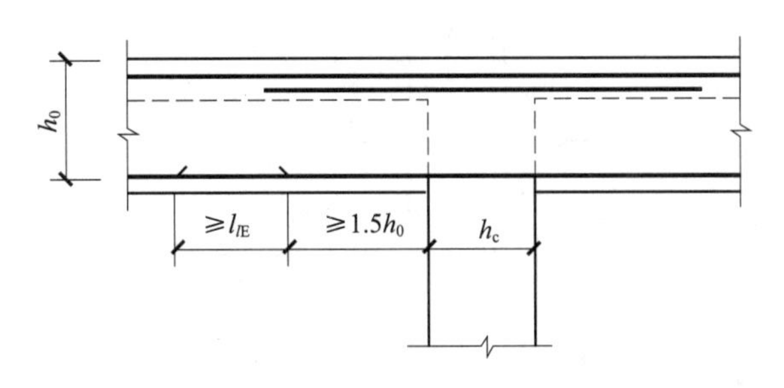

图4－9　顶层中间节点梁下部筋在节点外搭接构造

要点5：非抗震框架梁上部通长筋和下部受力钢筋的构造要求

非抗震楼层框架梁纵向钢筋的构造要求如图4－10所示。

非抗震框架梁的架立钢筋分别与梁两端支座上部纵筋构造搭接，长度为150mm，且应有一道箍筋位于该长度范围内，同时与构造搭接的两根钢筋交叉绑扎在一起。

非框架梁的下部纵筋可采用搭接、机械连接或焊接等方式在梁靠近支座 $l_{ni}/3$ 范围内连接，即支座范围内 $l_{ni}/3$ 的位置为下部纵筋在支座和节点范围之外的连接区域，连接的根数不应多于总根数的50%。

要点6：非抗震楼层框架梁上部与下部纵筋在端支座的锚固要求

非抗震楼层框架梁上部与下部纵筋在端支座的锚固要求有：

1．直锚形式

非抗震框架梁中，当柱截面沿框架方向的高度 h_c 比较大时，即 h_c 减柱保护层 c 大于或等于纵向受力钢筋的最小锚固长度时，纵筋在端支座可以采用直锚形式。直锚长度取值应满足 max（l_a，$0.5h_c+5d$）的要求，如图4－11所示。

2．弯锚形式

当柱截面沿框架方向的高度 h_c 比较小，即 h_c 减柱保护层 c 小于纵向受力钢筋的最小锚固长度时，纵筋在端支座应采用弯锚形式。纵筋伸入梁柱节点的锚固要求为水平长度取值≥$0.4l_{ab}$，竖直长度 $15d$。通常，弯锚的纵筋伸至柱截面外侧钢筋的内侧。

应注意，弯折锚固钢筋的水平长度取值≥$0.4l_{ab}$，是设计构件截面尺寸和配筋时要考虑的条件而不是钢筋量计算的依据。

3．加锚头/锚板形式

非抗震框架梁中，纵筋在端支座可以采用加锚头/锚板锚固形式。锚头/锚板伸至柱截面外侧纵筋的内侧，且锚入水平长度取值≥$0.4l_{ab}$，如图4－12所示。

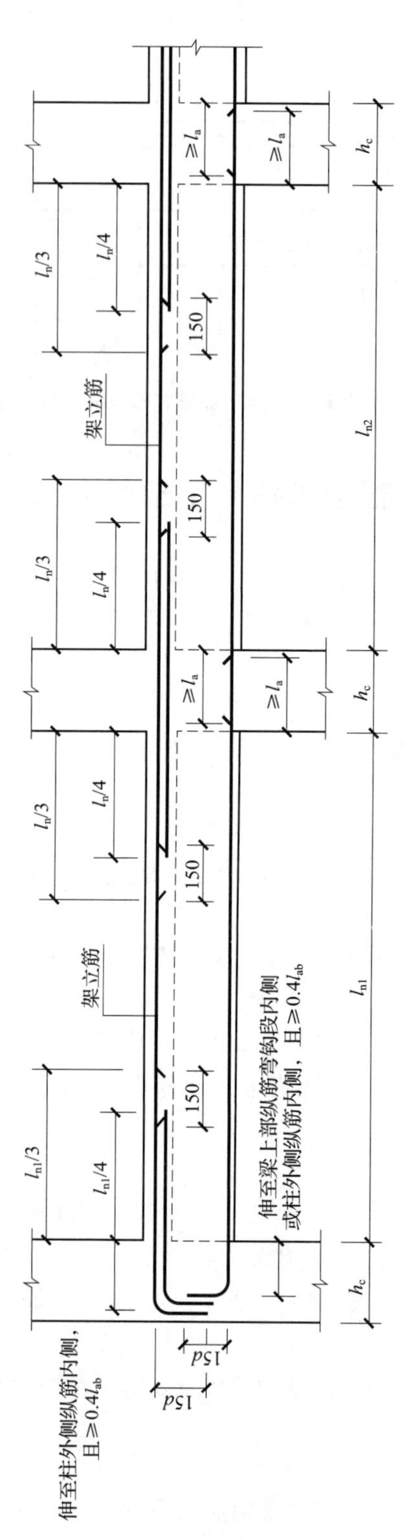

图 4－10　非抗震楼层框架梁纵向钢筋构造

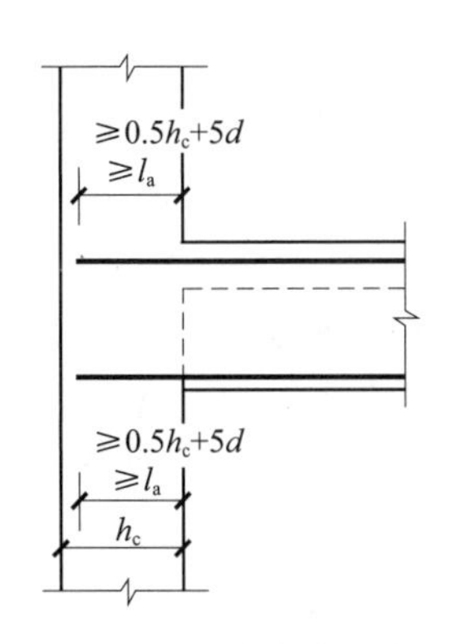

图4－11　纵筋在端支座的直锚构造

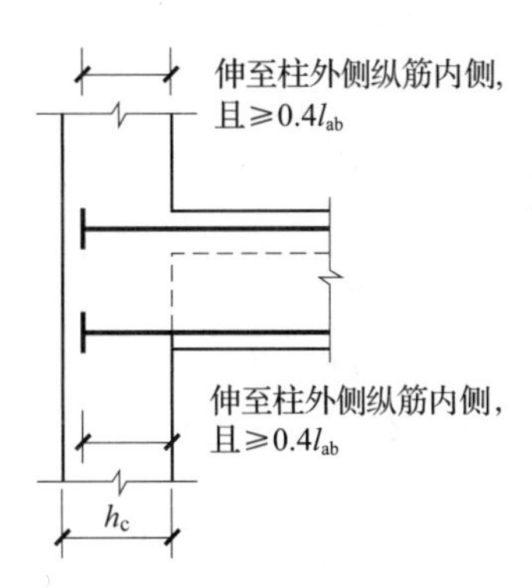

图4－12　纵筋在端支座加锚头/锚板构造

要点7：非抗震屋面框架梁上部通长筋和下部受力钢筋的构造要求

非抗震屋面框架梁纵向钢筋的构造要求如图4－13所示。

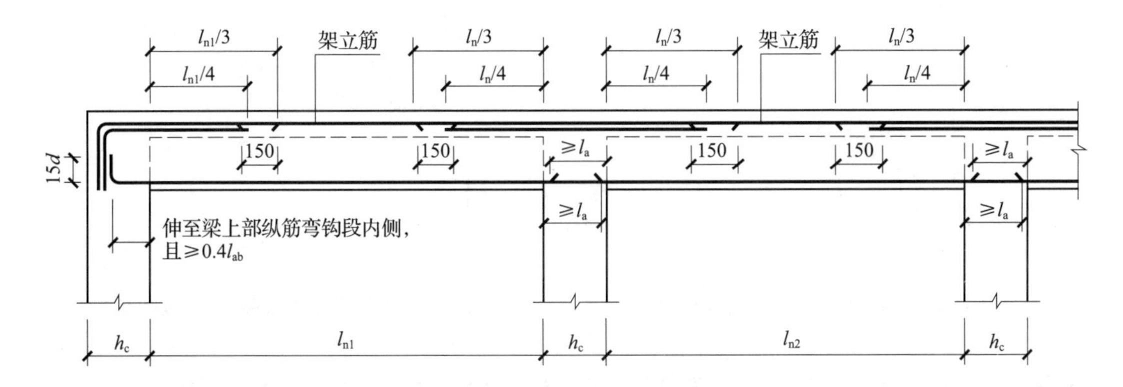

图4－13　非抗震屋面框架梁纵向钢筋构造

非抗震屋面框架梁的架立钢筋分别与梁两端支座上部纵筋构造搭接，长度为150mm，且应有一道箍筋位于该长度范围内，同时与构造搭接的两根钢筋交叉绑扎在一起。

非框架梁的下部纵筋可采用搭接、机械连接或焊接等方式在梁靠近支座l_{ni}/3范围内连接，即支座范围内l_{ni}/3的位置为下部纵筋在支座和节点范围之外的连接区域，连接的根数不应多于总根数的50%。

要点8：非抗震屋面框架梁下部纵筋在端支座的锚固要求

非抗震屋面框架梁下部纵筋在端支座的锚固要求有：

1. 直锚形式

非抗震屋面框架梁中，当柱截面沿框架方向的高度 h_c 比较大时，即 h_c 减柱保护层 c 大于或等于纵向受力钢筋的最小锚固长度时，纵筋在端支座可以采用直锚形式。直锚长度取值应满足 max（l_a，$0.5h_c+5d$）的要求，如图 4-14 所示。

2. 弯锚形式

当柱截面沿框架方向的高度 h_c 比较小，即 h_c 减柱保护层 c 小于纵向受力钢筋的最小锚固长度时，纵筋在端支座应采用弯锚形式。纵筋伸入梁柱节点的锚固要求为水平长度取值≥$0.4l_{ab}$，竖直长度为 $15d$。通常，弯锚的纵筋伸至柱截面外侧钢筋的内侧。

应注意，弯折锚固钢筋的水平长度取值≥$0.4l_{ab}$，是设计构件截面尺寸和配筋时要考虑的条件而不是钢筋量计算的依据。

3. 加锚头/锚板形式

非抗震屋面框架梁中，纵筋在端支座可以采用加锚头/锚板锚固形式。锚头/锚板伸至柱截面外侧纵筋的内侧，且锚入水平长度取值≥$0.4l_{ab}$，如图 4-15 所示。

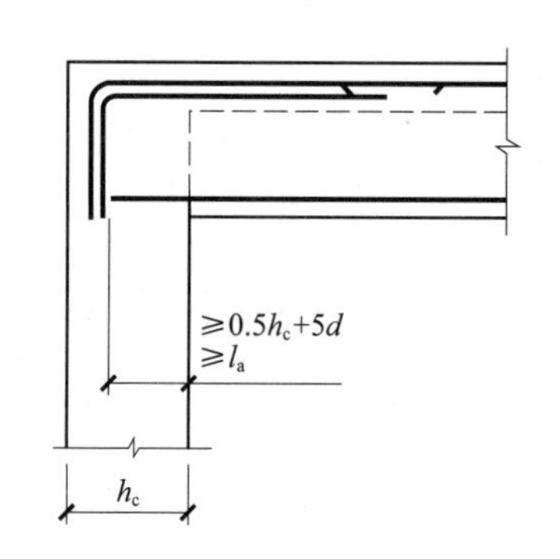

图 4-14　纵筋在端支座的直锚构造

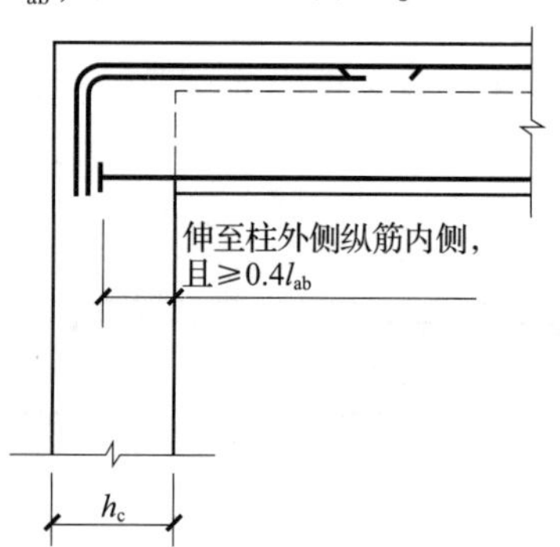

图 4-15　纵筋在端支座加锚头/锚板构造

要点 9：非抗震屋面框架梁下部纵筋在中间支座节点外搭接

非抗震屋面框架梁下部纵筋不能在柱内锚固时，可在节点外搭接，如图 4-16 所示。相邻跨钢筋直径不同时，搭接位置位于较小直径的一跨。

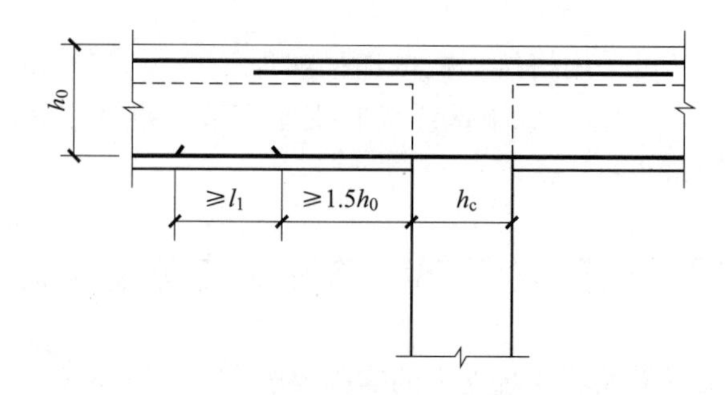

图 4-16　顶层中间节点梁下部筋在节点外搭接构造

要点10：非抗震屋面框架梁下部纵筋在中间支座锚固和连接的构造要求

非抗震屋面框架梁下部纵筋在中间支座的锚固有直锚和弯锚两种形式。直锚的构造要求为纵筋伸入中间支座的锚固长度取值为 l_a；弯锚的构造要求为下部纵筋伸入中间节点柱内侧边缘（水平段的构造要求为≥$0.4l_{ab}$），竖直弯折 $15d$。

非抗震框架梁下部纵筋可贯通中柱支座，梁端 $l_n/3$ 范围内连接（l_n为梁净跨长度值），钢筋连接接头百分率不宜大于50%。

要点11：框架梁水平加腋构造

平法用 $B\times H$、PY$c_1\times c_2$、腋长×腋宽表示，水平加腋内上、下部斜纵筋应在加腋支座上以Y打头写在括号内，上下部斜纵筋用“/”分隔，如图4－17所示。

1）设计水平加腋的原因：由于柱的断面比较大，梁的断面比较小，梁、柱中心线不能重合，梁偏心对梁柱节点核心区会产生不利影响。《高层建筑混凝土结构技术规程》JGJ 3—2010规定，当梁、柱中心线之差（偏心距 e）大于该方向柱宽（b_c）的1/4时，宜在梁支座处设置水平加腋，可明显改善梁柱节点承受反复荷载的性能，减小偏心对梁柱节点核心区受力的不利影响。在计算时要考虑偏心的影响，还要考虑一个附加弯矩。有很多结构计算时都是忽略的，这对结构是不安全的，根据试验结果，要采用水平加腋方法。在非抗震设计和6～8度抗震设计时也可采取增设梁的水平加腋措施减小偏心对梁柱节点核心区受力的不利影响，抗震设防烈度为9度时不会采取水平加腋的方法。

2）加腋尺寸由设计注明，加腋部分高度同梁高，水平尺寸按设计要求，水平加腋的构造做法同竖向加腋，一般坡度为1:6，如图4－18所示。

3）加腋区箍筋需要加密，梁端箍筋加密区长度从弯折点计；除加腋范围内需要加密外，加腋以外也应满足框架梁端箍筋加密的要求。

4）水平加腋部位的配筋设计，在平法施工图中未给出时，其梁腋上下部斜纵筋（仅设置第一排）直径分别同梁内上下纵筋，水平间距不宜大于200mm；水平加腋部位侧面纵向构造筋的设置及构造要求同梁内侧面纵向构造筋。

要点12：框架梁竖向加腋构造

平法用 $B\times H$、GY$c_1\times c_2$、腋长×腋高表示，加腋部位下部斜纵筋在支座下部以下部斜纵筋Y打头，注写在括号内，加腋竖向构造适用于加腋部位参与框架梁的计算，配筋由设计标注，其他情况设计者应另行给出构造，如图4－19所示。

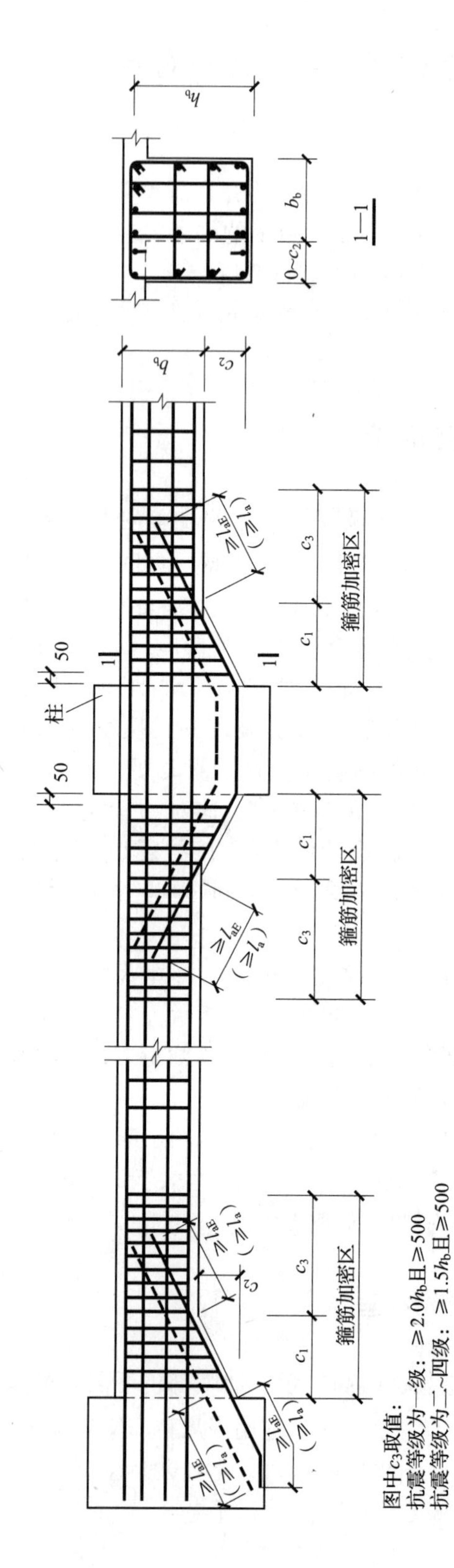

图 4-17 框架梁水平加腋构造

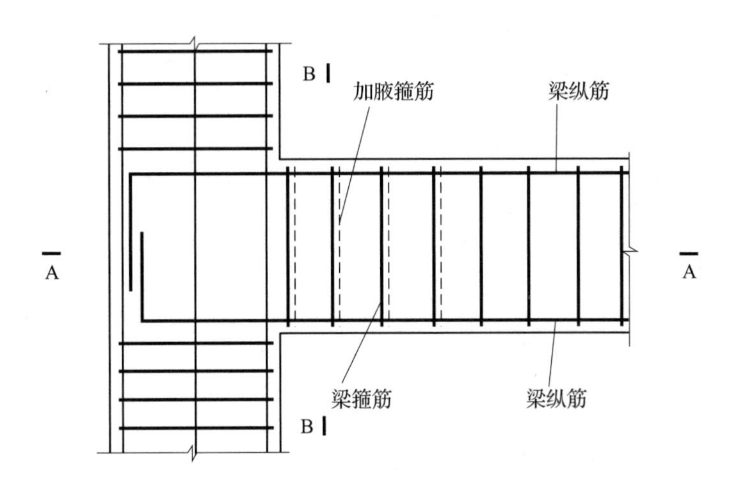

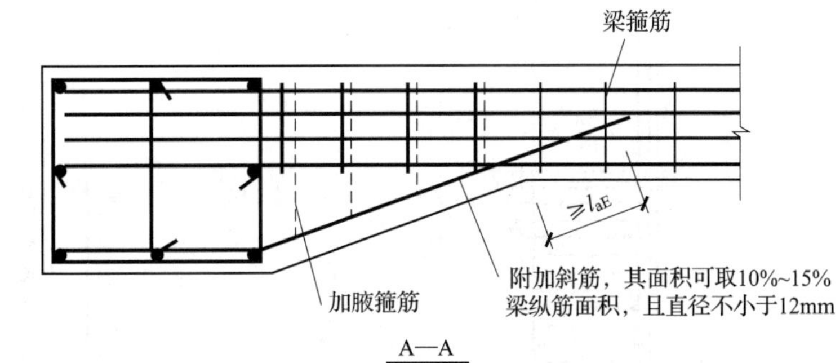

A—A

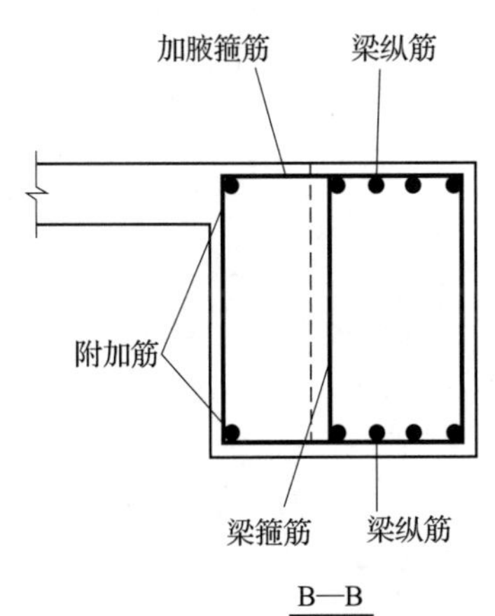

B—B

注：有水平加腋梁的箍筋，除加腋范围内加密外，加腋以外也应满足框架梁端箍筋加密的要求。

图 4－18　梁水平加腋构造

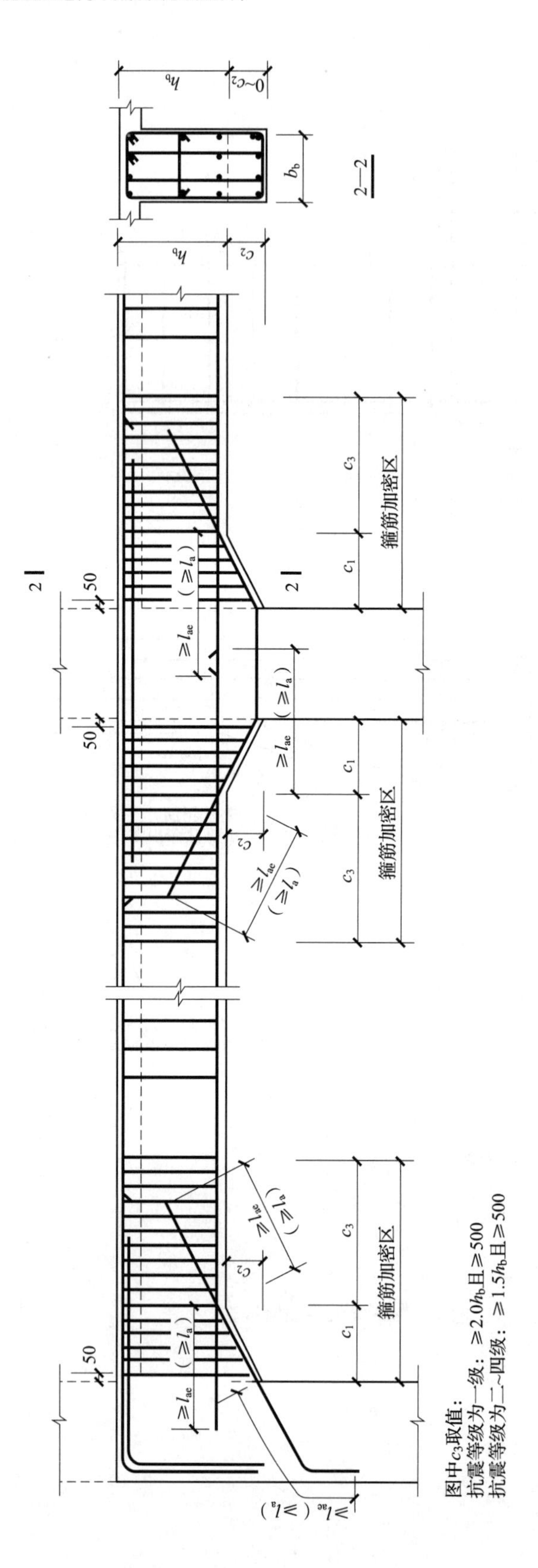

框架梁竖向加腋构造

图 4－19　框架梁竖向加腋构造

1）设计竖向加腋的原因：竖向加腋相当于柱增加的“牛腿”，有的称为“梁的支托”，目的是弥补支座处抗剪能力的不足，特别是对托墙梁、托柱梁，能增加梁的承载能力，加强梁的抗震性能。

2）加腋尺寸由设计注明，一般坡度为1∶6，如图4－20所示。

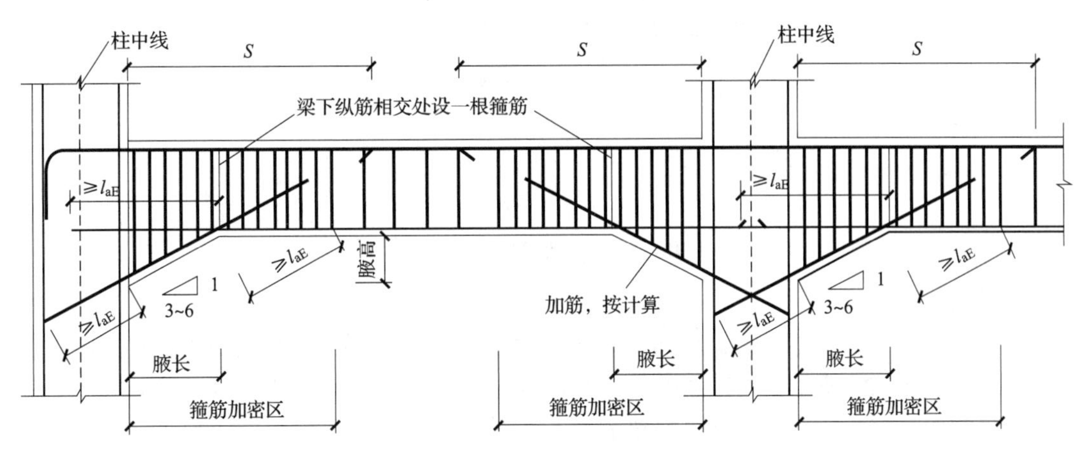

图4－20　框架梁竖向加腋构造做法

S—梁支座上筋截断位置

3）加腋区箍筋需要加密，当图纸未注明时，可同框架梁端箍筋加密要求的直径和间距。梁端箍筋加密区长度从弯折点（加腋端）开始计算，而不是从柱边开始，两端加腋是一样的构造，在梁加腋端与梁下纵筋相交处应增设一道箍筋。

4）框架梁下部纵向钢筋锚固点位置发生改变时，梁的下部钢筋伸入到支座的锚固点应是从加腋端开始计算锚固长度，而不是从柱边开始，直锚时应满足 l_{ae}（l_a）且过柱中心线 $5d$。在中间节点处钢筋能贯通的贯通，如果不能贯通，也可满足从加腋端开始计算锚固长度，满足直线段长度，还要过柱中心 $5d$（两侧要求一样）。

5）加腋范围内增设纵向钢筋不少于2根并锚固在框架梁和框架柱内时，垂直加腋的纵向钢筋由设计确定，为方便施工放置插空布置，一般比梁下部伸入框架内锚固的纵向钢筋减少1根。

要点13：屋面框架梁中间支座变截面钢筋构造

1．梁顶一平

屋面框架梁顶部保持水平，底部不平时的构造要求为：支座上部纵筋贯通布置，梁截面高度大的梁下部纵筋锚固与端支座锚固构造要求相同，梁截面高度小的梁下部纵筋锚固与中间支座锚固构造要求相同，如图4－21所示。

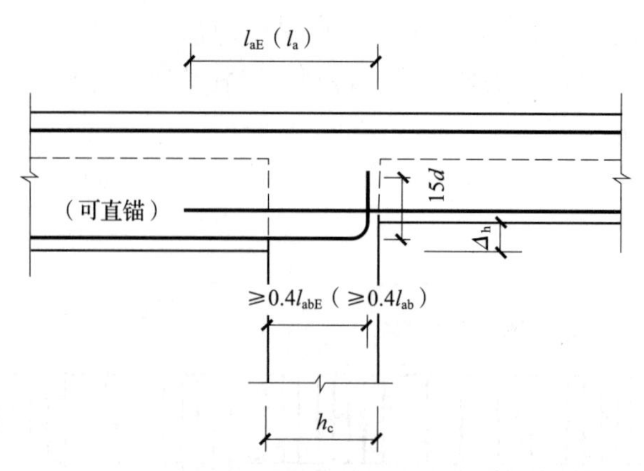

图 4-21　屋面框架梁顶部齐平

2. 梁底一平

屋面框架梁底部保持水平，顶部不平时的构造要求为：梁截面高度大的支座上部纵筋锚固要求如图 4-22 所示，需注意的是，弯折后的竖直段长度 l_{aE} 是从截面高度小的梁顶面算起；梁截面高度小的支座上部纵筋锚固要求为伸入支座锚固长度 l_{aE}（l_a）。下部纵筋的锚固措施与梁高度不变时相同。

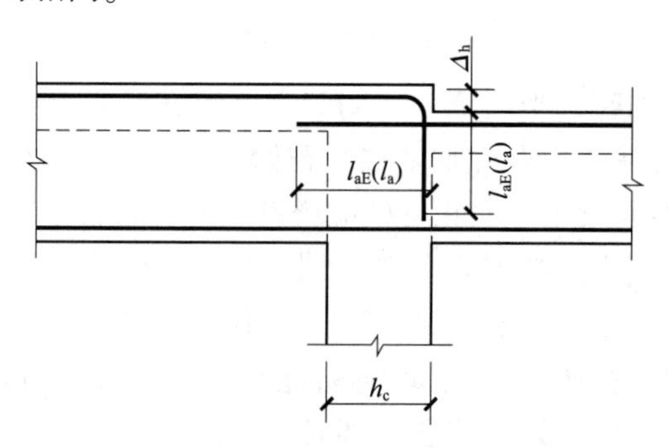

图 4-22　屋面框架梁底部齐平

3. 支座两边梁宽不同

屋面框架梁中间支座两边框架梁宽度不同或错开布置时，无法直锚的纵筋弯锚入柱内，或当支座两边纵筋根数不同时，可将多出纵筋弯锚入柱内，锚固的构造要求为：上部纵筋弯锚入柱内，弯折段长度 ≥ l_{aE}（l_a），下部纵筋锚入柱内平直段长度 ≥ $0.4l_{abE}$（$0.4l_{ab}$），弯折长度为 15d，如图 4-23 所示。

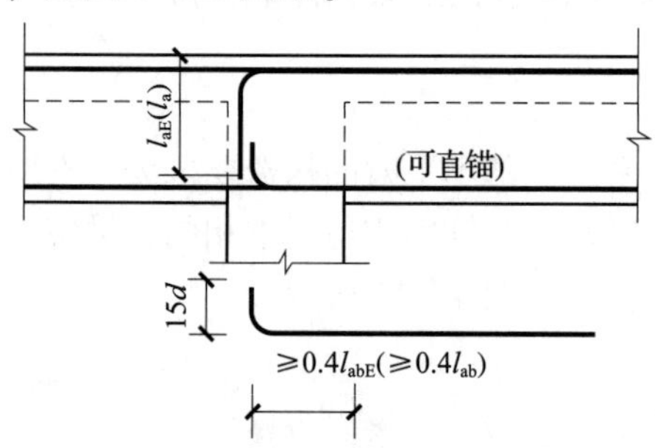

图 4-23　屋面框架梁宽度不同示意图

要点14：楼层框架梁中间支座变截面处纵向钢筋构造

1. 梁顶梁底均不平

楼层框架梁梁顶梁底均不平时，可分为以下两种情况：

（1）梁顶（梁底）高差较大

当Δ_h/（h_c-50）>1/6时，高梁上部纵筋弯锚水平段长度≥0.4l_{abE}（0.4l_{ab}），弯钩长度为15d，低梁下部纵筋直锚长度≥l_{aE}（l_a）。梁下部纵筋锚固构造同上部纵筋，如图4-24所示。

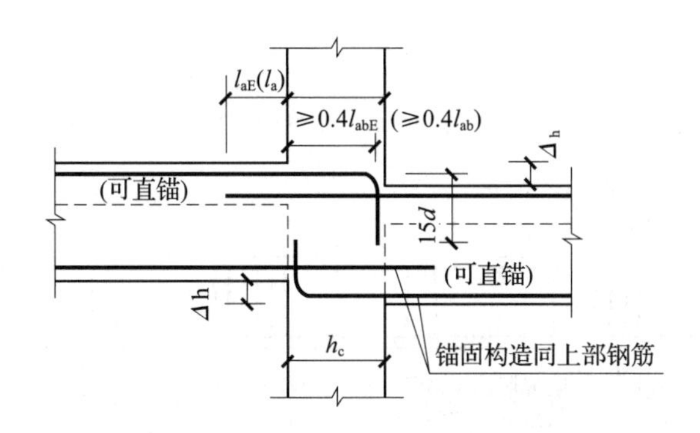

图4-24　梁顶（梁底）高差较大

（2）梁顶（梁底）高差较小

当Δ_h/（h_c-50）≤1/6时，梁上部（下部）纵筋可连续布置（弯曲通过中间节点），如图4-25所示。

2. 支座两边梁宽不同

楼层框架梁中间支座两边框架梁宽度不同或错开布置时，无法直锚的纵筋弯锚入柱内，或当支座两边纵筋根数不同时，可将多出纵筋弯锚入柱内，锚固的构造要求为：上部纵筋弯锚入柱内，弯折段长度为15d，下部纵筋锚入柱内平直段长度≥0.4l_{abE}（0.4l_{ab}），弯折长度为15d，如图4-26所示。

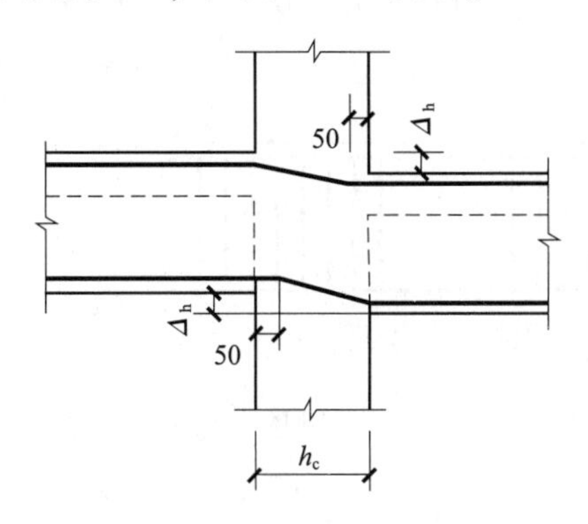

图4-25　梁顶（梁底）高差较小

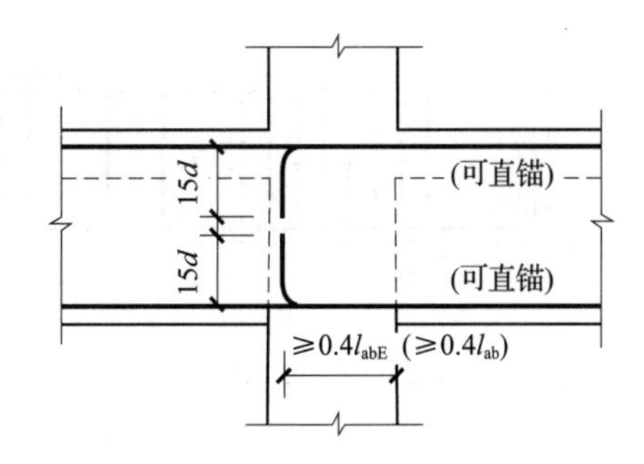

图4-26　楼层框架梁宽度不同示意图

要点15：非抗震框架梁和屋面框架梁箍筋构造做法

非抗震框架梁和屋面框架梁箍筋构造如图4－27和图4－28所示。

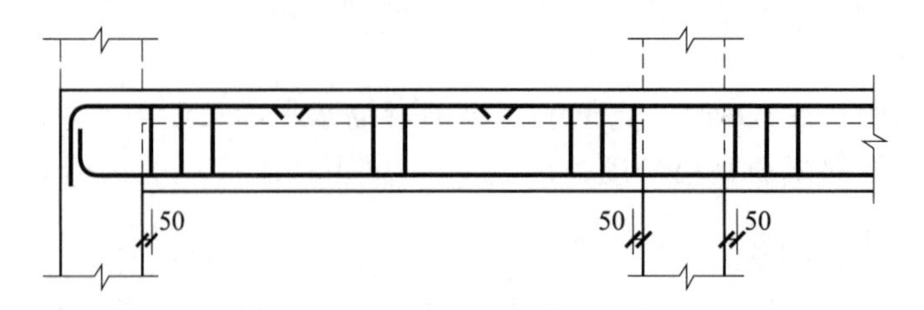

图4－27 非抗震框架梁（KL）、非抗震屋面梁（WKL）（一种箍筋间距）
（弧形梁沿梁中心线展开，箍筋间距沿凸面线量度）

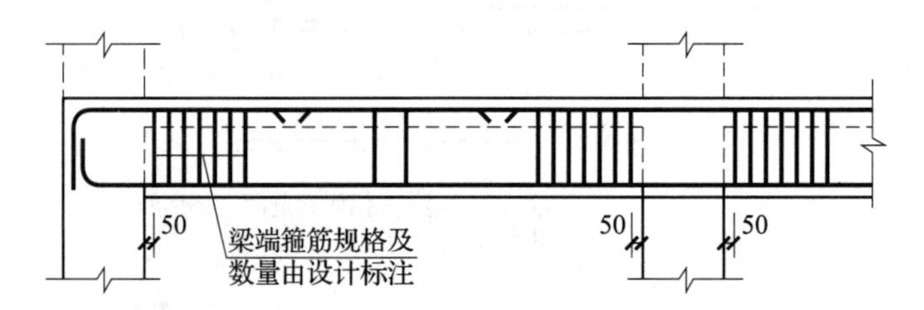

图4－28 非抗震框架梁（KL）、非抗震屋面梁（WKL）（两种箍筋间距）
（弧形梁沿梁中心线展开，箍筋间距沿凸面线量度）

当梁纵筋（不包括侧面G打头的构造筋及架立筋）采用绑扎搭接接长时，搭接区内箍筋直径不小于$d/4$（d为搭接钢筋最大直径），间距不应大于100mm及$5d$（d为搭接钢筋最小直径）。

要点16：抗震框架梁箍筋加密区范围

抗震楼层框架梁、屋面框架梁箍筋加密区范围有两种构造，如图4－29所示。

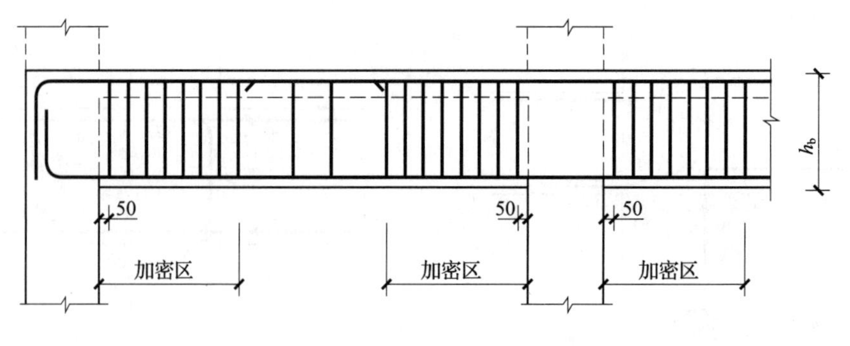

（a）

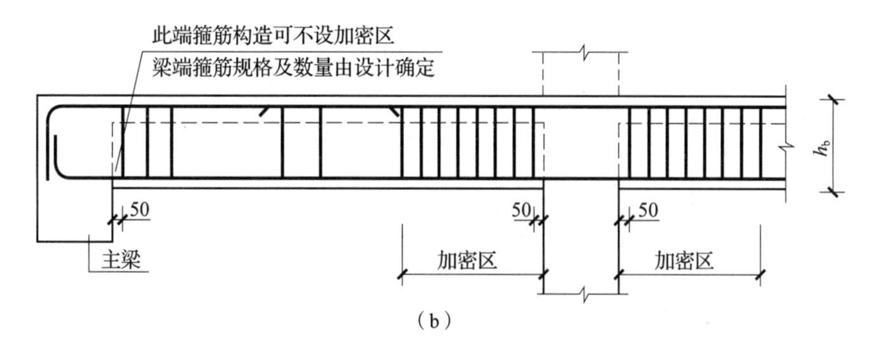

（b）

图4－29　箍筋加密区范围

（a）尽端为柱；（b）尽端为梁

11G101图集中是这样介绍抗震框架梁箍筋加密区构造的：

1. 尽端为柱

1）梁支座附近的箍筋加密区，当框架梁抗震等级为一级时，加密区长度≥2.0h_b且≥500mm；当框架梁抗震等级为二～四级时，加密区长度≥2.0h_b且≥500mm（h_b为梁截面宽度）。

2）第一个箍筋在距支座边缘50mm处开始设置。

3）弧形梁沿中心线展开，箍筋间距沿凸面线量度。

4）当箍筋为复合箍时，应采用大箍套小箍的形式。

2. 尽端为梁

1）梁支座附近的箍筋加密区，当框架梁抗震等级为一级时，加密区长度≥2.0h_b且≥500mm；当框架梁抗震等级为二～四级时，加密区长度≥2.0h_b且≥500mm（h_b为梁截面宽度）。但尽端主梁附近箍筋可不设加密区，其规格及数量由设计确定。

2）第一个箍筋在距支座边缘50mm处开始设置。

3）弧形梁沿中心线展开，箍筋间距沿凸面线量度。

4）当箍筋为复合箍时，应采用大箍套小箍的形式。

要点17：非框架梁纵向受力钢筋在支座的锚固长度

如图4－30所示，非框架梁的下部纵向钢筋在中间支座和端支座的锚固长度，是按照不利用钢筋的抗拉强度考虑的，规定对于带肋钢筋应满足12d，对于光面钢筋应满足15d（此处无过柱中心线的要求）。当计算中充分利用下部纵向钢筋的抗压强度或抗拉强度，或具体工程有特殊要求时，其锚固长度由设计者按照《混凝土结构设计规范》GB 50010—2010的相关规定进行变更。

1）非框架梁在支座的锚固长度按一般梁考虑。

2）次梁不需要考虑抗震构造措施，包括锚固、不设置箍筋加密区、有多少比例的上部通长筋的确定。在设计上考虑到支座处的抗剪力较大，需要加密处理，但这不是框架梁加密的要求。

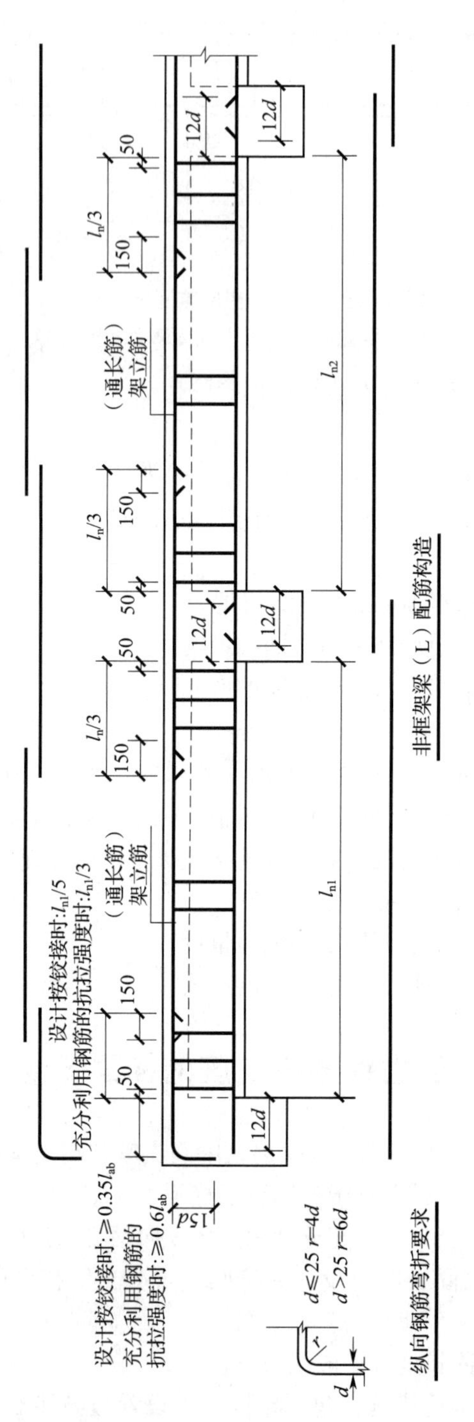

图 4-30　非框架梁配筋构造

3）上部钢筋满足直锚长度 l_a 可不弯折，不满足时，可采用90°弯折锚固，弯折时含弯钩在内的投影长度可取 $0.6l_{ab}$（当设计按铰接时，不考虑钢筋的抗拉强度，取 $0.35l_{ab}$），弯钩内半径不小于 $4d$，弯后直线段长度为 $12d$（投影长度为 $15d$）（在砌体结构中，采用135°弯钩时，弯后直线长度为 $5d$）。

4）对于弧形和折线形梁，下部纵向受力钢筋在支座的直线锚固长度为 l_a，也可以采用弯折锚固。应注意弧形和折线形梁下部纵向钢筋伸入支座的长度与直线形梁的区别，直线形梁下部纵向钢筋伸入支座的长度对于带肋钢筋应满足 $12d$，对于光面钢筋应满足 $15d$。弧形和折线形梁下部纵向钢筋伸入支座的长度同上部钢筋。

5）锚固长度在任何时候均不应小于基本锚固长度 l_{ab} 的60%及200mm（受拉钢筋锚固长度的最低限度）。

要点18：当梁的下部作用有均匀荷载时，附加钢筋的设置

《混凝土结构设计规范》GB 50010—2010 第9.2.11条条文说明规定，位于梁下部或梁截面高度范围内的集中荷载，应全部由附加横向钢筋承担，以防止集中荷载影响区下部混凝土的撕裂与裂缝，并弥补间接加载导致的梁斜截面受剪承载力的降低，在集中荷载影响区范围内配置附加横向钢筋，不允许用集中荷载区的受剪箍筋代替附加横向钢筋，附加横向钢筋宜采用箍筋，当采用附加吊筋时，弯起段应伸到梁的上边缘，其尾部按规定设置水平锚固段，以承担均布荷载的剪力，如图4－31所示。

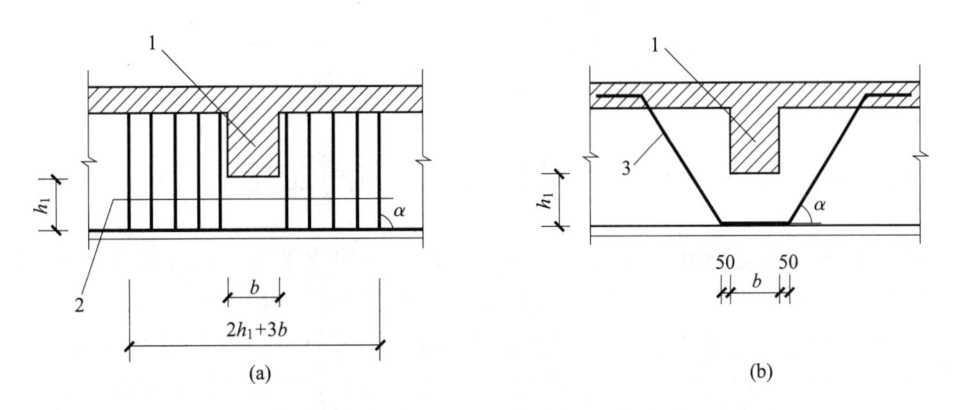

图4－31　梁截面高度范围内有集中荷载作用时附加横向钢筋的布置

注：图中尺寸单位为mm

（a）附加箍筋；（b）附加吊筋

1—传递集中荷载的位置；2—附加箍筋；3—附加吊筋

由于悬臂梁剪力较大且全长承受负弯矩，“斜弯作用”及“沿筋劈裂”及引起的受力状态更为不利，悬臂梁的负弯矩纵向受力钢筋不宜切断，且必须有不少于2根上部钢筋（不少于第一排纵筋的1/2）伸到梁端，并向下弯折锚固不小于 $12d$，其余梁的钢筋不应在上部截断，按规定的弯起点（$0.75l$）向下弯折，弯折后的水平段不小于 $10d$。在悬臂梁伸出尽端与梁交叉处增加附加箍筋，如图4－32所示。

当梁下部有悬挑跨度较大的悬挑板，且有抗震设防要求时，悬挑板下部应设置构造钢筋，通常在施工图设计文件中会有明确的要求。梁中箍筋仅考虑承担扭矩和剪力，不作为横向附加抗剪钢筋考虑，需要增设附加竖向钢筋来承担剪力。

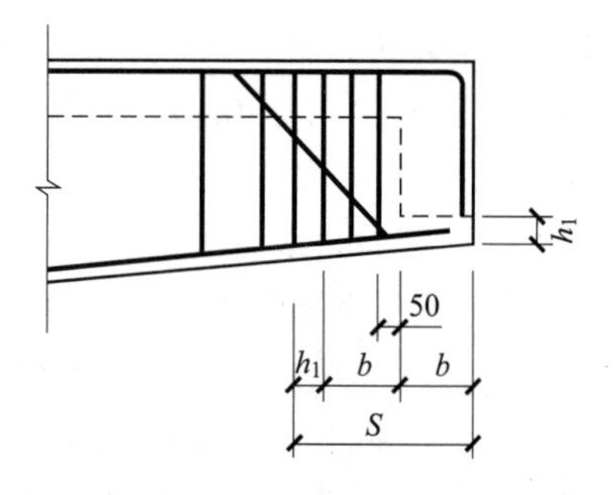

图 4－32　悬挑梁端附加箍筋范围

7 度设防、2m 长的悬挑构件和 8 度设防、1m 长的悬挑构件，要进行竖向地震力的验算。当悬臂板的跨度≥1000mm 时应设置附加悬吊钢筋，当有抗震设防要求时，较大悬挑板（长度≥1000mm）的下部应设置构造钢筋，这种构造不能按连续板、简支板进行设计，因为连续板、简支板支座处的锚固要求是 $5d$、至少过中心线，对悬臂板不可以这样要求；长悬挑结构的下部钢筋为受力钢筋，其构造应满足锚固长度的要求（l_a+12d）；楼（屋）面板与梁下皮平齐时，应设置附加悬吊钢筋承担均布荷载的剪力，由计算确定数量，必要时可加腋。

如图 4－33 所示，吊筋伸入梁和板内的锚固长度弯折段不宜小于 $20d$，d 为吊筋的直径。

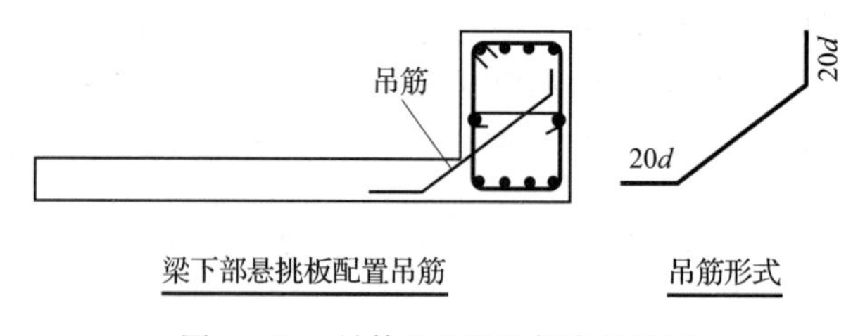

图 4－33　吊筋伸入梁和板内的锚固

要点 19：梁内集中力处抗剪附加横向钢筋的设置

梁的顶部是不考虑配置附加横向钢筋的，梁的中间或下部（由于有集中荷载）要考虑附加横向钢筋，集中力处的抗剪全部由附加横向钢筋承担，附加横向钢筋有两种形式：吊筋、箍筋。设计图纸中往往用描述的语言一带而过，没有很好地进行支座应力集中分析，最好是在支座处标注附加横向钢筋，施工时按设计要求配置。附加横向钢筋要有一个配置范围 S，且不能超出这个范围，采用加密箍筋时，除附加箍筋外，梁内原箍筋不应减少，照常放置，不允许用布置在集中荷载影响区内的受剪箍筋代替附加横向钢筋。

如图 4－34 所示，附加箍筋应在集中力两侧布置，每侧不小于 2 个，附加横向钢筋第一个箍筋距次梁外边的距离为 50mm，配置范围为 $S=2h$（h 为次梁高）$+3b$（b 为次梁宽）；采用吊筋，每个集中力外吊筋不少于 $2\phi12$；吊筋下端水平段应伸至梁底部的纵向钢筋处，上端伸入梁上部的水平段为 $20d$（不是锚固的概念）。吊筋的弯起角度，梁高 800mm 以下为 45°，梁高 800mm 以上为 60°。

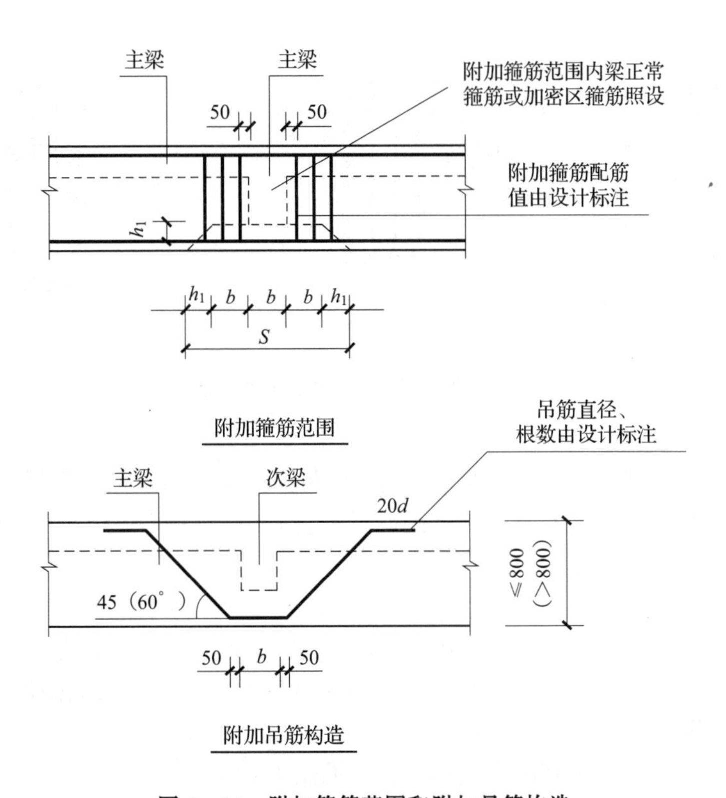

图4-34　附加箍筋范围和附加吊筋构造

配置范围 S 为集中荷载影响区，在此范围内增设附加横向钢筋，以防止集中荷载影响区下部混凝土拉脱，可弥补间接加载导致的梁斜截面受剪承载力的降低。附加横向钢筋宜采用箍筋，在 S 范围内，也可采用吊筋，必要时箍筋和吊筋可同时设置。

主次梁相交范围内，主梁箍筋的设置规定：

1）次梁宽度小于300mm时，可不设置附加横向钢筋。

2）次梁宽度不小于300mm时应设置附加横向钢筋，如图4-31所示，且间距不宜大于300mm。

3）注意宽扁次梁与主梁相交时，应在主次梁相交范围内设置箍筋。

梁总的箍筋数量由梁两端箍筋加密区箍筋数量，加上非加密区箍筋数量，再加上集中荷载处增加的附加箍筋数量三部分组成。

要点20：侧面纵向构造钢筋及拉筋的构造要求

梁侧面钢筋（腰筋）有侧面纵向构造钢筋（G）和受扭钢筋（N）两种，其构造要求如图4-35所示。当梁侧面钢筋为构造钢筋时，其搭接和锚固长度均为15d；当为受扭钢筋时，其搭接长度为l_{lE}或l_l，相邻受扭钢筋搭接接头应相互错开，错开的间距为0.3l_{lE}或0.3l_l，其锚固长度与方式和框架梁下部纵筋相同。

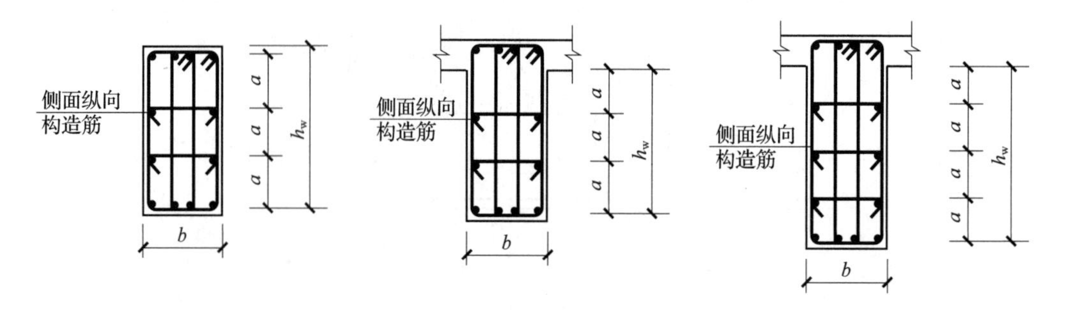

图 4 – 35　梁侧面纵向构造钢筋和受扭钢筋

1. 侧面纵向构造钢筋

梁侧面纵向构造钢筋的设置条件为：当梁腹板高度≥450mm 时，需设置构造钢筋，纵向构造钢筋的间距要求≤200mm。当梁侧面设置受扭钢筋且间距不大于 200mm 时，则不需要重复设置构造钢筋。

2. 拉筋

梁中拉筋直径的确定：梁宽≤350mm 时，拉筋直径为 6mm；梁宽 >350mm 时，拉筋直径为 8mm。拉筋间距的确定：为非加密区箍筋间距的两倍，当有多排拉筋时，上下两排拉筋竖向错开设置。

拉筋弯钩与光圆钢筋的 180°弯钩的对比图见图 4 – 36。

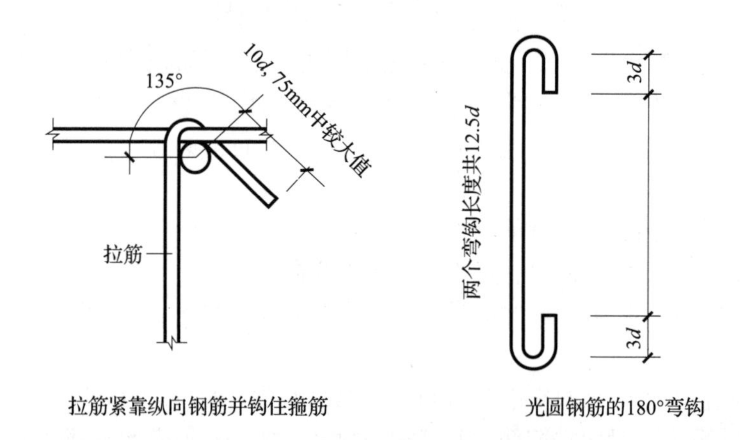

图 4 – 36　拉筋弯钩与光圆钢筋的 180°弯钩的对比图

拉筋弯钩角度为 135°，抗震弯钩的平直段长度为 10d 和 75mm 中的较大值；非抗震拉筋弯钩平直段长度为 5d。

要点 21：非框架梁与次梁的异同

非框架梁是相对于框架梁而言，次梁是相对于主梁而言，这是两个不同的概念。

在框架结构中，次梁一般是非框架梁，因为次梁以主梁为支座，非框架梁以框架或非框架梁为支座。但是，也有特殊的情况，如图4－37左图所示的框架梁KL3就以KL2为中间支座，因此KL2就是主梁，而框架梁KL3就成为次梁了。

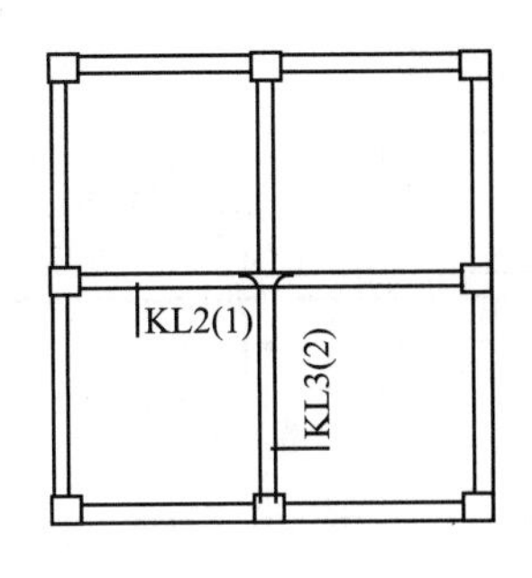

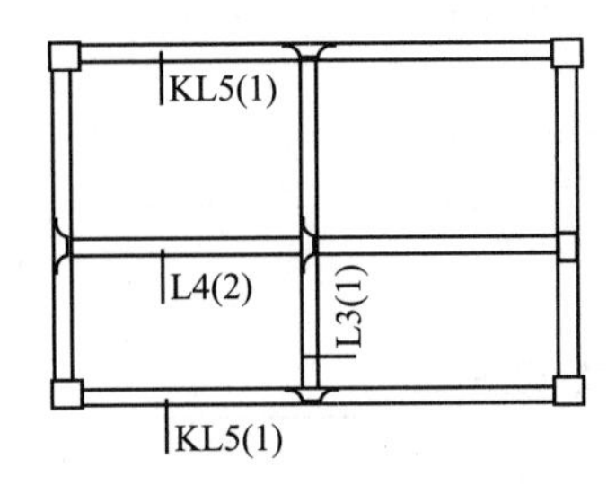

图4－37 框架梁

此外，次梁也有一级次梁和二级次梁之分。例如，图4－37右图所示的L3是一级次梁，它以框架梁KL5为支座；而L4为二级次梁，它以L3为支座。

要点22：非框架梁中间支座变截面处纵向钢筋构造

1. 梁顶梁底均不平

非框架梁梁顶梁底均不平时，可分为以下两种情况：

（1）梁顶（梁底）高差较大

当Δ_h/（h_c－50）＞1/6时，高梁上部纵筋弯锚，弯折段长度为l_a，弯钩段长度从低梁顶部算起，低梁下部纵筋直锚长度为l_a。梁下部纵筋锚固构造同上部纵筋，如图4－38所示。

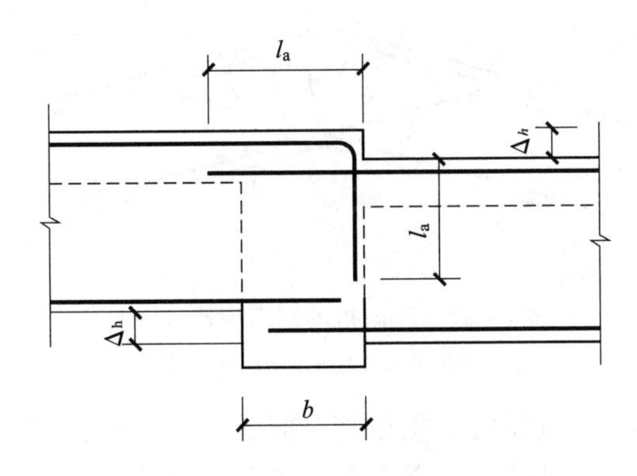

图4－38 梁顶（梁底）高差较大

（2）梁顶（梁底）高差较小

当Δ_h/（h_c－50）≤1/6时，梁上部（下部）纵筋可连续布置（平直段入支座长度为50mm），如图4－39所示。

2. 支座两边梁宽不同

非框架梁中间支座两边框架梁宽度不同或错开布置时，无法直锚的纵筋弯锚入柱内，或当支座两边纵筋根数不同时，可将多出纵筋弯锚入柱内，锚固的构造要求为：上部纵筋弯锚入柱内，弯折竖向长度为 15d，弯折水平段长度≥0.6l_{ab}，如图 4－40 所示。

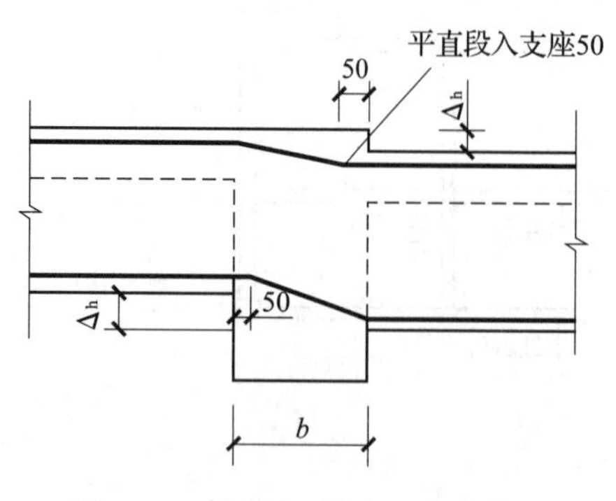

图 4－39　梁顶（梁底）高差较小

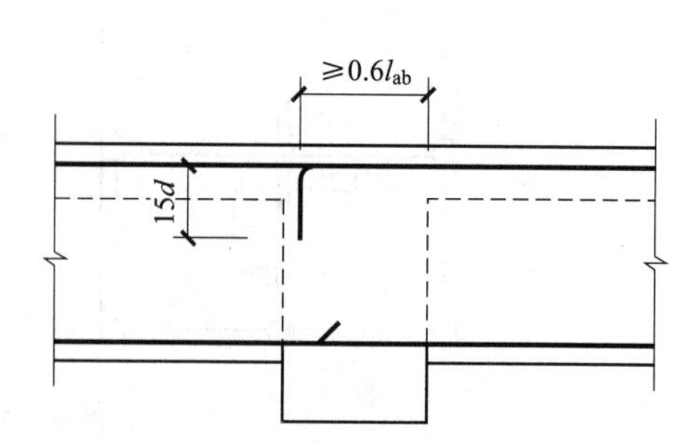

图 4－40　非框架梁梁宽度不同示意图

要点 23：折线梁（垂直弯折）下部受力纵筋的配置

1）折线梁（如坡屋面）当内折角小于 160°时，折梁下部弯折角度较小时会使下部混凝土崩落而产生破坏，所以下部纵向受力钢筋不应用整根钢筋弯折配置，应在弯折角处断开纵筋，分别斜向伸入梁的顶部，锚固在梁上部的受压区，并满足直线锚固长度要求。上部钢筋可以弯折配置，如图 4－41 所示。

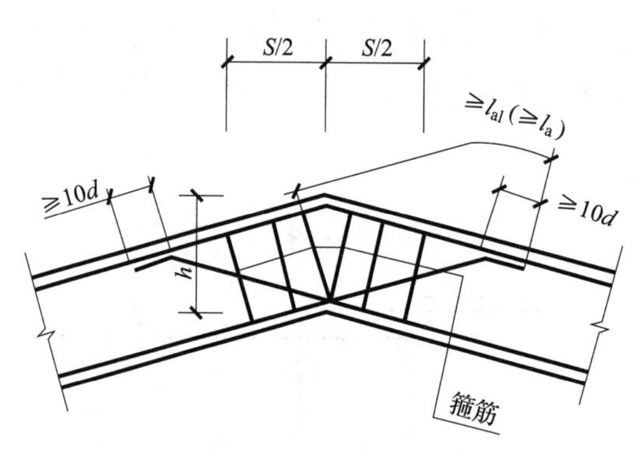

图 4－41　竖向折梁钢筋构造（一）

注：S 的范围及箍筋具体值由设计指定。

2）考虑到折梁上部钢筋截断后不能在梁上部受压区完全锚固，因此在弯折处两侧各 $S/2$ 的范围内增设加密箍筋，来承担这部分受拉钢筋的合力，这是根据计算确定的钢筋直径和间距，范围 S 与内折角的角度 α 有关，也和梁的高度 h 有关。

3）当内折角小于 160°时，也可在内折角处设置角托，加底托满足直锚长度的要求，斜向钢筋也要满足直线锚固长度要求，箍筋的加密范围比第一种要大，如图 4－42 所示。

4）当内折角≥160°时，下部钢筋可以通长配置，采用折线型，不必断开，箍筋加密的长度和做法按无角托计算。$S=1/2h\tan(3\alpha/8)$，如图 4－43 所示。

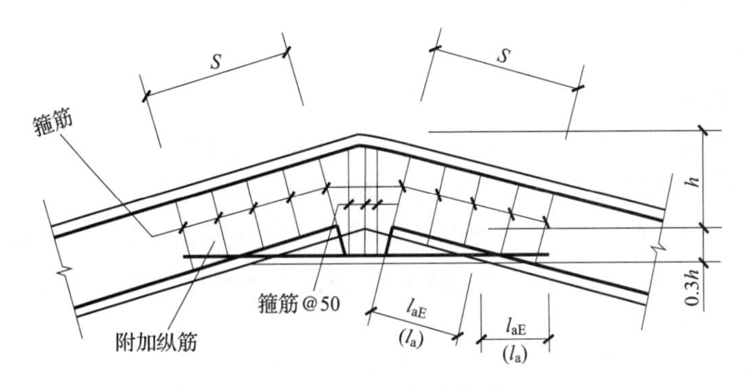

图4-42　竖向折梁钢筋构造（二）

注：S的范围、附加纵筋和箍筋具体值由设计指定。

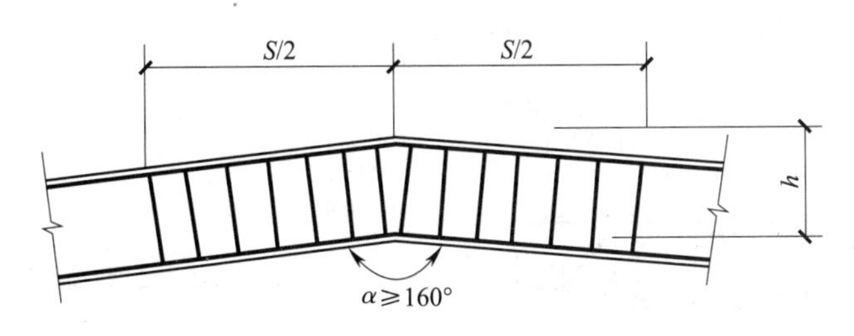

图4-43　梁内折角的配筋

要点24：悬挑梁与各类悬挑端配筋构造

1. 纯悬挑梁钢筋构造要求

纯悬挑梁钢筋构造如图4-44所示。

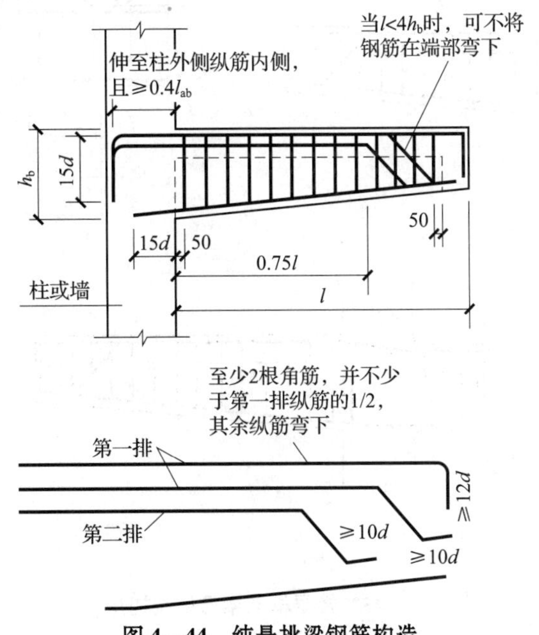

图4-44　纯悬挑梁钢筋构造

其构造要求为：

（1）上部纵筋构造

1）第一排上部纵筋，至少2根角筋，并不少于第一排纵筋的1/2的上部纵筋一直伸到悬挑梁端部，再拐直角弯直伸到梁底，其余纵筋弯下（即钢筋在端部附近下弯90°斜坡）。

2）第二排上部纵筋伸至悬挑端长度的0.75倍处，弯折到梁下部，再向梁尽端弯折≥$10d$。

3）上部纵筋在支座中按伸至柱外侧纵筋内侧，且≥$0.4l_{ab}$进行锚固，当纵向钢筋直锚长度≥l_a且≥$0.5h_c+5d$时，可不必往下弯锚。

（2）下部纵筋构造

下部纵筋在制作中的锚固长度为$15d$。

2. 其他各类悬挑端配筋构造

1）楼层框架梁悬挑端构造如图4－45所示。

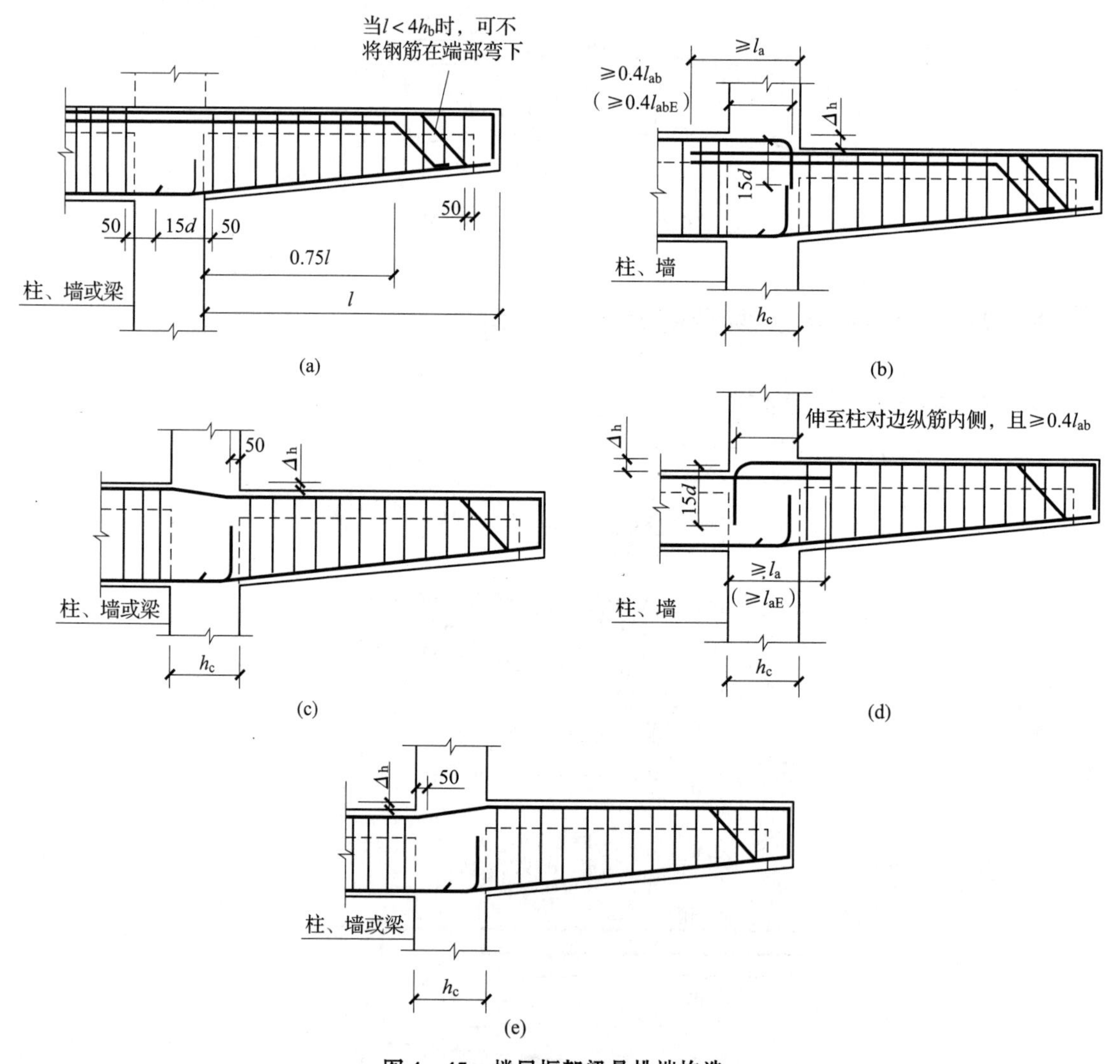

图4－45　楼层框架梁悬挑端构造

（a）节点A；（b）节点B；（c）节点C；（d）节点D；（e）节点E

楼层框架梁悬挑端共给出了5种构造做法：

节点A：悬挑端有框架梁平伸出，上部第二排纵筋在伸出0.75l后，斜弯到梁下部，再向梁尽端弯≥10d，下部纵筋直锚长度为15d。

节点B：当悬挑端比框架梁低Δ_h［Δ_h/（h_c－50）＞1/6］时，仅用于中间层，框架梁弯锚水平段长度≥0.4l_{ab}（0.4l_{abE}），弯钩15d；悬挑端上部纵筋直锚长度≥l_a。

节点C：当悬挑端比框架梁低Δ_h［Δ_h/（h_c－50）≤1/6］时，上部纵筋连续布置，用于中间层，当支座为梁时也可用于屋面。

节点D：当悬挑端比框架梁低Δ_h［Δ_h/（h_c－50）＞1/6］时，仅用于中间层，悬挑端上部纵筋弯锚，弯锚水平段伸至对边纵筋内侧，且≥0.4l_{ab}，弯钩15d；框架梁上部纵筋直锚长度≥l_{ab}（l_{abE}）。

节点E：当悬挑端比框架梁高Δ_h［Δ_h/（h_c－50）≤1/6］时，上部纵筋连续布置，用于中间层，当支座为梁时也可用于屋面。

2）屋面框架梁悬挑端构造如图4－46所示。

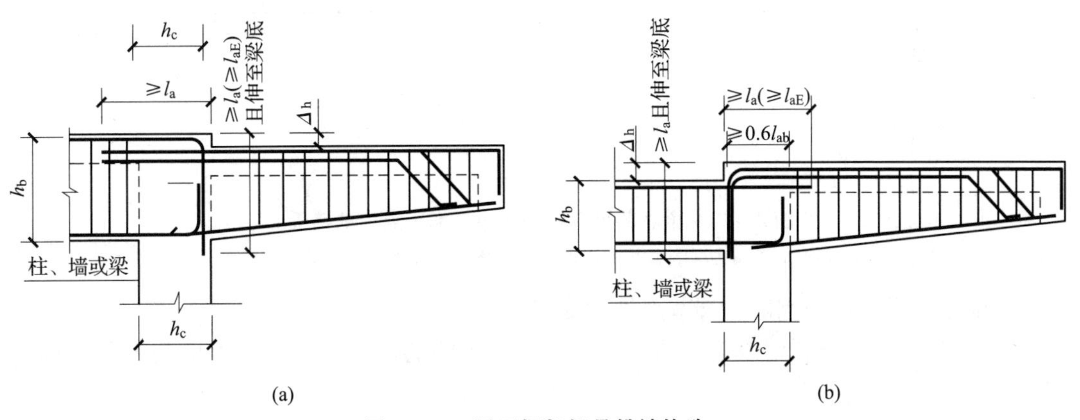

图4－46　屋面框架梁悬挑端构造

（a）节点F；（b）节点G

屋面框架梁悬挑端共给出了2种构造做法：

节点F：当悬挑端比框架梁低Δ_h（Δ_h≤h_b/3）时，框架梁上部纵筋弯锚，直钩长度≥l_a（l_{aE}）且伸至梁底，悬挑端上部纵筋直锚长度≥l_a，可用于屋面，当支座为梁时，也可用于中间层。

节点G：当悬挑端比框架梁高Δ_h（Δ_h≤h_b/3）时，框架梁上部纵筋直锚长度≥l_a（l_{aE}），悬挑端上部纵筋弯锚，弯锚水平段长度≥0.4l_{ab}，直钩长度≥l_a（l_{aE}）且伸至梁底，可用于屋面，当支座为梁时，也可用于中间层。

要点25：梁柱节点设计相关规定

1）梁纵向钢筋在框架中间层端节点的锚固应符合下列要求。

①梁上部纵向钢筋伸入节点的锚固：

a. 当采用直线锚固形式时，锚固长度不应小于l_a，且应伸过柱中心线，伸过的长度不宜小于5d，d为梁上部纵向钢筋的直径。

b. 当柱截面尺寸不足时，梁上部纵向钢筋可采用钢筋端部加机械锚头的锚固方式。梁上部纵向钢筋宜伸至柱外侧纵筋内边，包括机械锚头在内的水平投影锚固长度不应小于0.4l_{ab}，见图4－47（a）。

c. 梁上部纵向钢筋也可采用90°弯折锚固的方式，此时梁上部纵向钢筋应伸至柱外侧纵向钢筋内边并向节点内弯折，其包含弯弧在内的水平投影长度不应小于0.4l_{ab}，弯折钢筋在弯折平面内包含弯弧段的投影长度不应小于15d，见图4－47（b）。

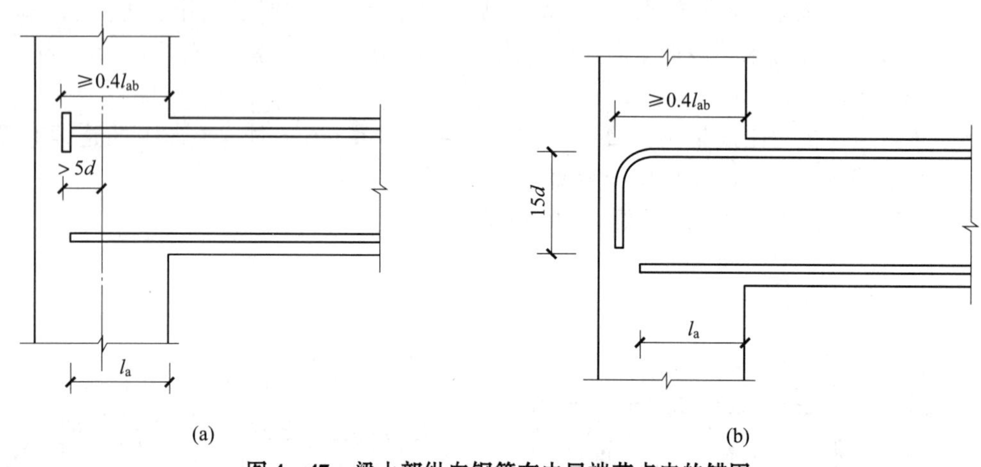

图4－47　梁上部纵向钢筋在中层端节点内的锚固

（a）钢筋端部加锚头锚固；（b）钢筋末端90°弯折锚固

②框架梁下部纵向钢筋在端节点处的锚固：

a. 当计算中充分利用该钢筋的抗拉强度时，钢筋的锚固方式及长度应与上部钢筋的规定相同。

b. 当计算中不利用该钢筋的强度或仅利用该钢筋的抗压强度时，伸入节点的锚固长度应分别符合《混凝土结构设计规范》GB 50010—2010第9.3.5条中间节点梁下部纵向钢筋锚固的规定。

2）对于框架中间层中间节点或连续梁中间支座，梁的上部纵向钢筋应贯穿节点或支座，梁的下部纵向钢筋宜贯穿节点或支座。当必须锚固时，应符合下列锚固要求：

①当计算中不利用该钢筋的强度时，其伸入节点或支座的锚固长度对带肋钢筋不小于12d，对光面钢筋不小于15d，d为钢筋的最大直径。

②当计算中充分利用钢筋的抗压强度时，钢筋应按受压钢筋锚固在中间节点或中间支座内，其直线锚固长度不应小于0.7l_a。

③当计算中充分利用钢筋的抗拉强度时，钢筋可采用直线方式锚固在节点或支座内，锚固长度不应小于钢筋的受拉锚固长度l_a，见图4－48（a）。

④当柱截面尺寸不足时，也可采用《混凝土结构设计规范》GB 50010—2010第9.3.4条第1款规定的钢筋端部加锚头的机械锚固措施，也可采用90°弯折锚固的方式。

⑤钢筋可在节点或支座外梁中弯矩较小处设置搭接接头，搭接长度的起始点至节点或支座边缘的距离不应小于1.5h_0，见图4－48（b）。

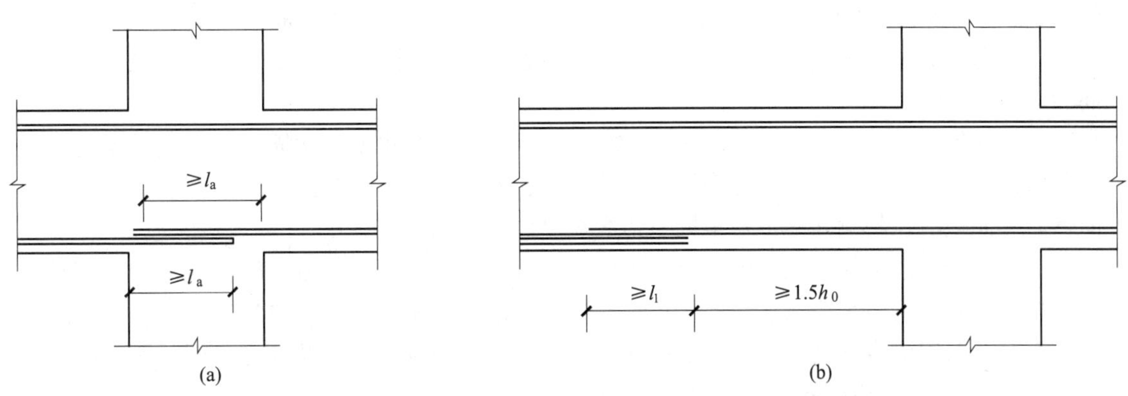

图4-48 梁下部纵向钢筋在中间节点或中间支座范围的锚固与搭接

（a）下部纵向钢筋在节点中直线锚固；（b）下部纵向钢筋在节点或支座范围外的搭接

3）柱纵向钢筋应贯穿中间层的中间节点或端节点，接头应设在节点区以外。

柱纵向钢筋在顶层中节点的锚固应符合下列要求：

①柱纵向钢筋应伸至柱顶，且自梁底算起的锚固长度不应小于 l_a。

②当截面尺寸不满足直线锚固要求时，可采用90°弯折锚固措施。此时，包括弯弧在内的钢筋垂直投影锚固长度不应小于 $0.5l_{ab}$，在弯折平面内包含弯弧段的水平投影长度不宜小于 $12d$，见图4-49（a）。

③当截面尺寸不足时，也可采用带锚头的机械锚固措施。此时，包含锚头在内的竖向锚固长度不应小于 $0.5l_{ab}$，见图4-49（b）。

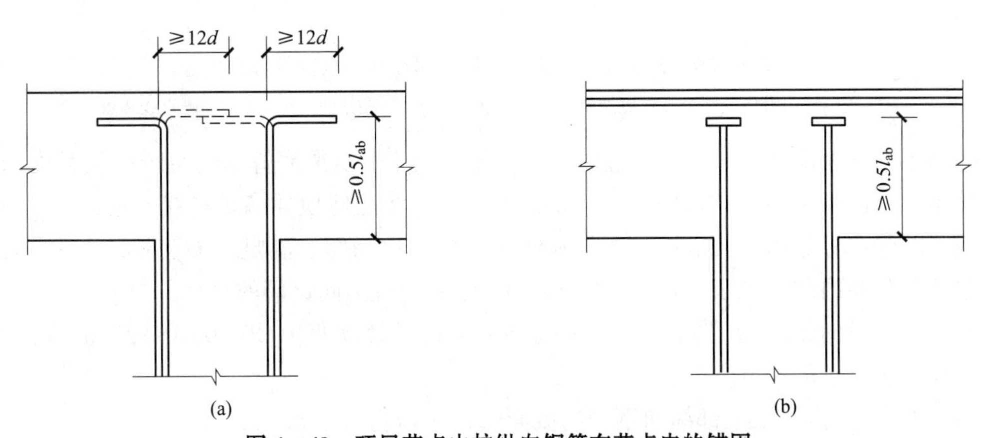

图4-49 顶层节点中柱纵向钢筋在节点内的锚固

（a）柱纵向钢筋90°弯折锚固；（b）柱纵向钢筋端头加锚板锚固

4）顶层端节点柱外侧纵向钢筋可弯入梁内作梁上部纵向钢筋，也可将梁上部纵向钢筋与柱外侧纵向钢筋在节点及附近部位搭接，搭接可采用下列方式：

①搭接接头可沿顶层端节点外侧及梁端顶部布置，搭接长度不应小于 $1.5l_{ab}$（图4-50a）。其中，伸入梁内的柱外侧钢筋截面面积不宜小于其全部面积的65%，梁宽范围以外的柱外侧钢筋宜沿节点顶部伸至柱内边锚固。当柱外侧纵向钢筋位于柱顶第一层时，钢筋伸至柱内边后宜向下弯折不小于 $8d$ 后截断，见图4-50（a），d 为柱纵向钢筋

的直径；当柱纵向钢筋位于柱顶第二层时，可不向下弯折。当现浇板厚度不小于100mm时，梁宽范围以外的柱外侧纵向钢筋也可伸入现浇板内，其长度与伸入梁内的柱纵向钢筋相同。

②当柱外侧纵向钢筋配筋率大于1.2%时，伸入梁内的柱纵向钢筋应满足①的规定且宜分两批截断，截断点之间的距离不宜小于20d，d为柱外侧纵向钢筋的直径。梁上部纵向钢筋应伸至节点外侧并向下弯至梁下边缘高度位置截断。

③纵向钢筋搭接接头也可沿节点柱顶外侧直线布置，见图4－50（b），此时，搭接长度自柱顶算起，不应小于1.7l_{ab}。当上部梁纵向钢筋的配筋率大于1.2%时，弯入柱外侧的梁上部纵向钢筋应满足以上规定的搭接长度，且宜分两批截断，截断点之间的距离不宜小于20d，d为梁上部纵向钢筋的直径。

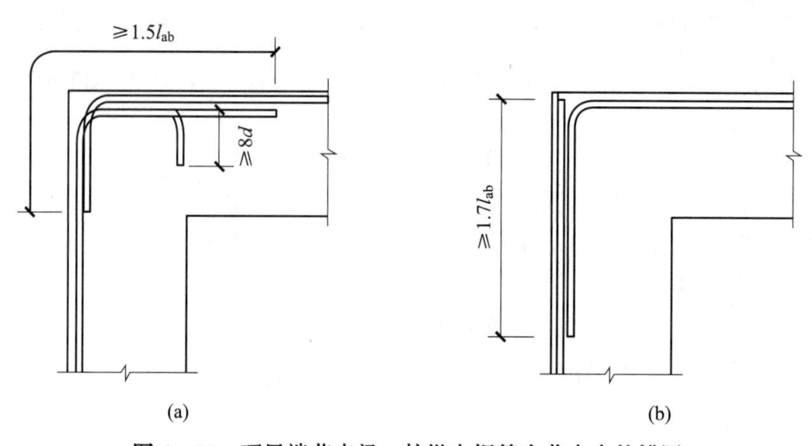

图4－50　顶层端节点梁、柱纵向钢筋在节点内的锚固

（a）搭接接头沿顶层端节点外侧及梁端顶部布置；（b）搭接接头沿节点柱顶外侧直线布置

④当梁的截面高度较大，梁、柱纵向钢筋相对较小，从梁底算起的直线搭接长度未延伸至柱顶即已满足1.5l_{ab}的要求时，应将搭接长度延伸至柱顶并满足搭接长度1.7l_{ab}的要求；或者从梁底算起的弯折搭接长度未延伸至柱内侧边缘即已满足1.5l_{ab}的要求时，其弯折后包括弯弧在内的水平段的长度不应小于15d，d为柱纵向钢筋的直径。

⑤柱内侧纵向钢筋的锚固应符合《混凝土结构设计规范》GB 50010—2010第9.3.6条关于顶层中节点的规定。

5）顶层端节点处梁上部纵向钢筋的截面面积A_s应符合下列规定：

$$A_s \leqslant \frac{0.35\beta_c f_c b_b h_0}{f_y} \tag{4-1}$$

式中：β_c——混凝土强度影响系数，当混凝土强度等级不超过C50时，β_c取1.0；当混凝土强度等级为C80时，β_c取0.8；其间按线性内插法确定；

f_c——混凝土轴心抗压强度设计值，按表4－1采用；

b_b——梁腹板宽度；

h_0——梁截面有效高度；

f_y——普通钢筋的抗拉强度设计值。

表4-1　混凝土强度设计值（N/mm^2）

强度	混凝土强度等级													
	C15	C20	C25	C30	C35	C40	C45	C50	C55	C60	C65	C70	C75	C80
f_c	7.2	9.6	11.9	14.3	16.7	19.1	21.1	23.1	25.3	27.5	29.7	31.8	33.8	35.9
f_t	0.91	1.10	1.27	1.43	1.57	1.71	1.80	1.89	1.96	2.04	2.09	2.14	2.18	2.22

梁上部纵向钢筋与柱外侧纵向钢筋在节点角部的弯弧内半径，当钢筋直径不大于25mm时，不宜小于$6d$；大于25mm时，不宜小于$8d$。钢筋弯弧外的混凝土中应配置防裂、防剥落的构造钢筋。

6）在框架节点内应设置水平箍筋，箍筋应符合《混凝土结构设计规范》GB 50010—2010第9.3.2条柱中箍筋构造的规定，但间距不宜大于250mm。对四边均有梁的中间节点，节点内可只设置沿周边的矩形箍筋。当顶层端节点内有梁上部纵向钢筋和柱外侧纵向钢筋的搭接接头时，节点内水平箍筋应符合《混凝土结构设计规范》GB 50010—2010第8.4.6条的规定。

要点26：梁支座上部纵筋的长度规定

1）为方便施工，凡框架梁的所有支座和非框架梁（不包括井字梁）的中间支座上部纵筋的伸出长度a_0在标准构造详图中统一取值为：第一排非通长筋及与跨中直径不同的通长筋从柱（梁）边起伸出至$l_n/3$位置，第二排非通长筋伸出至$l_n/4$位置。l_n的取值规定为：对于端支座，l_n为本跨的净跨值；对于中间支座，l_n为支座两边较大一跨的净跨值。

2）悬挑梁（包括其他类型梁的悬挑部分）上部第一排纵筋伸出至梁端头并下弯，第二排伸出至$3l/4$位置，l为自柱（梁）边算起的悬挑净长。当具体工程需要将悬挑梁中的部分上部钢筋从悬挑梁根部开始斜向弯下时，应由设计者另加注明。

3）设计者在执行第1）、2）条关于梁支座端上部纵筋伸出长度的统一取值规定时，特别是在大小跨相邻和端跨外为长悬臂的情况下，还应注意按《混凝土结构设计规范》GB 50010—2010的相关规定进行校核，若不满足应根据规范规定进行变更。

要点27：梁支座负筋延伸长度

1）对于框架梁（KL）支座负筋延伸长度来说，端支座和中间支座是不同的。

①端支座负弯矩筋的水平长度：

第一排负弯矩筋从柱（梁）边起延伸至$l_{n1}/3$位置，l_{n1}是边跨的净跨长度。

第二排负弯矩筋从柱（梁）边起延伸至$l_{n1}/4$位置。

②中间支座负弯矩筋的水平长度：

第一排负弯矩筋从柱（梁）边起延伸至$l_n/3$位置，l_n是支座两边的净跨长度l_{n1}和l_{n2}的较大值。

第二排负弯矩筋从柱（梁）边起延伸至 $l_n/4$ 位置。

从上面的介绍可以看出，第一排支座负筋延伸长度从字面上说，似乎都是“三分之一净跨”，但要注意，端支座和中间支座是不一样的，一不小心就会出错。

对于端支座来说，是按“本跨（边跨）”的净跨长度进行计算的，而中间支座是按“相邻两跨”的跨度较大值进行计算的。

2）关于“支座负筋延伸长度”，11G101－1 标准图集只给出了第一排钢筋和第二排钢筋的情况，如果发生“第三排”支座负筋，其延伸长度应该由设计师给出。

3）11G101－1 图集关于支座负筋延伸长度的规定，不但对“框架梁（KL）”适用，对“非框架梁（L）”的中间支座同样适用。

为了方便施工，凡框架梁的所有支座和非框架梁（不包括井字梁）的中间支座上部纵筋的伸出长度 a_0 在标准构造详图中统一取值为：第一排非通长筋及与跨中直径不同的通长筋从柱（梁）边起伸出至 $l_n/3$ 位置，第二排非通长筋伸出至 $l_n/4$ 位置。l_n 的取值规定为：对于端支座，l_n 为本跨的净跨值；对于中间支座，l_n 为支座两边较大一跨的净跨值。

此处“梁”是专门针对非框架梁（即次梁）说的，因为非框架梁（次梁）以框架梁（主梁）为支座。

4）对于基础梁（基础主梁和基础次梁）来说，如果不考虑水平地震力作用的话，它的受力方向的楼层梁刚好是上下相反，这样，基础梁的“底部贯通纵筋”与楼层梁的“上部贯通纵筋”的受力作用是相同的；基础梁的“底部非贯通纵筋”与楼层梁的“上部非通长筋”是相同的。

另外，框架梁与框架柱的关系是“柱包梁”，所以柱截面的宽度比较大，梁截面的宽度比较小；对于基础主梁来说，则是“梁包柱”。这样一来，基础主梁的截面宽度应该大于柱截面的宽度。当基础主梁截面宽度小于或等于柱截面宽度的时候，基础主梁就必须加侧腋。对于加腋，框架梁的加腋是由设计标注的，但基础主梁的加侧腋设计是不标注的，由施工人员自己处理。

另外，框架梁的箍筋加密区长度是标准图集指定的，而基础梁的箍筋加密区长度则在标准图集中没有规定，所以设计人员必须写明加密箍筋的根数和间距。

要点 28：梁的“构造钢筋”和“抗扭钢筋”的异同

1）“构造钢筋”和“抗扭钢筋”都是梁的侧面纵向钢筋，通常把它们称为“腰筋”。所以，就其在梁上的位置来说，是相同的。其构造上正如 11G101－1 图集中所规定的，在梁的侧面进行“等间距”的布置。

“构造钢筋”和“抗扭钢筋”都要用到“拉筋”，并且对于“拉筋”的规格和间距的规定也是相同的，即当梁宽≤350mm 时，拉筋直径为 6mm；当梁宽＞350mm 时，拉筋直径为 8mm。拉筋间距为非加密区箍筋间距的两倍。当设有多排拉筋时，上下两排拉筋竖向错开设置。

这里需要说明，上述的“拉筋间距为非加密区箍筋间距的两倍”只是给出一个计算拉筋间距的算法。例如，梁箍筋的标注为 ϕ8@100/200（2），可以看出，非加密区箍筋间距为200mm，则拉筋间距为200mm×2＝400mm。但是，有些人却提出“拉筋在加密区按加密区箍筋间距的两倍，在非加密区按非加密区箍筋间距的两倍”，这是错误的理解。

不过，在前面的叙述中可以明确一点，那就是“拉筋的规格和间距”是施工图纸上不给出的，需要施工人员自己计算。

2）“构造钢筋”和“抗扭钢筋”更多的是它们的不同点。

①“构造钢筋”纯粹是按构造设置，即不必进行力学计算。

《混凝土结构设计规范》GB 50010—2010 第9.2.13条指出，当梁的腹板高度 h_w 不小于450mm时，在梁的两个侧面应沿高度配置纵向构造钢筋，每侧纵向构造钢筋（不包括梁上、下部受力钢筋及架立钢筋）的间距不宜大于200mm，截面面积不应小于腹板截面面积（bh_w）的0.1%，但当梁宽较大时可以适当放松。

上述规范中的规定与11G101－1图集是基本一致的。之所以说是“基本”一致，就是说还有“不一致”的地方，那就是关于 h_w 的规定。

《混凝土结构设计规范》GB 50010—2010 第6.3.1条规定，h_w 为截面的腹板高度，对矩形截面，取有效高度；对T形截面，取有效高度减去翼缘高度；对I形截面，取腹板净高。而在图4－35中，把 h_w 标定为矩形截面的全梁高度，这与“有效高度”是有差距的。

当标准图集与规范发生矛盾时，应该以规范为准，因为标准图集应该是规范的具体体现。不过，这是设计上需要注意的问题，对于施工单位来说，构造钢筋的规格和根数是由设计单位在结构平面图上给出的，施工单位只要照图施工就行。

当设计图纸漏标构造钢筋时，施工人员只能向设计师询问构造钢筋的规格和根数，而不能对构造钢筋进行自行设计。因为在11G101－1图集中并没有给出构造钢筋的规格和根数，这是11G101－1图集不同于先前两个版本的地方。

因为构造钢筋不考虑其受力计算，所以，梁侧面纵向构造钢筋的搭接长度和锚固长度可取为15d。

②“抗扭钢筋”是需要设计人员进行抗扭计算才能确定其钢筋规格和根数的。

03G101－1图集对梁的侧面抗扭钢筋提出了如下明确的要求：

a. 梁侧面抗扭纵向钢筋的锚固长度和方式同框架梁下部纵筋。

对于这句话的解释是：对于端支座来说，梁的抗扭纵筋要伸到柱外侧纵筋的内侧，再弯15d的直钩，并且保证其直锚水平段长度≥0.4l_{aE}；对于中间支座来说，梁的抗扭纵筋要锚入支座≥l_{aE}，并且超过柱中心线5d。

b. 梁侧面抗扭纵向钢筋其搭接长度为 l_l（非抗震）或 l_{lE}（抗震）。

c. 梁的抗扭箍筋要做成封闭式，当梁箍筋为多肢箍时，要做成“大箍套小箍”的形式。

对抗扭构件的箍筋有比较严格的要求。《混凝土结构设计规范》GB 50010—2010 第9.2.10条指出，受扭所需的箍筋应做成封闭式，且应沿截面周边布置；当采用复合箍筋时，位于截面内部的箍筋不应计入受扭所需的箍筋面积；受扭所需箍筋的末端应做成135°弯钩，弯钩端头平直段长度不应小于10d（d为箍筋直径）。

对于施工人员来说，一个梁的侧面纵筋是构造钢筋还是抗扭钢筋，完全由设计师来给定。“G”打头的钢筋就是构造钢筋，“N”打头的钢筋就是抗扭钢筋。

要点 29：“大箍套小箍”的方法

03G101－1 图集要求在多肢复合箍的施工中采用“大箍套小箍”的方法，见图 4－51（a）。

以前在进行四肢箍的施工中，很多人都采用过“等箍互套”的方法。这就是采用两个形状、大小都一样的二肢箍，通过把其中的一段水平边重合起来构成一个“四肢箍”，见图 4－51（b）。

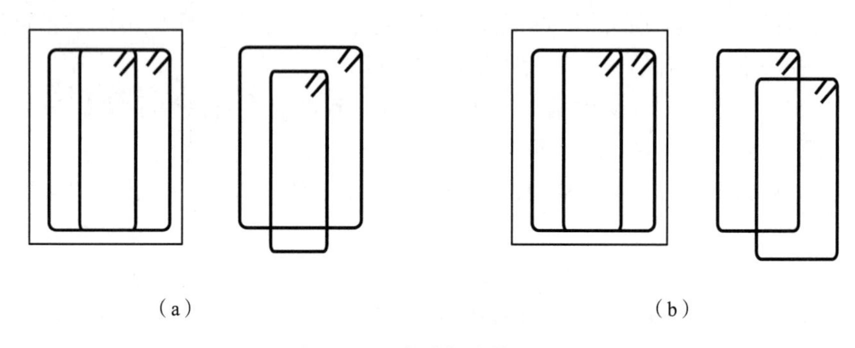

（a）　　　　（b）

图 4－51　多肢复合箍（一）

（a）四肢箍（大箍套小箍）；（b）四肢箍（等箍互套）

“大箍套小箍”的好处是：

1）能够更好地保证梁的整体性。

最初，“大箍套小箍”用于梁的抗扭箍筋上。当梁承受扭矩时，沿梁截面的外围箍筋必须连续，只有围绕截面的大箍才能达到这个要求，此时的多肢箍要采用“大箍套小箍”的形状。

当时，对于非抗扭的梁是这样说的：如果梁不承受扭矩（仅受弯和受剪），可以采用两个相同箍筋交错套成四肢箍，但采用大箍套小箍能够更好地保证梁的整体性。

但是，从 2003 年 11 月出版的 03G101－1 标准图集，就在图集上对抗震的和非抗震的、框架梁和非框架梁制定了这样的规定：

当箍筋为多肢复合箍时，应采用大箍套小箍的形式。规范用语“应”就是带有指令性的要求。所以，现在的多肢箍，只能采用“大箍套小箍”的方法，而再也不能使用过去的“等箍互套”方法了。

2）采用“大箍套小箍”方法，材料用量并不增加。

如果把“大箍套小箍”方法和“等箍互套”方法的箍筋图形画出来（图 4－52），对其中箍筋水平段的重合部分加以比较，就可以看到，这两种方法的箍筋水平段的重合部分是一样的。也就是说，采用“大箍套小箍”方法比起过去的“等箍互套”方法，材料用量并不增加。

在后来出版的 04G101－3 标准图集（筏形基础）中也明确地提出采用大箍套小箍的形式，而且画出了大箍套小箍的示意图。

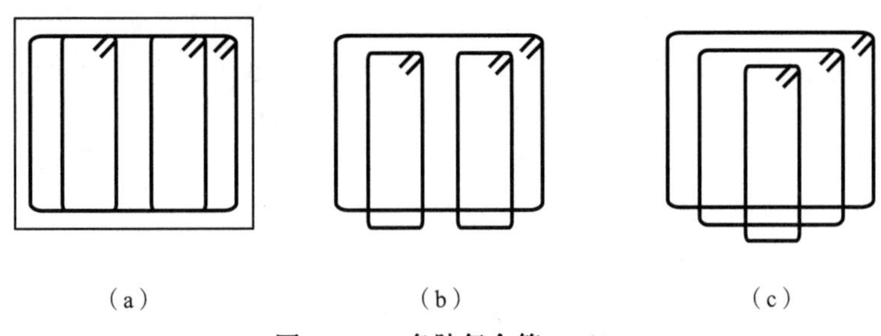

图4－52　多肢复合箍（二）

（a）六肢箍；（b）大箍套小箍；（c）大箍套中箍再套小箍

要点30：梁中纵向受力钢筋的水平最小净距，双层钢筋时，上下层的竖向最小净距的规定

梁中纵向钢筋的水平和竖向最小净距是为了保证混凝土对钢筋有足够的握裹力，使两种材料能共同工作，方便混凝土的浇筑，同时要符合设计计算时确定的截面有效高度，竖向间距加大会影响钢筋混凝土的抗弯承载力。

《混凝土结构设计规范》GB 50010—2010 第9.2.1条规定：

梁的纵向受力钢筋应符合下列规定：

1）伸入梁支座范围内的钢筋不应少于2根。

2）梁高不小于300mm时，钢筋直径不应小于10mm；梁高小于300mm时，钢筋直径不应小于8mm。

3）梁上部钢筋水平方向的净间距不应小于30mm和1.5d；梁下部钢筋水平方向的净间距不应小于25mm和d。当下部钢筋多于2层时，2层以上钢筋水平方向的中距应比下面2层的中距增大一倍，各层钢筋之间的净间距不应小于25mm和d，d为钢筋的最大直径。

4）在梁的配筋密集区域可采用并筋的配筋形式。

要点31：抗震设防框架梁上部钢筋与通长钢筋直径不相同时的搭接，通长钢筋与架立钢筋的搭接规定

1）通长钢筋通常在集中标注中列示，对于短跨梁，在原位标注中标明，抗震设防的框架梁均应设置上部通长钢筋，通长钢筋会集中标注在原位（支座与跨中配筋会不同），由于通长钢筋直径不同，如支座是4⌀25，通长筋是2⌀22，可考虑在跨中1/3搭接范围内进行搭接连接，满足抗震搭接长度为l_{lE}且不小于300mm。

2）框架梁上部非通长钢筋（支座纵筋）与架立钢筋搭接长度为150mm，要满足截断长度。

3）受力钢筋的搭接长度与钢筋的直径、混凝土强度等级有关，并注意搭接位置及箍筋加密的要求，梁上部通长钢筋与非贯通筋直径相同时，连接位置宜位于跨中$l_{n1}/3$范围内，且在同一连接区段内钢筋接头面积百分率不宜大于50%；一级框架梁宜采用机械连

接，二、三、四级可采用绑扎搭接或焊接连接；梁端加密区的箍筋肢距，一级不宜大于200mm和20倍箍筋直径的较大值，二、三级不宜大于250mm和20倍箍筋直径的较大值，四级不宜大于300mm。

4）框架梁纵向受力钢筋的规定为：

①梁端纵向受拉钢筋配筋率不宜大于2.5%。

②沿梁全长顶面、底面配筋：

a. 抗震等级为一、二级不应少于2ϕ14，且分别不应少于梁顶面、底面两端纵向配筋中较大截面面积的1/4。

b. 抗震等级为三、四级不应少于2ϕ12。

通长钢筋和架立钢筋一般都设在箍筋的角部，通长钢筋是为抗震设防构造的要求而设置的，无抗震设防要求的框架梁和次梁，除计算需要配置上部纵向钢筋外，没有通长设置的要求。架立钢筋是为固定箍筋而设置的。

5）由于很多宽扁梁的存在，配筋率放宽，并不是强度控制，而是裂缝宽度与挠度控制，梁端配筋高、钢筋多、施工难度大，对于设计院，设计时要满足支座处的强剪弱弯，因为宽扁梁断面尺寸小，抗剪能力弱，此处要求防止脆性破坏，通常通过构造解决吸收能量与抵抗变形的能力，这也是设计者易忽略的地方。

所以通常在梁中配置大直径的钢筋，在柱中配置较小直径的钢筋，便于在节点区钢筋的绑扎与贯通。框架梁内贯通中柱纵向钢筋的直径规定（设计者易忽略）为：

①一、二、三级框架梁内贯通中柱的每根纵向钢筋直径，对框架结构不应大于矩形截面柱在该方向截面尺寸的1/20，或纵向钢筋所在位置圆形截面柱弦长的1/20。

②对其他结构类型的框架不宜大于矩形截面柱在该方向截面尺寸的1/20，或纵向钢筋所在位置圆形截面柱弦长的1/20。

要点32：梁箍筋构造的要求

1）梁中配有计算需要的纵向受压钢筋时，所用箍筋要求均作成封闭式，弯折135°加直线段，对于开口式箍筋，只适用于无震动荷载或开口处无受力钢筋的现浇式T形梁的跨中部分，如图4-53所示。

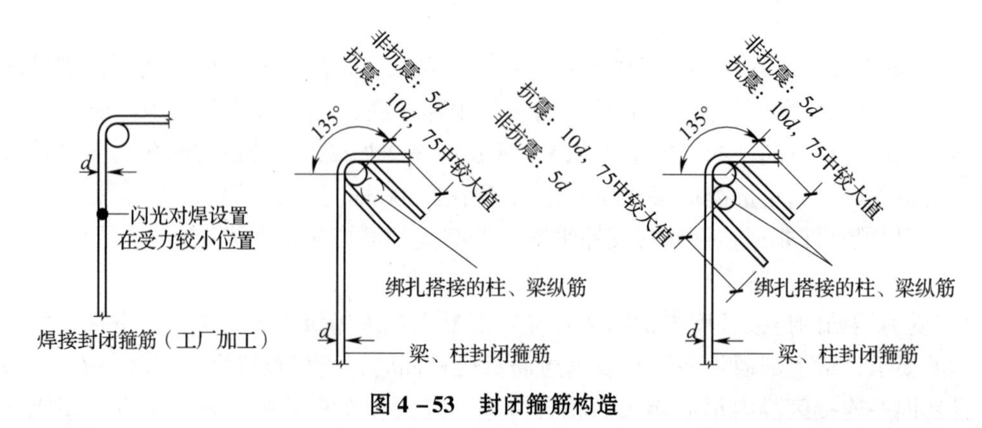

图4-53　封闭箍筋构造

2）有抗震设防要求和无抗震设防要求的框架梁、次梁箍筋封闭位置都应做成135°弯钩，只是弯钩后的平直段的长度要求不同，有抗震设防要求时直线段为 $10d$ 及75mm中的较大值，无抗震设防要求时直线段为 $5d$（注意直线段和投影长度的区别）。

抗扭梁内当采用复合箍筋时，位于截面内的箍筋不计入受扭所需要的箍筋面积，受扭箍筋（设计时以N判断）的末端做成135°弯钩，弯钩端头直线长度不应小于10倍的箍筋直径。

3）梁中箍筋封闭口的位置应尽量交错放在梁上部有现浇梁板的位置，不应放在梁的下部，否则会被拉脱而使箍筋工作能力失效产生破坏。

箍筋被拉开的原因一个是钢筋直径小，一个是封闭口在梁下部，如果在梁上部，因有楼板刚度较大，一般不会发生这种破坏。

4）梁上部纵向钢筋为两排时，箍筋封闭口的作法为：梁的第二排钢筋不能保证在设计位置上，最好是箍筋的弯钩做长些，保证钢筋间的一个净距，再弯起。

5）有抗震要求时，框架梁的复合箍筋宜大箍套小箍，如图4-54所示。

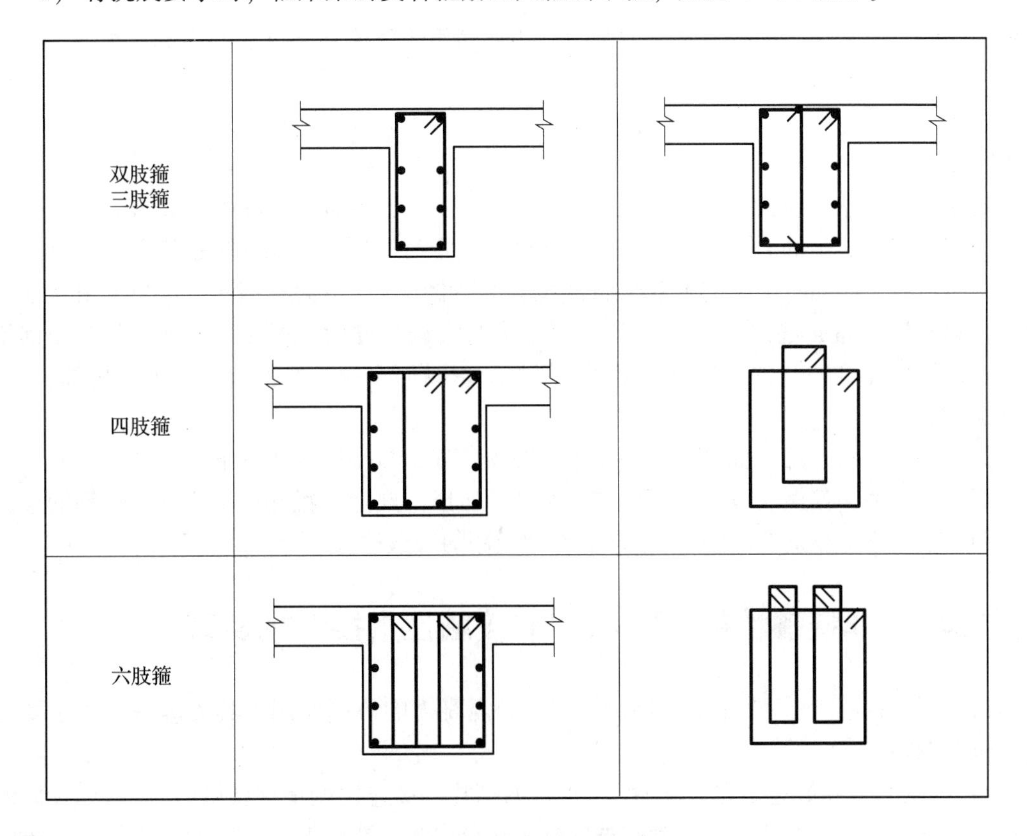

图4-54　框架梁箍筋构造做法

6）拉结钢筋的弯钩同箍筋，且同时拉住腰筋及箍筋，如图4-55所示。

7）当梁一层内的纵向受压钢筋多于3根时，应设置复合箍筋；当梁的宽度不大于400mm，且一层的纵向受压钢筋不多于4根时，可不设置复合箍筋。

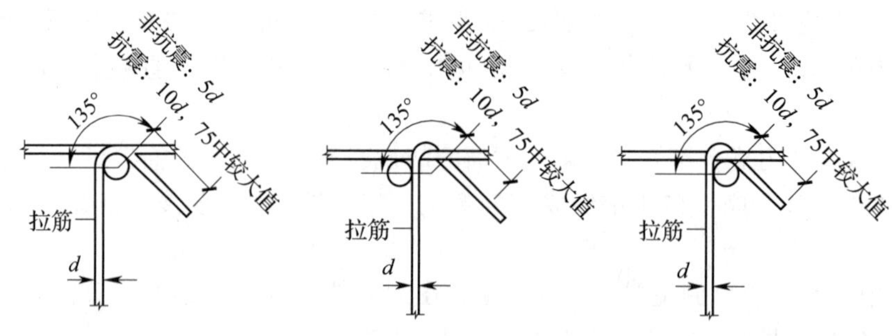

拉筋紧靠箍筋并钩住纵筋　　拉筋紧靠纵向钢筋并钩住箍筋　　拉筋同时钩住纵筋和箍筋

图4－55　拉结筋的构造

要点33：梁侧面抗扭纵向钢筋的锚固方式同框架梁下部纵筋的原因

对于端支座来说，抗震框架梁的侧面抗扭钢筋要伸到柱外侧纵筋的内侧，再弯15d的直钩，并且保证其直锚水平段长度≥$0.4l_{abE}$。

对于“宽支座”，侧面抗扭钢筋只需锚入端支座≥l_{aE}和侧面≥$0.5h_c+5d$，不需要弯15d的直钩。

对于中间支座来说，梁的抗扭纵筋要锚入支座≥l_{aE}，并且超过柱中心线5d。

对于楼层框架梁的上部纵筋，其锚固长度的规定与框架梁下部纵筋是基本相同的。

但是，对于屋面框架梁的上部纵筋，其锚固长度的规定就大不相同了：当采用“柱插梁”的做法时，屋面框架梁上部纵筋在端支座的直钩长度就不是15d，而是一直伸到梁底；当采用“梁插柱”的做法时，屋面框架梁上部纵筋在端支座的直钩长度就更加长了，达到$1.7l_{abE}$。

然而，屋面框架梁下部纵筋在端支座上锚固的规定与楼层框架梁下部纵筋在端支座上的锚固是一样的，其做法具有稳定性和一致性。所以，规定“梁侧面抗扭纵向钢筋的锚固方式同框架梁下部纵筋”，更具有易掌握性和做法的一致性。

要点34：“非接触性锚固”和“非接触性搭接”的实现

1）钢筋混凝土的一个重要原理就是钢筋和混凝土的协同作用，其关键是混凝土要充分地包裹钢筋。

2）如果两根钢筋是“平行接触”（传统的绑扎搭接连接就是这样做的），在连接区的每根钢筋都有1/4左右的表面积没有被混凝土充分包裹，这就严重地影响了钢筋混凝土的质量，进而影响了钢筋混凝土结构的可靠性和安全性，如图4－56所示。在受拉试验中，绑扎搭接连接的钢筋混凝土杆件，其破坏点都在绑扎搭接连接区。即使不断增加绑扎搭接连接区的钢筋长度，破坏点还是在绑扎搭接连接区。

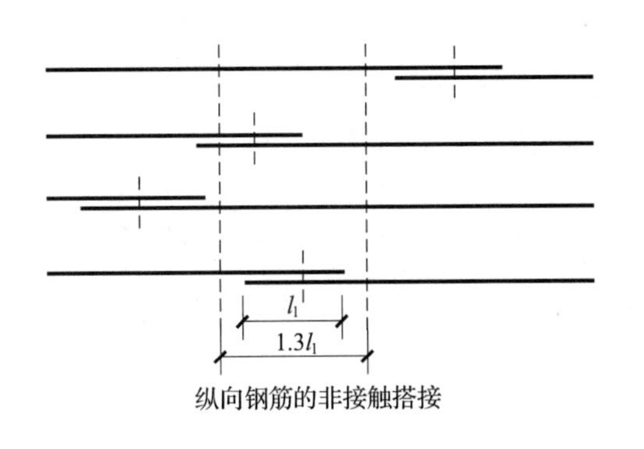

纵向钢筋的非接触搭接

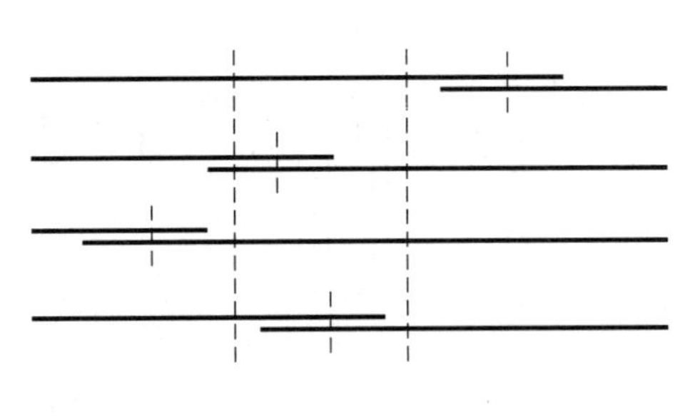

对比：传统的“接触搭接”做法
这是不好的做法

图4－56　传统的绑扎搭接连接

在03G101－1图集中给出“非接触性锚固”的做法，就是使用垂直方向的梁纵筋或插入一些钢筋头，把可能平行接触的两根钢筋隔离开来。

在04G101－4图集中虽然没有明确给出具体的施工图例，但是可以参考03G101－1图集所给出的方法，使用垂直方向的钢筋头，把绑扎搭接的两根钢筋隔离开来。04G101－4图集中的“在搭接范围内，相互搭接的纵筋与横向钢筋的每个交叉点均应进行绑扎”这段话就是这个意思。

施工工艺的新要求不可避免地带来工程预结算方面的问题。现在有的监理人员和审计人员对传统的绑扎搭接连接所增加的钢筋用量尚且不同意计入钢筋工程量，而新工艺又增加了“横向的垂直钢筋”，使得绑扎搭接连接的钢筋用量大大增加，这些“绑扎搭接连接增加的钢筋用量”就更难以结算了。对于绑扎搭接连接，是应该纳入工程预结算的。现行的建筑工程预算定额规定，预算人员在按图纸计算出钢筋工程量之后，还要加上钢筋的施工消耗量（如搭接长度等），最后用加大了以后的工程量套用钢筋定额。

要点35：以剪力墙作为框架梁的端支座，梁纵筋的直锚水平段长度不满足$0.4l_{abE}$的情况处理

对于剪力墙结构来说，剪力墙的厚度较小，一般也就是200～300mm。当遇到以剪力墙为支座的框架梁（与剪力墙墙身垂直），此时的支座宽度就是剪力墙的厚度，此时的支座宽度太小，很难满足上述锚固长度的要求。对于这种情况，11G101－1图集没有给出解决办法。作为设计师应该了解标准图集的这种功能上的局限性，主动地给出这种以剪力墙墙身作为支座的梁端部节点构造。

从11G101－1图集中可以看到一种解决方案，如图4－57所示，其中框架梁KL2以垂直的剪力墙墙身Q1作为支座，Q1的厚度仅有300mm，显然不能满足“纵筋直锚水平段≥$0.4l_{abE}$”的要求，但是此工程例子在这个端支座处增设了“端柱”GDZ2（截面为600mm×600mm），这就解决了“剪力墙墙身作为支座”而宽度不够的问题。在框架结构中，框架梁一般是以框架柱为支座的；在剪力墙结构中，边框梁一般是以端柱为支座的。

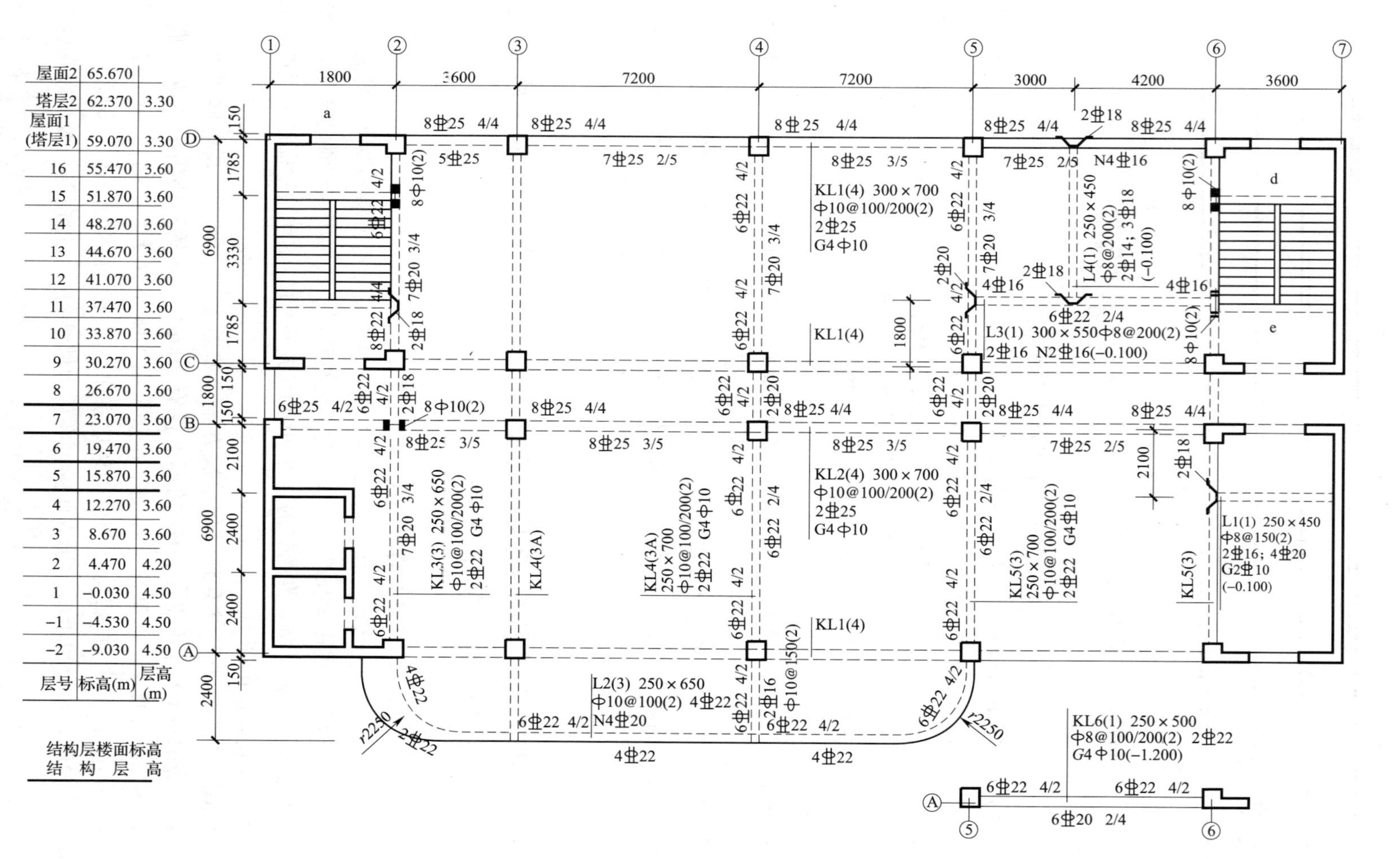

层号	标高(m)	层高(m)
屋面2	65.670	
塔层2	62.370	3.30
屋面1(塔层1)	59.070	3.30
16	55.470	3.60
15	51.870	3.60
14	48.270	3.60
13	44.670	3.60
12	41.070	3.60
11	37.470	3.60
10	33.870	3.60
9	30.270	3.60
8	26.670	3.60
7	23.070	3.60
6	19.470	3.60
5	15.870	3.60
4	12.270	3.60
3	8.670	3.60
2	4.470	4.20
1	-0.030	4.50
-1	-4.530	4.50
-2	-9.030	4.50

结构层楼面标高
结构层高

图 4-57　梁平法施工图

因此，当框架梁端支座为厚度较小的剪力墙时，框架梁纵筋可以采用等强度、等面积代换为较小直径的钢筋，还可以在梁端支座部位设置剪力墙壁柱，但是最好的办法还是请该工程的结构设计师出示解决方案。当施工图没有明确的解决方案时，施工方面应在会审图纸时提出。

要点36：框架扁梁（宽扁梁）的构造

1）扁梁的截面尺寸：

①宽扁梁的宽度应≤2倍柱截面宽度。

②宽扁梁的宽度应≤柱宽度加梁高度。

③宽扁梁的宽度应≥16倍柱纵向钢筋直径。

④梁高为跨度的1/22～1/16，且不小于板厚的2.5倍为扁梁。

2）宽扁梁不宜用于一级抗震等级及首层为嵌固端的框架梁，首层的楼板是不能开大洞的，按《高层建筑混凝土结构技术规程》（JGJ 3—2010）的要求，首层楼板布置了很多次梁，楼板的厚度可以小于180mm，可适当减薄。

3）扁梁应双向布置，中心线宜与柱中心线重合，边跨不宜采用宽扁梁。

4）应验算扁梁的挠度及裂缝宽度等。

5）纵向钢筋的要求为：

①宽扁梁上部钢筋宜有60%的面积穿过柱截面，并在端柱的节点核心区内可靠地锚固。

②抗震等级为一、二级时，上部钢筋应有60%的面积穿过柱截面，穿过中柱的纵向受力钢筋的直径不宜大于柱在该方向截面尺寸的1/20。

③在边支座的锚固要求应符合直锚和90°弯锚的要求，弯折端竖直段钢筋外混凝土保护层厚度不应小于50mm或按设计要求注明。

④未穿过柱截面的纵向钢筋应可靠地锚固在边框架梁内。锚固起算点为梁边，不是柱边。

⑤宽扁梁纵向钢筋宜单层放置，间距不宜大于100mm，箍筋的肢距不宜大于200mm。

6）箍筋加密区如图4－58所示。

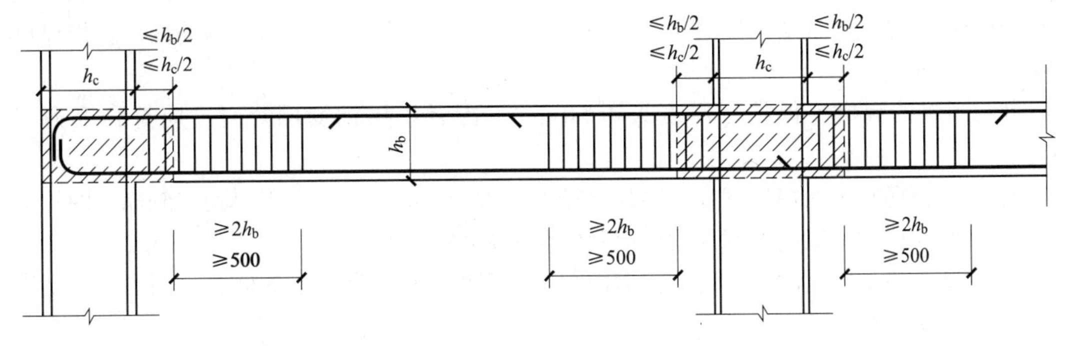

图4－58　框架扁梁的箍筋加密区

①抗震等级为一级时，为2.5h和500mm中的较大者。

②其他抗震等级时，为2.0h和500mm中的较大者。

③箍筋加密区起算点为扁梁（上图阴影区部分）边。

④宽扁梁节点的内、外核心区均视为梁的支座，节点核心区系指两向宽扁梁相交面积扣除柱截面面积部分。节点外核心区箍筋一个方向正常通过，另一方向可采用U形箍筋对接，并满足搭接长度为l_{le}，如图4－59所示。

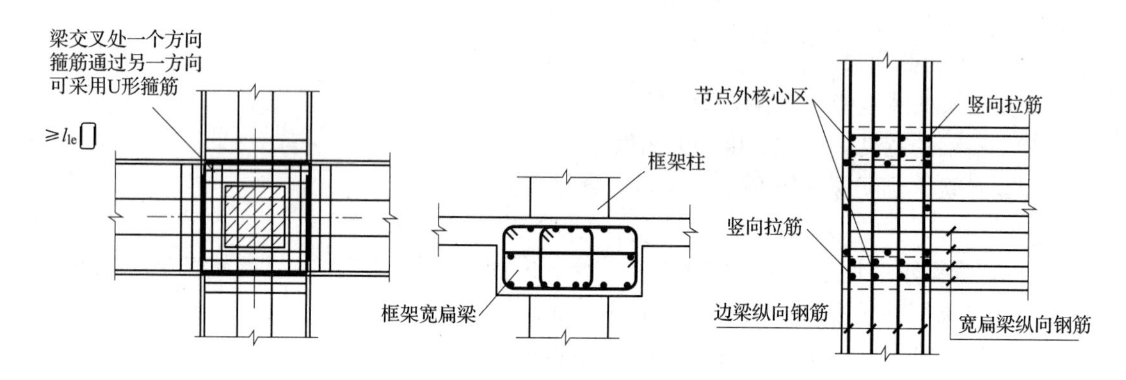

图4－59　扁梁箍筋在梁、柱节点处的构造做法

7）当节点核心区箍筋的水平段利用扁梁的上部顶层和下部底层的纵向钢筋时，上、下纵向受力钢筋的截面面积，应增加扁梁端部抗扭计算所需要的箍筋水平段截面面积。

8）节点核心区可配置附加水平箍筋及竖向拉筋，拉筋勾住宽扁梁纵向钢筋并与之绑扎。

9）节点核心区内的附加腰筋不需要全跨通长设置（因为属于局部压力抗扭），从扁梁外边缘向跨内延伸长度不应小于l_{ae}。

要点37：框架梁与框架柱同宽或梁一侧与柱平的防裂、防剥落的构造

1）框架梁的纵向钢筋弯折伸入柱纵筋的内侧。

2）当梁、柱、墙中纵向受力钢筋的保护层厚度大于50mm时，宜对保护层采取有效的构造措施。当在保护层内配置防裂、防剥落的焊接钢筋网片时，网片钢筋的保护层厚度不应小于25mm。

3）当梁的混凝土保护层厚度大于50mm且配置表层钢筋网片时，应符合下列规定：

①表层钢筋宜采用焊接网片，网孔直径不宜大于8mm，间距不应大于15mm；网片应配置在梁底和梁侧，梁侧的网片钢筋应延伸至梁高的2/3处。

②两个方向上表层网片钢筋的截面面积均不应小于相应混凝土保护层（图4－60阴影部分）面积的1%。

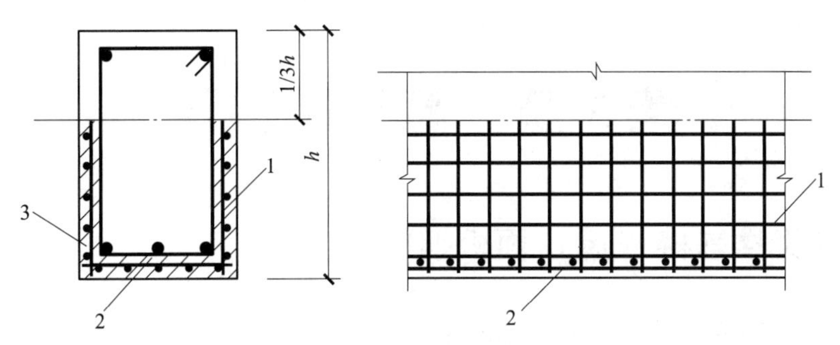

图4-60　配置表层钢筋网片的构造要求

1—梁侧表层钢筋网片；2—梁底表层钢筋网片；3—配置网片钢筋区域

第5章　板平法设计

要点1：有梁楼盖楼（屋）面板钢筋构造

有梁楼盖楼（屋）面板配筋构造如图5－1所示。

1．中间支座钢筋构造

（1）上部纵筋

1）上部非贯通纵筋向跨内的伸出长度详见设计标注。

2）与支座垂直的贯通纵筋贯通跨越中间支座，上部贯通纵筋连接区在跨中1/2跨度范围之内；相邻等跨或不等跨的上部贯通纵筋配置不同时，应将配置较大者越过其标注的跨数终点或起点延伸至相邻跨的跨中连接区域连接。

与支座同向的贯通纵筋的第一根钢筋在距梁角筋为1/2板筋间距处开始设置。

（2）下部纵筋

1）与支座垂直的贯通纵筋伸入支座$5d$且至少到梁中线；

2）与支座同向的贯通纵筋第一根钢筋在距梁角筋1/2板筋间距处开始设置。

2．端部支座钢筋构造

（1）端部支座为梁

当端部支座为梁时，楼板端部构造如图5－2所示。

1）板上部贯通纵筋伸至梁外侧角筋的内侧弯钩，弯折长度为$15d$。当设计按铰接时，弯折水平段长度$\geq 0.35l_{ab}$；当充分利用钢筋的抗拉强度时，弯折水平段长度$\geq 0.6l_{ab}$。

2）板下部贯通纵筋在端部制作的直锚长度$\geq 5d$且至少到梁中线；梁板式转换层的板，下部贯通纵筋在端部支座的直锚长度为l_a。

（2）端部支座为剪力墙

当端部支座为剪力墙时，楼板端部构造如图5－3所示。

1）板上部贯通纵筋伸至墙身外侧水平分布筋的内侧弯钩，弯折长度为$15d$。弯折水平段长度为$0.4l_{ab}$。

2）板下部贯通纵筋在开标支座的直锚长度$\geq 5d$且至少到墙中线。

（3）端部支座为砌体墙的圈梁

当端部支座为砌体墙的圈梁时，楼板端部构造如图5－4所示。

1）板上部贯通纵筋伸至圈梁外侧角筋的内侧弯钩，弯折长度为$15d$。当设计按铰接时，弯折水平段长度$\geq 0.35l_{ab}$；当充分利用钢筋的抗拉强度时，弯折水平段长度$\geq 0.6l_{ab}$。

2）板下部贯通纵筋在开标支座的直锚长度$\geq 5d$且至少到梁中线。

（4）端部支座为砌体墙

当端部支座为砌体墙时，楼板端部构造如图5－5所示。

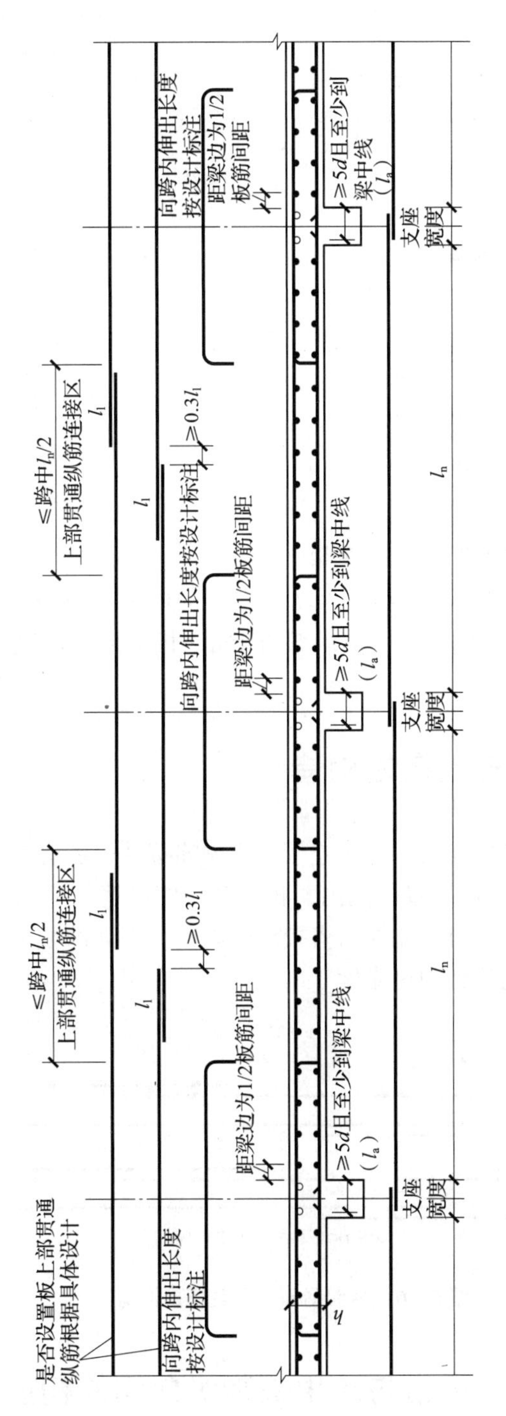

图 5－1　有梁楼盖（屋）面板配筋构造

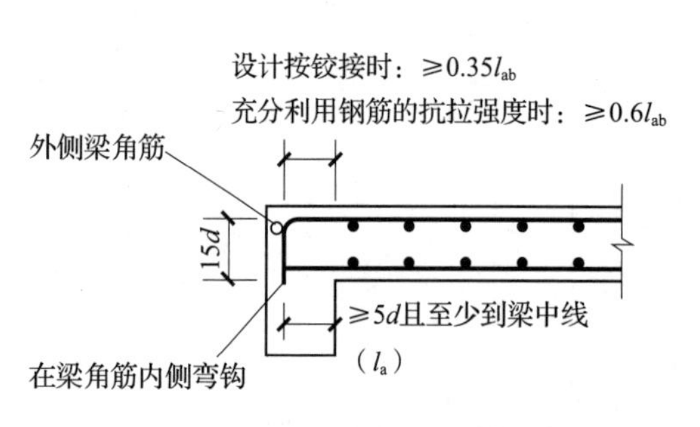

图 5－2　端部支座为梁

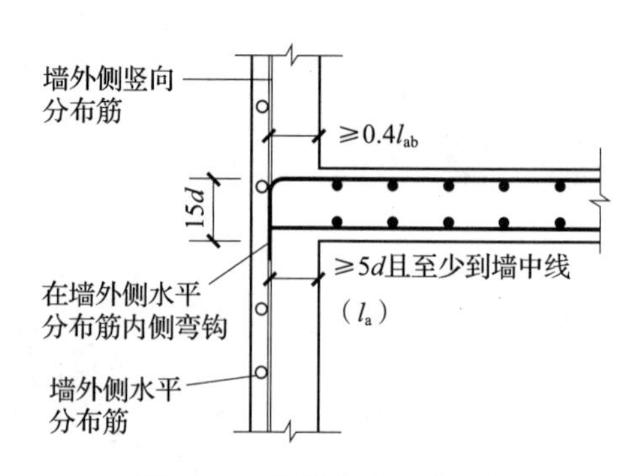

图 5－3　端部支座为剪力墙

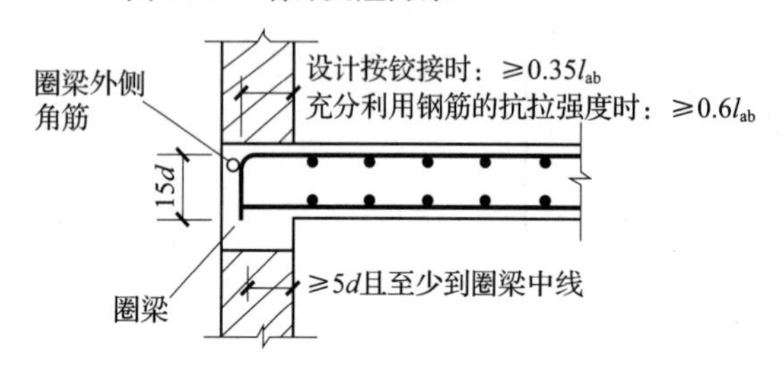

图 5－4　端部支座为砌体墙的圈梁

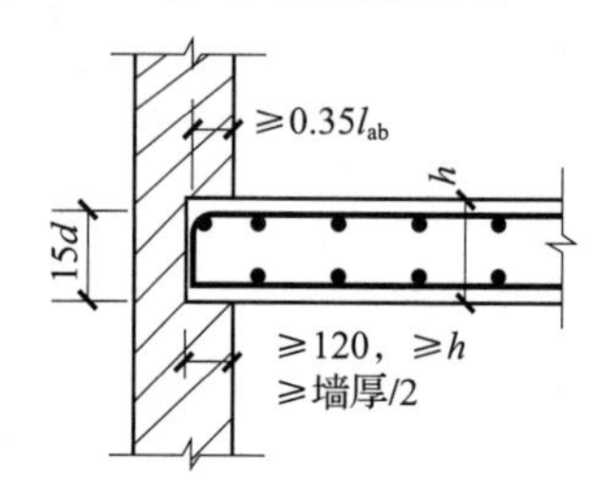

图 5－5　端部支座为砌体墙

板在端部支座的支承长度≥120mm，≥h（楼板的厚度）且≥1/2 墙厚。板上部贯通纵筋伸至板端部（扣减一个保护层），然后弯折 15d。板下部贯通纵筋伸至板端部（扣减一个保护层）。

要点 2：纵向钢筋非接触搭接构造

板的钢筋连接，除了搭接连接、焊接连接和机械连接外，还有一种非接触方式的绑扎搭接连接，如图 5－6 所示。在搭接范围内，相互搭接的纵筋与横向钢筋的每个交叉点均应进行绑扎。非接触搭接使混凝土能够与搭接范围内所有钢筋的全表面充分黏结，可以提高搭接钢筋之间通过混凝土传力的可靠度。

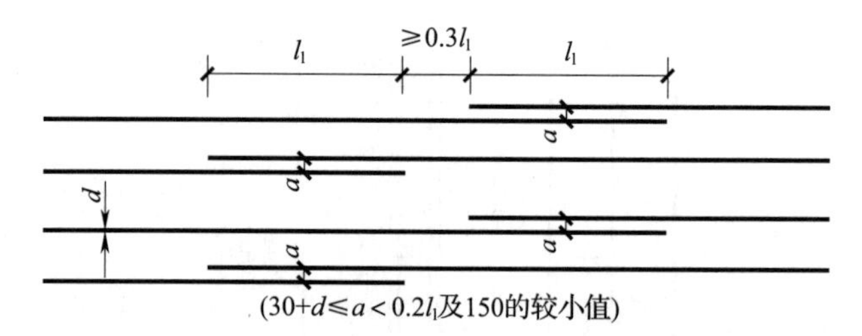

图 5－6　纵向钢筋非接触搭接构造

要点 3：无梁楼盖柱上板带与跨中板带纵向钢筋构造要求

无梁楼盖柱上板带与跨中板带纵向钢筋构造如图 5－7 所示。

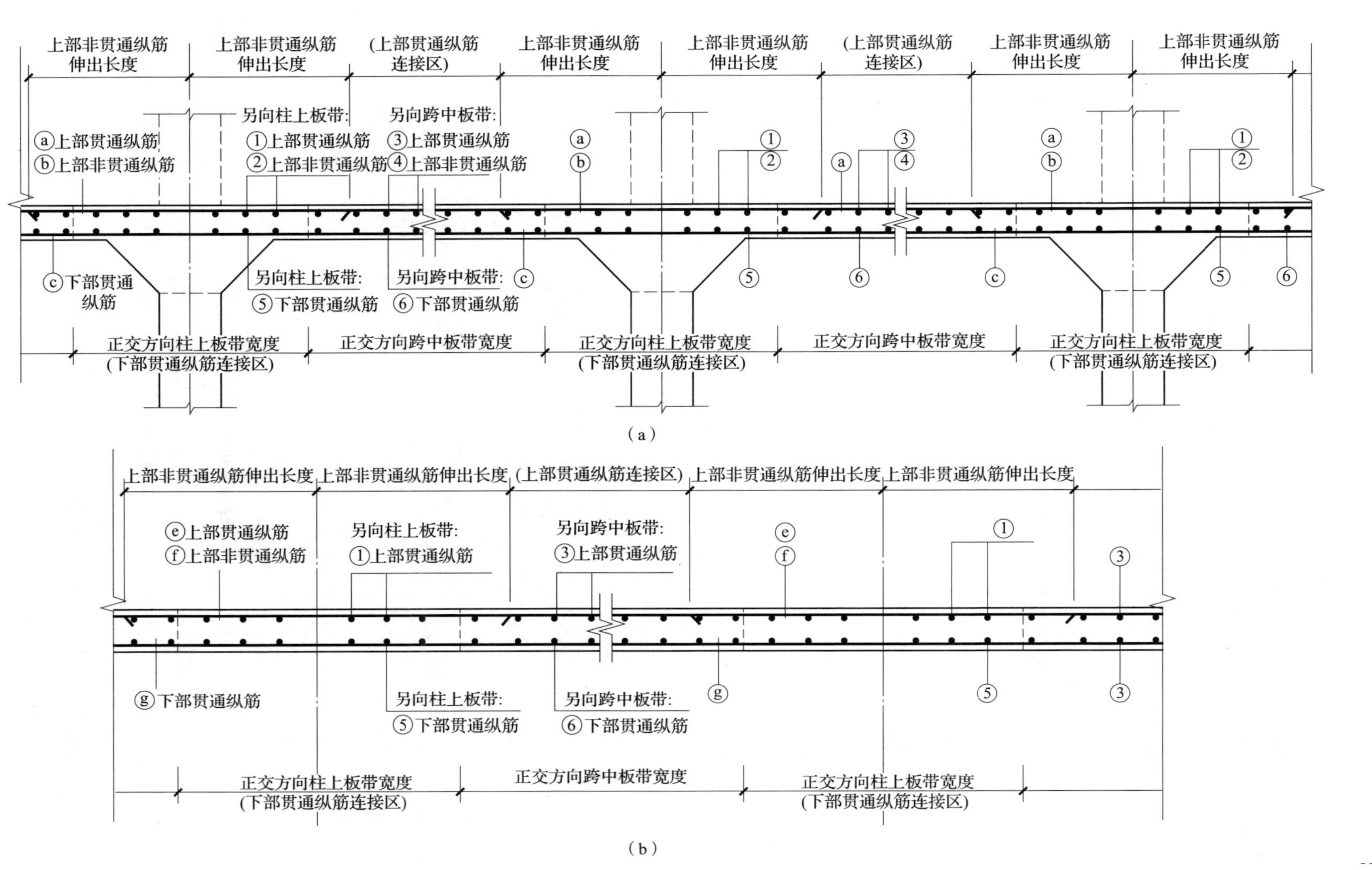

图5－7　无梁楼盖柱上板带与跨中板带纵向钢筋构造

（a）柱上板带（ZSB）纵向钢筋构造；（b）跨中板带（KZB）纵向钢筋构造

1）当相邻等跨或不等跨的上部贯通纵筋配置不同时，应将配置较大者越过其标注的跨数终点或起点伸出至相邻跨的跨中连接区域连接。

2）板贯通纵筋的连接要求详见 11G101－1 图集纵向钢筋连接构造，且同一连接区段内钢筋接头百分率不宜大于 50%。当采用非接触方式的绑扎搭接连接时，具体构造要求如图 5－6 所示。

3）板贯通纵筋在连接区域内也可采用机械连接或焊接连接。

4）板位于同一层面的两向交叉纵筋何向在下何向在上，应按具体设计说明。

5）图 5－7 的构造同样适用于无柱帽的无梁楼盖。

6）抗震设计时，无梁楼盖柱上板带内贯通纵筋搭接长度应为 l_{1E}。无柱帽柱上板带的下部贯通纵筋宜在距柱面 2 倍板厚以外连接，采用搭接时钢筋端部宜垂直于板面的弯钩。

要点 4：无梁楼板的配筋

承受垂直荷载的无梁楼板通常以纵横两个方向划分为柱上板带及跨中板带进行配筋，划分范围如图 5－8 所示。

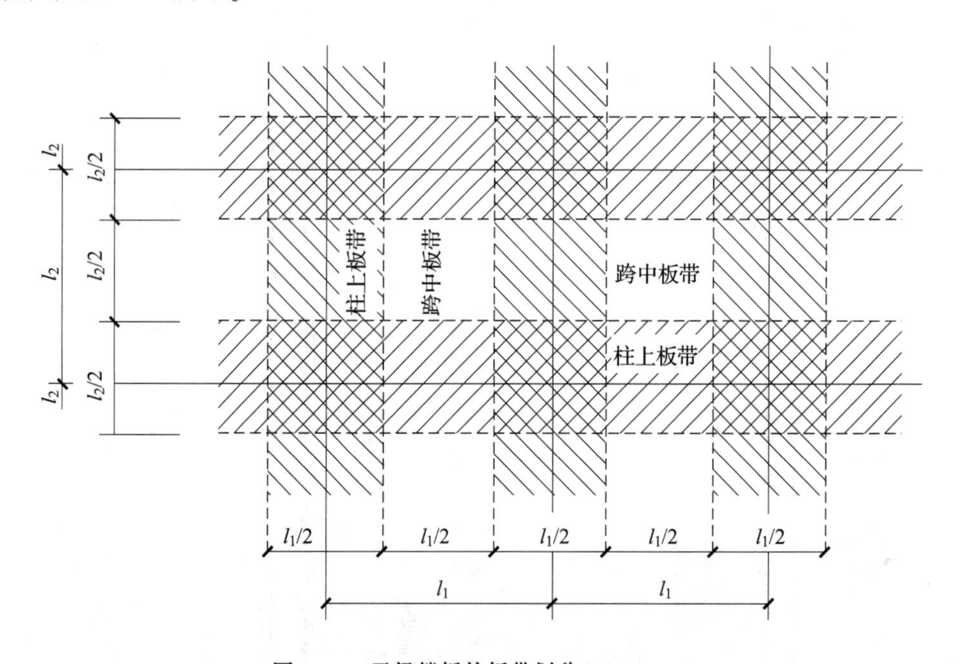

图 5－8　无梁楼板的板带划分（$l_1 \leqslant l_2$）

1）柱上板带及跨中板带的配筋有两种形式，即分离式与弯起式。分离式一般用于非地震情况；当设防烈度为 7 度时，无柱帽无梁楼板的柱上板带应采用弯起式配筋；当设防烈度为 8 度时，所有的柱上板带均应采用弯起式配筋。

2）考虑地震的无梁楼板，板面应配置抗震钢筋，其配筋率应大于 0.25ρ（ρ 为支座处负钢筋的配筋率），伸入支座正钢筋的配筋率应大于 0.5ρ。

3）有关无梁楼板配筋的一般构造要求，包括混凝土保护层厚度（表1－3）、钢筋伸入支座的锚固长度等。

4）当板厚 h 为150mm时，受力钢筋间距不应大于200mm；当板厚大于150mm时，受力钢筋间距不应大于1.5h，且不应大于250mm。

要点5：板的构造钢筋配置

1）按简支边或非受力边设计的现浇混凝土板，当与混凝土梁、墙整体浇筑或嵌固在砌体墙内时，应设置板面构造钢筋，并符合下列要求：

①钢筋直径不宜小于8mm，间距不宜大于200mm，且单位宽度内的配筋面积不宜小于跨中相应方向板底钢筋截面面积的1/3。在混凝土梁、混凝土墙整体浇筑单向板的非受力方向，钢筋截面面积尚不宜小于受力方向跨中板底钢筋截面面积的1/3。

②钢筋从混凝土梁边、柱边、墙边伸入板内的长度不宜小于 $l_0/4$，砌体墙支座处钢筋伸入板边的长度不宜小于 $l_0/7$，其中计算跨度 l_0 对单向板按受力方向考虑，对双向板按短边方向考虑。

③在楼板角部，宜沿两个方向正交、斜向平行，或按放射状布置附加钢筋。

④钢筋应在梁内、墙内或柱内可靠锚固。

2）当按单向板设计时，应在垂直于受力的方向布置分布钢筋，单位宽度上的配筋率不宜小于单位宽度上受力钢筋的15%，且配筋率不宜小于0.15%。分布钢筋的直径不宜小于6mm，间距不宜大于250mm，当集中荷载较大时，分布钢筋的配筋面积也应增加，且间距不宜大于200mm。

当有实践经验或可靠措施时，预制单向板的分布钢筋可不受本条的限制。

3）在温度、收缩应力较大的现浇板区域，应在板的表面双向配置防裂构造钢筋。配筋率均不宜小于0.10%，间距不宜大于200mm。防裂构造钢筋可利用原有钢筋贯通布置，也可另行设置钢筋并与原有钢筋按受拉钢筋的要求搭接或在周边构件中锚固。

楼板平面的瓶颈部位宜适当增加板厚和配筋。沿板的洞边、凹角部位宜加配防裂构造钢筋，并采取可靠的锚固措施。

4）混凝土厚板及卧置于地基上的基础筏板，当板的厚度大于2m时，除应沿板的上、下表面布置纵、横向钢筋外，尚宜在板厚不超过1m范围内设置与板面平行的构造钢筋网片，网片钢筋直径不宜小于12mm，纵、横方向的间距不宜大于300mm。

5）当混凝土板的厚度不小于150mm时，对板的无支承边的端部，宜设置U形构造钢筋并与板顶、板底的钢筋搭接，搭接长度不宜小于U形构造钢筋直径的15倍且不宜小于200mm；也可采用板面、板底钢筋分别向下、上弯折搭接的形式。

要点6：悬挑板的配筋构造

1）跨内、外板面同高的延伸悬挑板如图5－9所示。

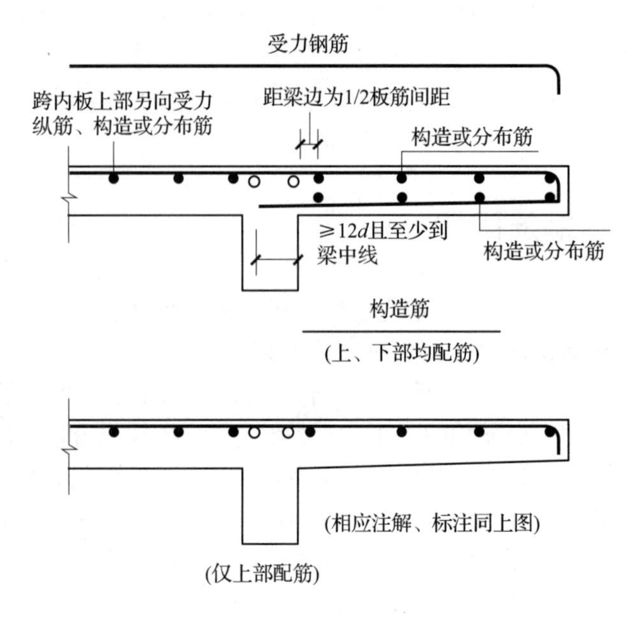

图 5－9　跨内、外板面同高的延伸悬挑板

由于悬臂支座处的负弯矩对内跨中有影响，会在内跨跨中出现负弯矩，因此：

①上部筋钢可与内跨板负筋贯通设置，或伸入支座内锚固 l_a。

②悬挑较大时，下部配置构造钢筋并铺入支座内≥12d，且至少伸至支座中心线处。

2）跨内、外板面不同高的延伸悬挑板如图 5－10 所示。

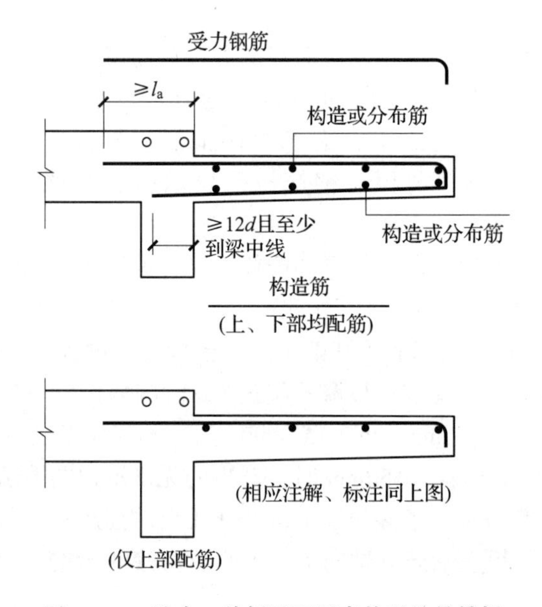

图 5－10　跨内、外板面不同高的延伸悬挑板

①悬挑板上部钢筋锚入内跨板内直锚 l_a，与内跨板负筋分离配置。

②不得弯折连续配置的上部受力钢筋。

③悬挑较大时，下部配置构造钢筋并锚入支座内≥12d，且至少伸至支座中心线处。

④内跨板的上部受力钢筋的长度，根据板上的均布活荷载设计值与均布恒荷载设计值的比值确定。

3）纯悬挑板如图 5－11 所示。

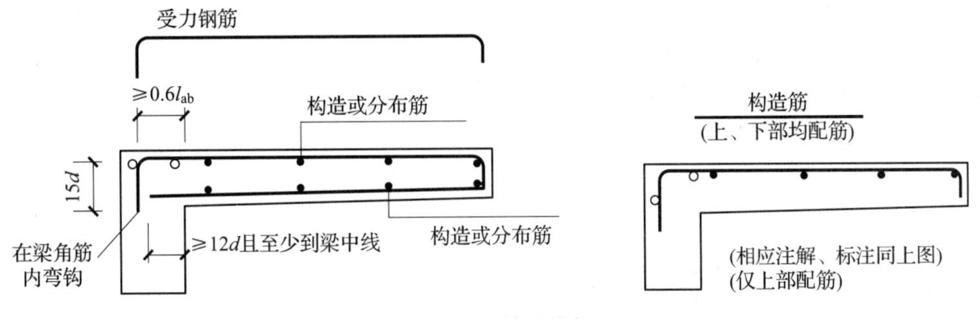

图 5－11　纯悬挑板

①悬挑板上部是受力钢筋，受力钢筋在支座的锚固宜采用 90°弯折锚固，伸至梁远端纵筋内侧下弯。

②悬挑较大时，下部配置构造钢筋并锚入支座内≥12d，且至少伸至支座中心线处。

③支座梁的抗扭钢筋的配置为：支撑悬挑板的梁，梁筋受到扭矩作用，扭力在最外侧两端最大，梁中纵向钢筋在支座内的锚固长度按受力钢筋进行锚固。

4）现浇挑檐、雨篷等的伸缩缝间距不宜大于 12m。

当现浇挑檐、雨篷、女儿墙长度大于 12m 时，考虑其耐久性的要求，要设 2cm 左右的温度间隙，钢筋不能切断，混凝土构件可断。

5）考虑竖向地震作用时，上、下受力钢筋应满足抗震锚固长度的要求。

对于复杂高层建筑物中的长悬挑板，由于考虑负风压产生的吸力，在北方地区高层、超高层建筑物中采用的是封闭阳台，在南方地区多采用非封闭阳台。

6）悬挑板端部封边构造方式如图 5－12 所示。

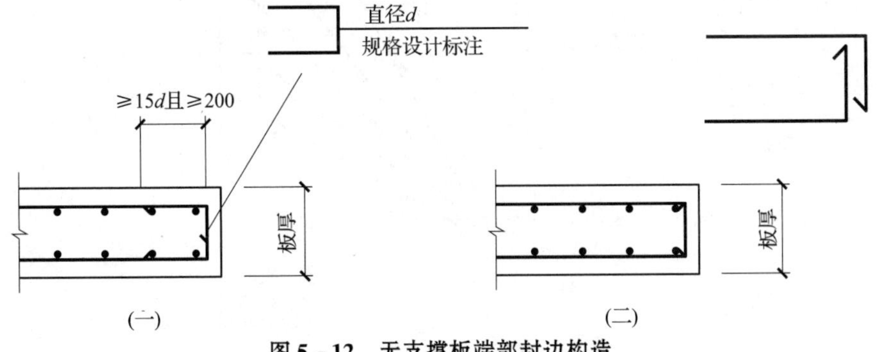

图 5－12　无支撑板端部封边构造

（当板厚≥150mm 时）

当悬挑板端部厚度不小于 150mm 时，设计者应指定板端部封边构造方式，当采用 U 形钢筋封边时，还应指定 U 形钢筋的规格和直径。

要点7：悬挑板（屋面挑檐）在阳角和阴角附加钢筋的配置

1）阳角附加钢筋的配置有两种形式：平行板角和放射状。

2）采用平行板角方式时，平行于板角对角线配置上部加强钢筋，在转角板的垂直于板角对角线方向上配置下部加强钢筋，配置宽度取悬挑长度 l，其加强钢筋的间距应与板支座受力钢筋相同，这种方式施工难度大，如图5－13所示。

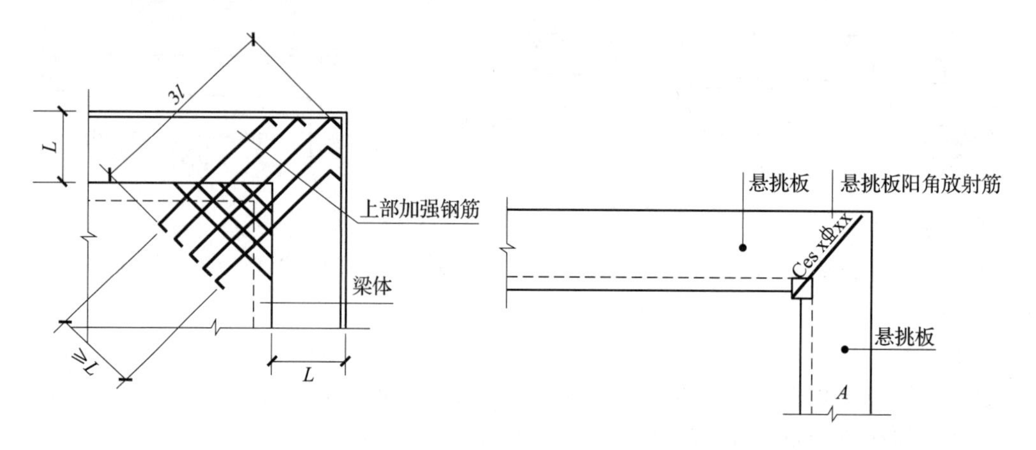

图5－13　悬挑板阳角平行布置附加配筋 C_{es} 构造（右图为引注图示）

3）采用放射配置方式时，伸入支座内的锚固长度不能小于300mm，要满足锚固长度（l_a > 悬挑长度 L）的要求，间距从悬挑部位的中心线 $l/2$ 处控制，不是最大点，也不是最小点，一般≤200mm，如图5－14所示。

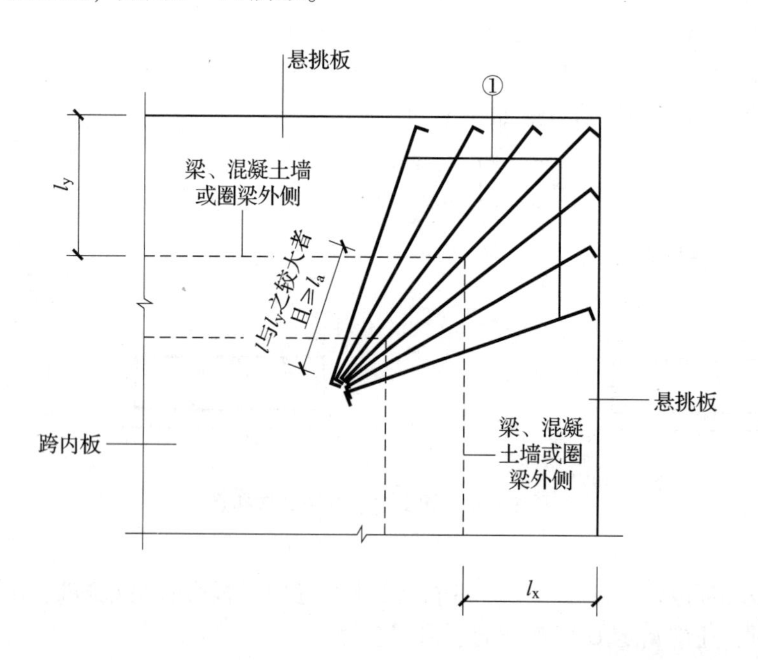

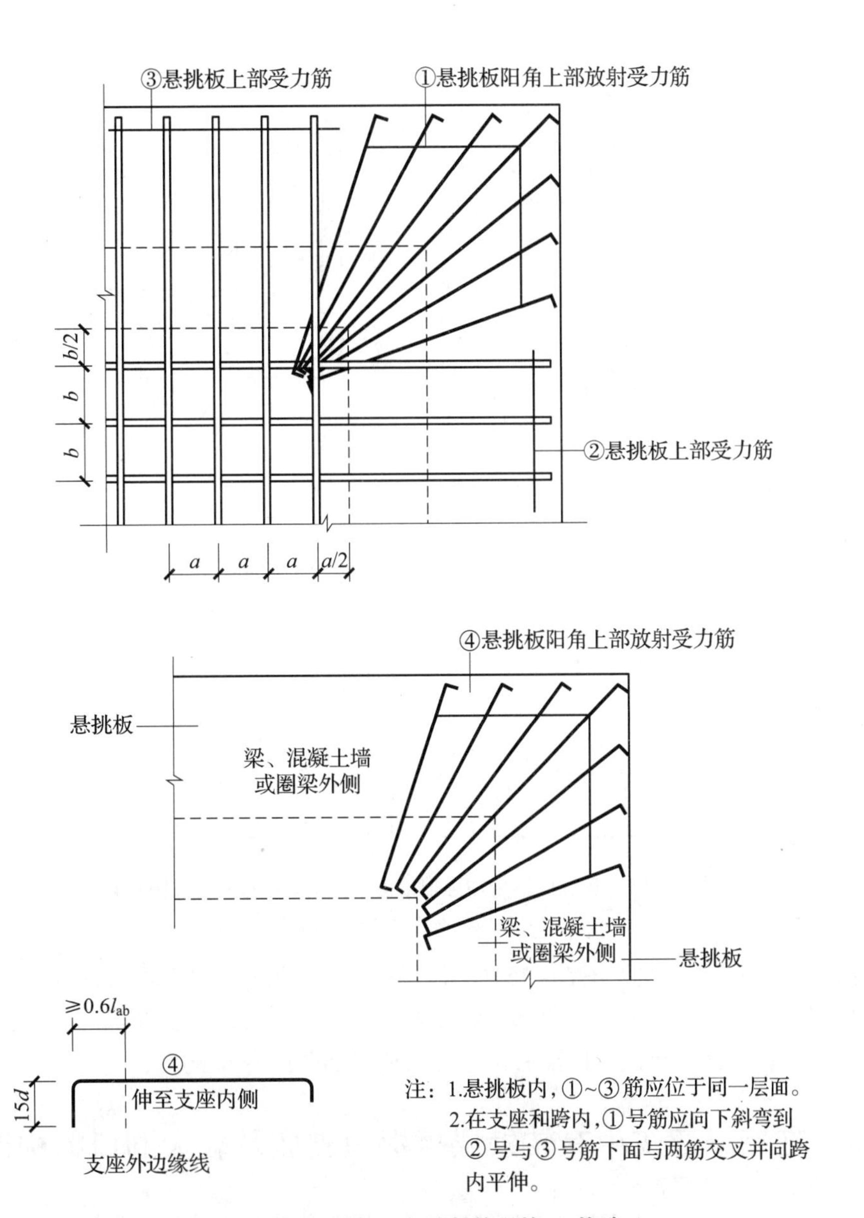

图5－14　悬挑板阳角放射筋配筋 C_{es} 构造

注：放射筋④号筋伸至支座内侧，距支座外边线弯折0.6l_{ab}+15d（用于跨内无板）。

4）当转角两侧的悬挑长度不同时，在支座内的锚固长度按较大跨度计，如果里面没有楼板，如楼梯间楼层的部位没有楼板，放射钢筋应水平锚入梁内。

5）阴角斜向附加钢筋应放置在上层。

6）当转角位于阴角时，应在垂直于板角对角线的转角板处配置斜向钢筋，间距不大于100mm。

阴角斜向加强钢筋应放置在上层，不少于3根并应伸入两边支座内12d，且应到梁的中心线，间距为5～10cm，从阴角向外的延伸长度不应小于l_a，如图5－15所示。

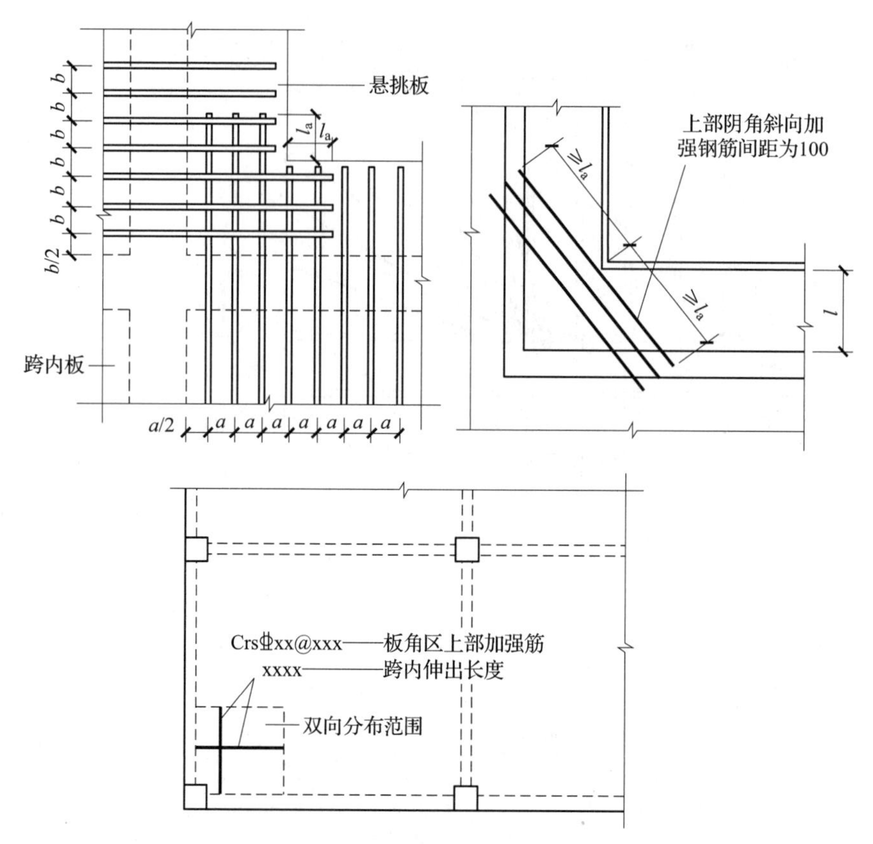

图 5－15　悬挑板阴角加强配筋 C_{rs} 构造（右图为引注图示）

注：图中未表示构造筋与分布筋

角部加强筋 C_{rs} 的引注见图 5－15 右图。角部加强筋通常用于板块角区的上部，根据规范规定的受力要求选择配置。角部加强筋将在其分布范围内取代原来配置的板支座上部非贯通纵筋，且当其分布范围内配有板上部贯通纵筋时间隔布置。

要点 8：在高层建筑中有转换层楼板边支座及较大洞口的构造

带有转换层的高层建筑结构体系，其框支剪力墙中的剪力在转换层处要通过楼板传递给落地剪力墙，转换层的楼板除满足承载力外还必须保证有足够的刚度，保证传力的直接和可靠，并经结构计算，还需要有效的构造措施来保证。

1）部分框支剪力墙结构中，框支转换层的楼板厚度不宜小于 180mm，应双层双向配筋，且每层每个方向的配筋率不宜小于 0.25%，楼板中的钢筋应锚固在边梁或墙体内（图 5－16），落地剪力墙和筒体外围的楼板不宜开洞。楼板边缘和较大的洞口周边应设置边梁，其宽度不宜小于板厚的 2 倍（图 5－17），全截面纵向钢筋配筋率不应小于 1.0%。与转换层相邻楼层的楼板也应适当加强。

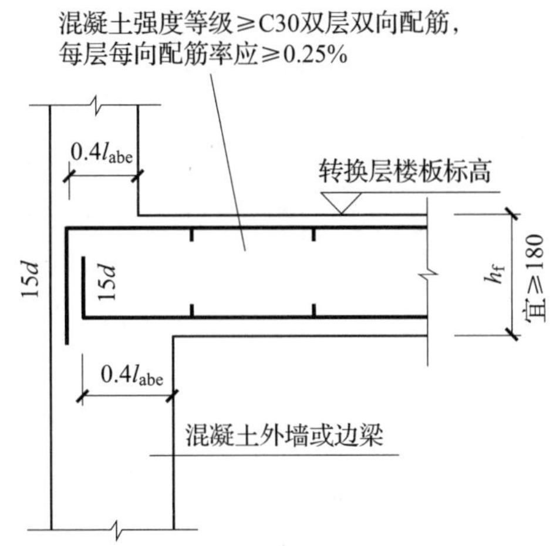

图5－16　转换层楼板构造

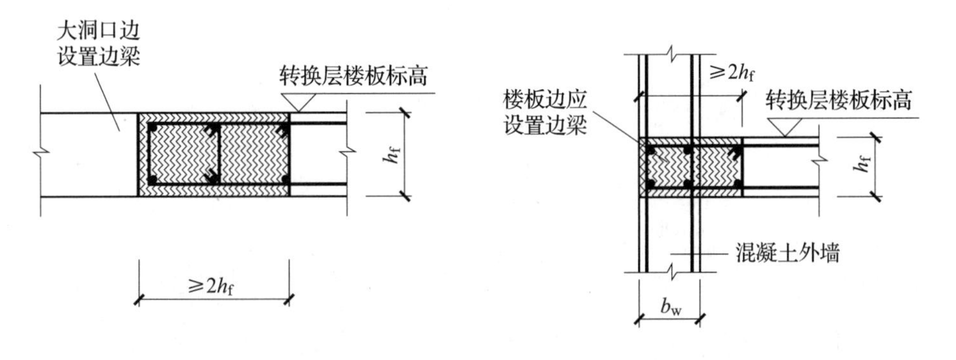

图5－17　框支层楼板较大洞口周边和框支层楼板边缘部位设边梁

2）边梁内的纵向钢筋宜采用机械连接或焊接，边梁中应配置箍筋。

3）厚板设计应符合下列规定：

①转换厚板的厚度可由抗弯、抗剪、抗冲切截面验算确定。

②转换厚板可局部做成薄板，薄板与厚板交界处可加腋，转换厚板亦可局部做成夹心板。

③转换厚板宜按整体计算时所划分的主要交叉梁的剪力和弯矩设计值进行截面设计，并按有限元法分析结果进行配筋校核。受弯纵向钢筋可沿转换板上、下部双层双向配置，每一方向总配筋率不宜小于0.6%。转换板内暗梁的抗剪箍筋面积配筋率不宜小于0.45%。

④厚板外周边宜配置钢筋骨架网。

⑤转换厚板上、下部的剪力墙，柱的纵向钢筋均应在转换厚板内可靠锚固。

⑥转换厚板上、下一层的楼板应适当加强，楼板厚度不宜小于150mm。

板在端部支座的锚固构造如图5－18所示。

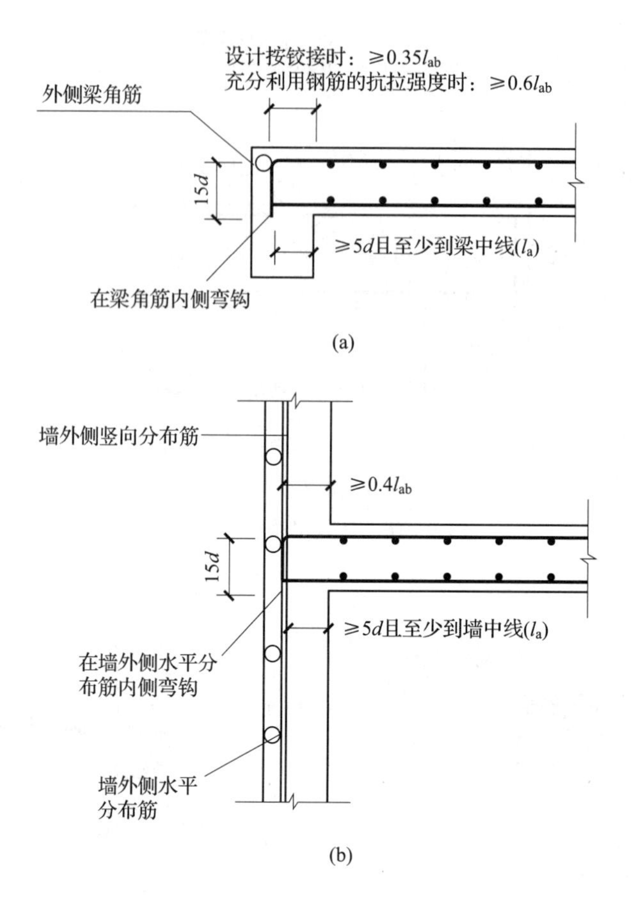

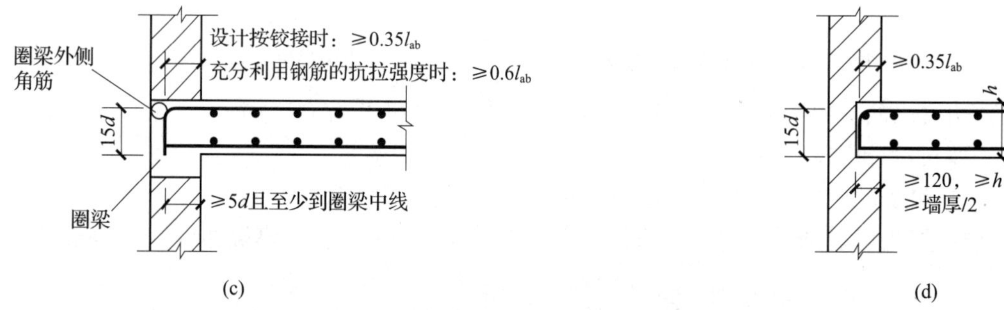

图 5－18　板在端部支座的锚固构造

（a）端部支座为梁；（b）端部支座为剪力墙；（c）端部支座为砌体墙的圈梁；（d）端部支座为砌体墙

注：括号内的锚固长度 l_a 用于梁板式转换层的板。

要点 9：有梁楼盖不等跨板上部贯通纵筋连接构造做法

不等跨板上部贯通纵筋连接构造如图 5－19 所示。当钢筋足够长时，宜遵循“能通则通”的原则，不能通则优先在相邻跨较大跨的跨中错开连接。

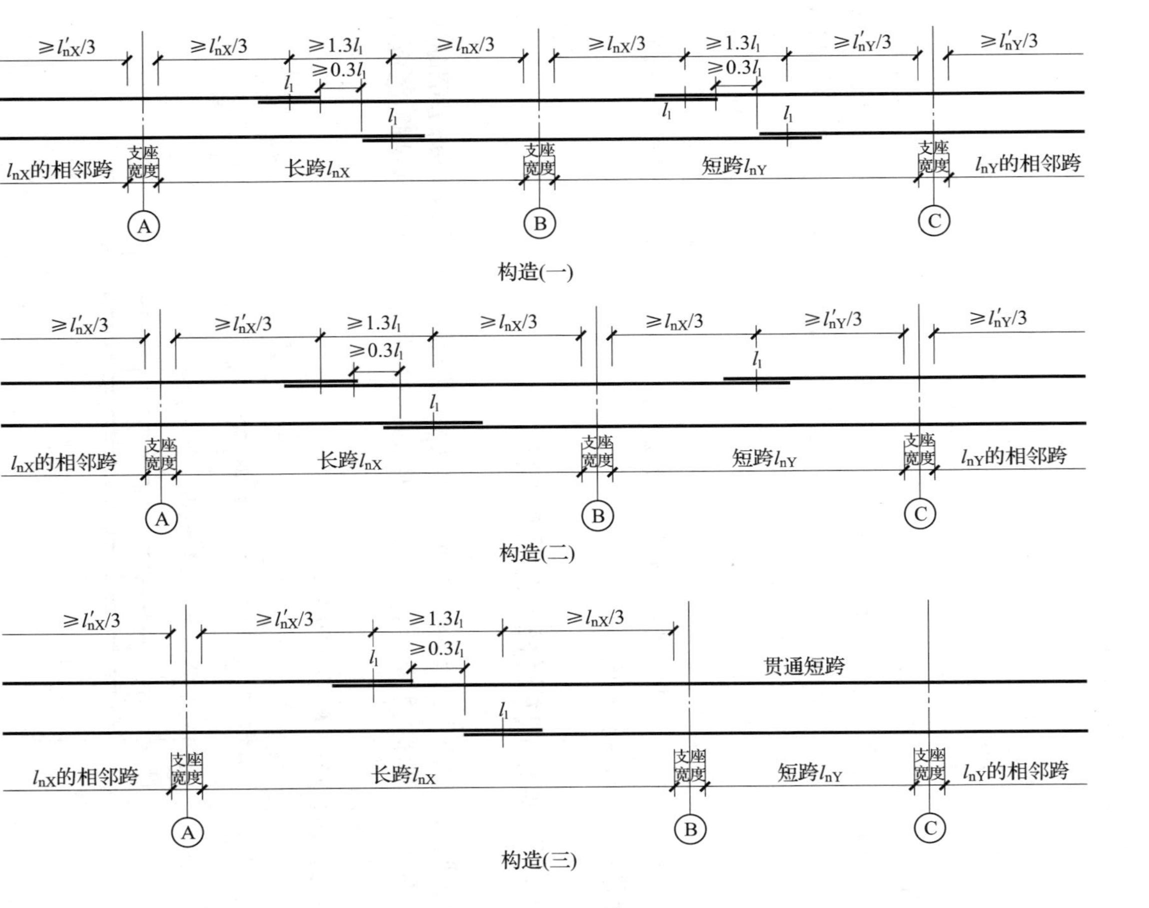

图5－19　不等跨板上部贯通纵筋连接构造

要点10：单、双向板的理解

单向板和双向板是根据板周边的支承情况及板的长度方向与宽度方向的比值来确定的，而不是根据整层楼面的长度与宽度的比值确定。

1）两对边支承的板应按单向板计算。

2）四边支承的板应按下列规定计算：

①当长边与短边长度之比不大于2.0时，应按双向板计算。

②当长边与短边长度之比大于2.0，但小于3.0时，宜按双向板计算。

③当长边与短边长度之比不小于3.0时，宜按沿短边方向受力的单向板计算。

3）双向板两个方向的钢筋都是根据计算需要而配置的受力钢筋，短方向的受力比长方向大。双向板下部和上部受力钢筋的位置，对于下部钢筋，短边跨度方向的钢筋配置在下面，长边跨度方向的钢筋配置在上面；对于上部钢筋，短边跨度方向的钢筋配置在上面，长边跨度方向的钢筋配置在下面。

对于有梁楼盖，普通楼面两向均以一跨为一板块；对于密肋楼盖，两向主梁（框架梁）均以一跨为一板块（非主梁密肋不计）。这一点在布筋时要特别注意，要分清楚板块的划分，因为有的设计图纸会把地下室顶板做成双层双向通长配筋，这在实际施工中，要按有梁楼盖板的要求进行布筋。

要点11：现浇单向板分离式配筋的构造

分离式配筋一般用于板厚 $h \leqslant 150$mm 的单向板。当多跨单向板采用分离式配筋时，跨中正弯矩钢筋宜全部伸入支座，支座负弯矩钢筋向跨内的延伸长度应满足覆盖负弯矩图和钢筋锚固的要求。

1）单跨板的分离式配筋如图5－20所示。

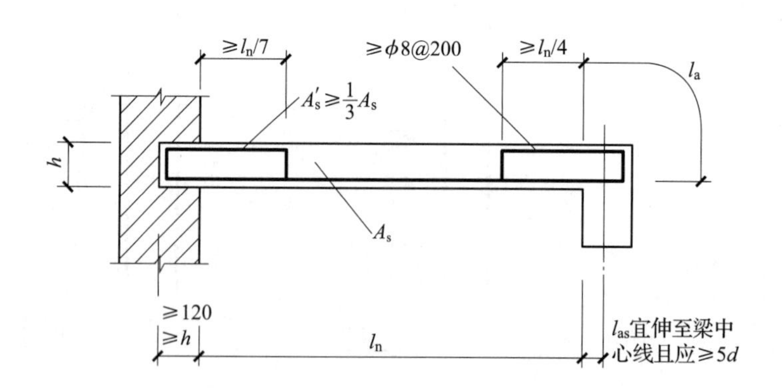

图5－20 单跨板的分离式配筋

2）考虑塑性内力重分布设计的等跨连续板的分离式配筋如图5－21所示。板中的下部受力钢筋根据实际长度也可以采取连续配筋，不在中间支座处截断。

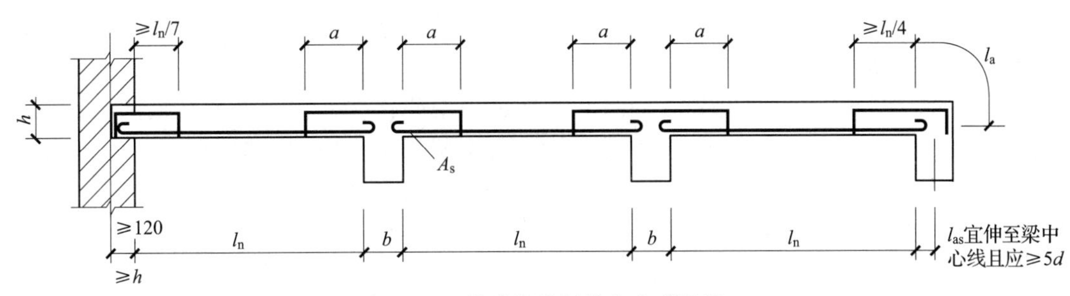

图5-21　等跨连续板的分离式配筋

注：式中，q为均布活荷载设计值，g为均布恒荷载设计值。当$q \leqslant 3g$时，$a \geqslant l_n/4$；当$q > 3g$时，$a \geqslant l_n/3$。

3）跨度相差不大于20%的不等跨连续板，考虑塑性内力重分布设计的分离式配筋如图5-22所示。板中下部钢筋根据实际长度可以采取连续配筋。当跨度相差大于20%时，上部受力钢筋伸过支座边缘的长度应根据弯矩图确定，并满足延伸长度的要求。

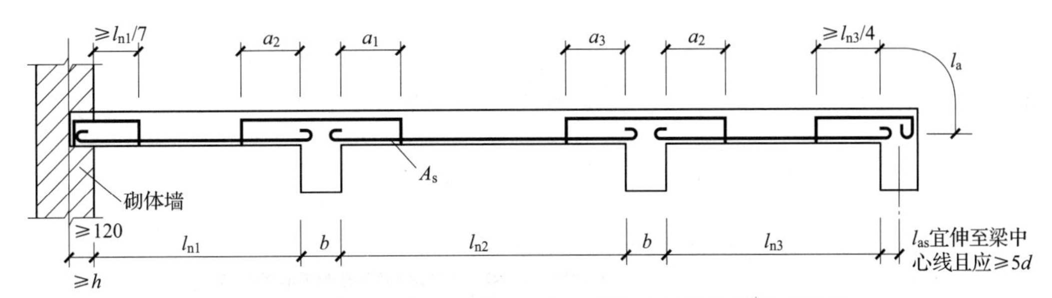

图5-22　跨度相差不大于20%的不等跨连续板的分离式配筋

注：式中，q为均布活荷载设计值，g为均布恒荷载设计值。当$q \leqslant 3g$时，$a_1 \geqslant l_{n1}/4$，$a_2 \geqslant l_{n2}/4$，$a_3 \geqslant l_{n3}/4$；当$q > 3g$时，$a_1 \geqslant l_{n1}/3$，$a_2 \geqslant l_{n2}/3$，$a_3 \geqslant l_{n3}/3$。

4）钢筋焊接网配筋要求如下：

①单向板的下部受力钢筋焊接网不宜设置搭接接头。伸入支座下部纵向受力钢筋的间距不应大于400mm，其截面面积不应小于跨中受力钢筋截面面积的1/3；未伸入支座下部纵向受力钢筋的长度应满足受弯承载力和延伸长度的要求。

②单向板的上部受力钢筋和构造钢筋焊接网应根据板的实际支承情况和计算假定进行配置。

③考虑弯矩塑性内力重分布的单向等跨连续板采用钢筋焊接网的配筋示意图如图5-23所示。

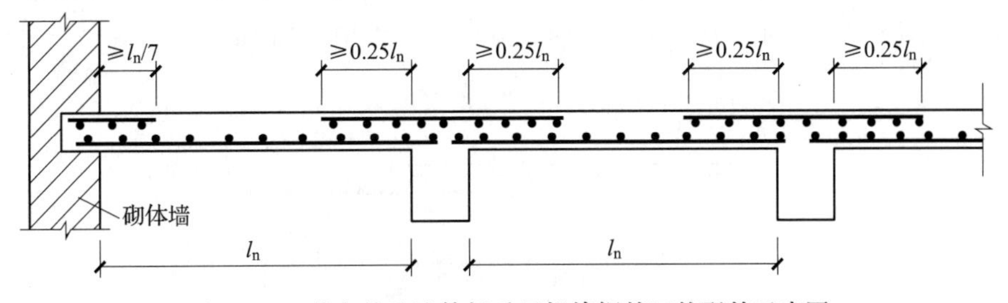

图5-23　单向等跨连续板采用焊接钢筋网的配筋示意图

④考虑弯矩塑性内力重分布的不等跨连续板，当跨度相差不大于20%时，可参照绑扎配筋方式配置上部焊接钢筋网。

⑤单向板在非受力方向的分布钢筋的搭接可采用叠接法、扣接法或平接法（图5－24)。当采用叠接法或扣接法时，在搭接范围内每个网片至少应有一根受力主筋，搭接长度不应小于20d（d为分布钢筋直径）且不应小于150mm。当采用平接法且一张网片在搭接区内无受力钢筋时，其搭接长度不应小于20d且不应小于200mm。当钢筋的直径$d>8$mm时，其搭接长度应按表中数值增加5d。

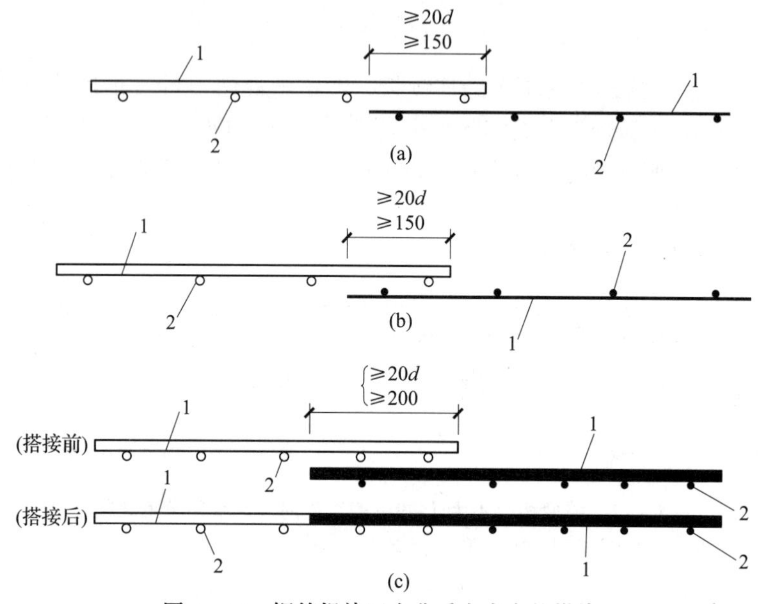

图5－24　钢筋焊接网在非受力方向的搭接

（a）叠搭法；（b）扣搭法；（c）平搭法

1—分布钢筋；2—受力钢筋

⑥单向板当受力方向的焊接钢筋网需要设置搭接接头时，可采用叠搭法、扣搭法或平搭法，对热轧或冷轧带肋钢筋焊接网，两片网末端之间钢筋搭接接头的最小搭接长度（采用叠搭法或扣搭法）不应小于1.3l_a（l_a为受力钢筋的最小锚固长度）且不应小于200mm（图5－25）；在搭接区内每张焊接网片的横向钢筋不应少于一根，两网片最外一根横向钢筋之间的距离不应小于50mm。当搭接区内两张网片中有一片无横向钢筋（采用平搭法）时，带肋钢筋焊接网的最小搭接长度应为1.3l_a，且不应小于300mm。当搭接区内纵向受力钢筋的直径$d>10$mm时，其搭接长度应按本条的计算值增加5d。

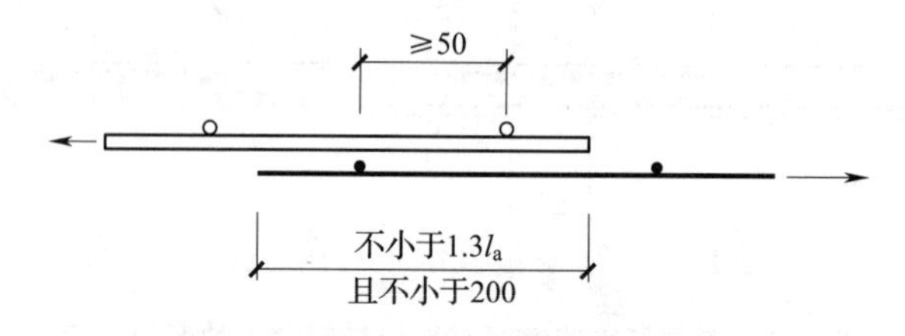

图5－25　带肋钢筋焊接网搭接接头

冷拔光面钢筋焊接网在受拉方向的搭接接头可采用叠搭法或扣搭法，在搭接长度范围内每张网片的横向钢筋不应少于2根，两片焊接网最外边横向间的搭接长度不应小于一个网格加50mm（图5－26），也不应小于1.3l_a且不应小于200mm。当搭接区内一张网片无横向钢筋且无附加钢筋、网片或附加锚固构造措施时，不得采用搭接。

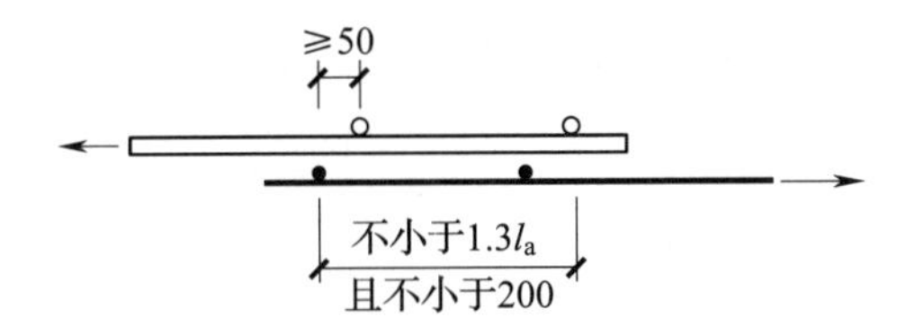

图5－26　冷拔光面钢筋焊接网搭接接头

要点12：现浇单向板弯起式配筋的构造

弯起式配筋一般用于板厚$h>150$mm及经常承受动荷载的板。

1）单跨板的弯起式配筋如图5－27所示。

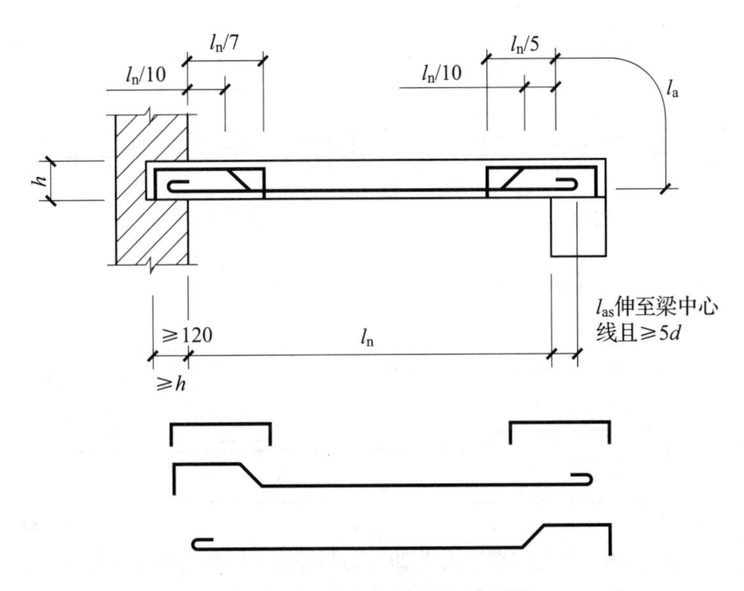

图5－27　单跨板的弯起式配筋

2）等跨连续板的弯起式配筋如图5－28所示。

3）跨度相差不大于20%的不等跨连续板的弯起式配筋如图5－29所示。当跨度相差大于20%时，上部受力钢筋伸过支座边缘的长度，应根据弯矩图确定，并满足延伸长度的要求。

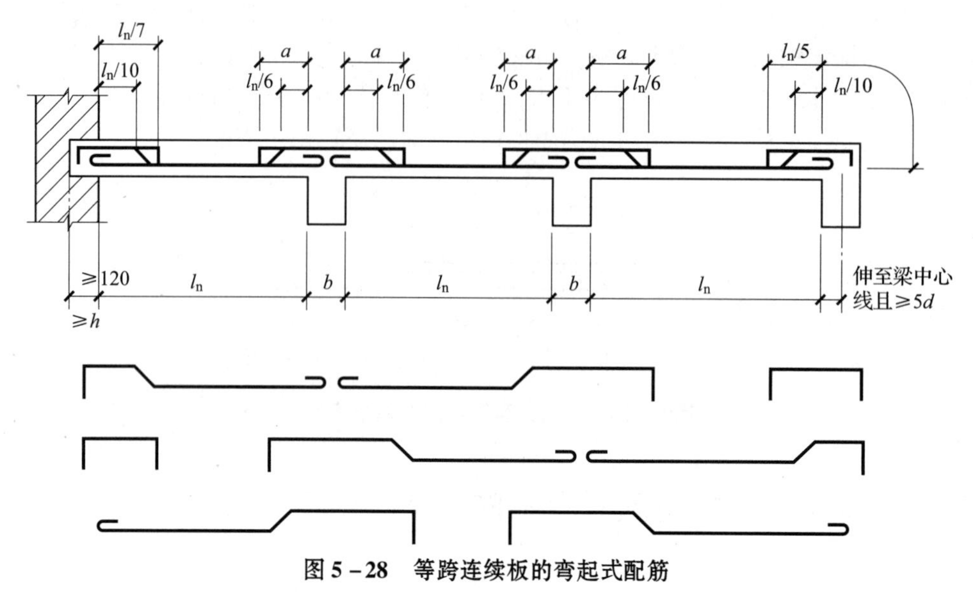

图 5－28　等跨连续板的弯起式配筋

注：式中，q 为均布活荷载设计值，g 为均布恒荷载设计值。当 $q \leqslant 3g$ 时，$a = l_n/4$；当 $q > 3g$ 时，$a = l_n/3$。

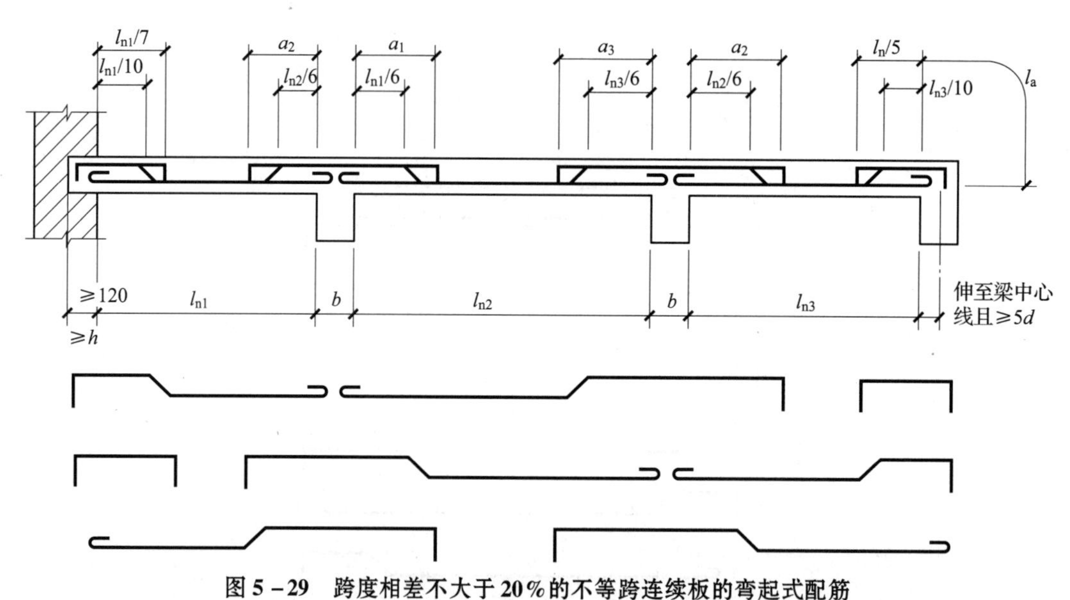

图 5－29　跨度相差不大于 20% 的不等跨连续板的弯起式配筋

注：当 $q \leqslant 3g$ 时，$a_1 = l_{n1}/4$，$a_2 = l_{n2}/4$，$a_3 = l_{n3}/4$；当 $q > 3g$ 时，$a_1 = l_{n1}/3$，$a_2 = l_{n2}/3$，$a_3 = l_{n3}/3$。
式中，q 为均布活荷载设计值；g 为均布恒荷载设计值。

要点 13：现浇双向板分离式配筋的构造

1. 四边支承单跨双向板

按弹性理论计算，板的底部钢筋均匀配置的四边支承单跨双向板的分离式配筋如图 5－30所示。

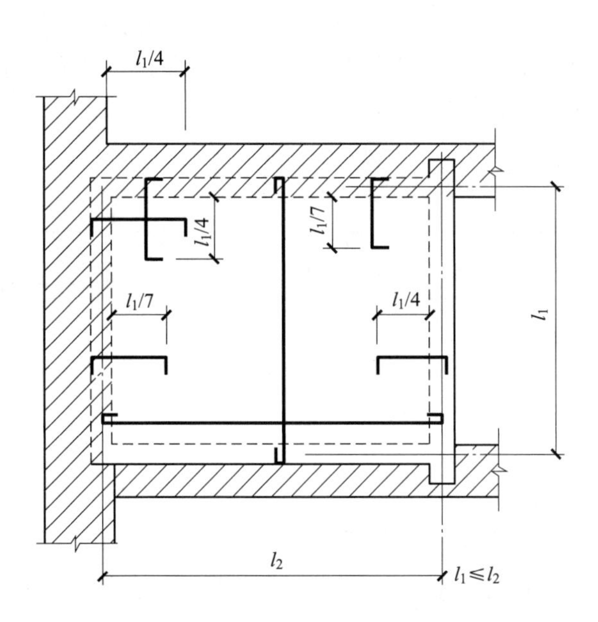

图 5－30　单跨双向板的分离式配筋

2. 四边支承连续双向板

按弹性理论计算，板的底部钢筋均匀配置的四边支承连续双向板的分离式配筋如图5－31所示。

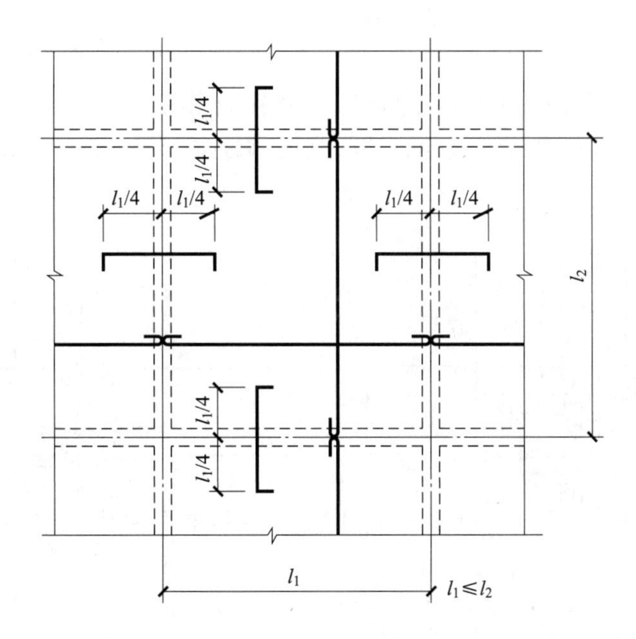

图 5－31　连续双向板的分离式配筋

3. 钢筋焊接网配筋

1）现浇双向板短跨方向的下部钢筋焊接网不宜设置搭接接头；长跨方向的底部钢筋焊接

网可设置搭接接头，并将钢筋焊接网伸入支座，必要时可用附加网片搭接［图5－32（a）］或用绑扎钢筋伸入支座［图5－32（b）］。附加焊接网片或绑扎钢筋伸入支座的钢筋截面面积不应小于长跨方向跨中受力钢筋的截面面积。

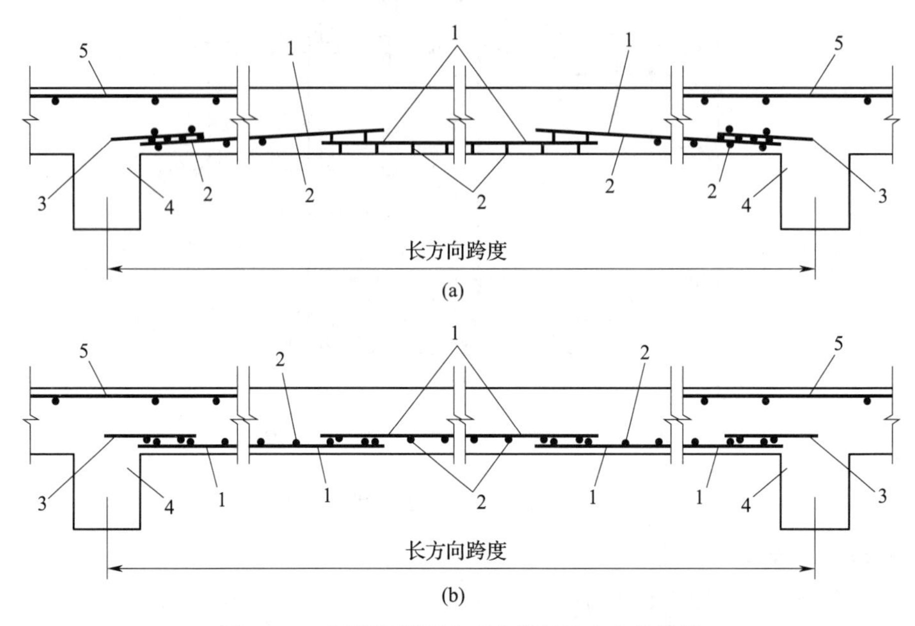

图5－32　钢筋焊接网在双向板长跨方向的搭接

（a）叠搭法搭接；（b）扣搭法搭接

1—长跨方向钢筋；2—短跨方向钢筋；3—伸入支座的附加网片；4—支承梁；5—支座上部钢筋

2）楼板面网与柱的连接可采用整张网片套在柱上［图5－33（a）］，然后再与其他网片搭接；也可将面网在两个方向铺至柱边，其余部分按等强度设计原则用附加钢筋补足［图5－33（b）］。

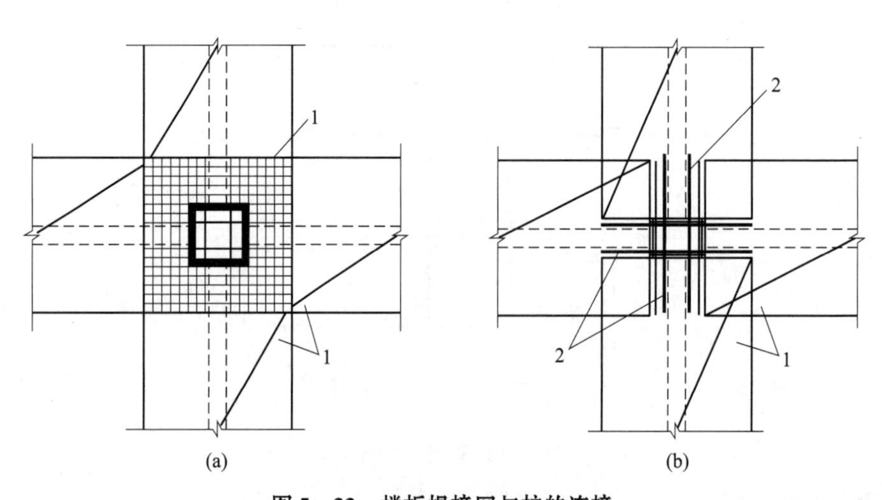

图5－33　楼板焊接网与柱的连接

（a）焊接网套柱连接；（b）附加筋连接

1—焊接网的面网；2—附加锚固筋

要点14：现浇双向板弯起式配筋的构造

钢筋混凝土四边支承单跨双向板的弯起式配筋如图5－34所示。

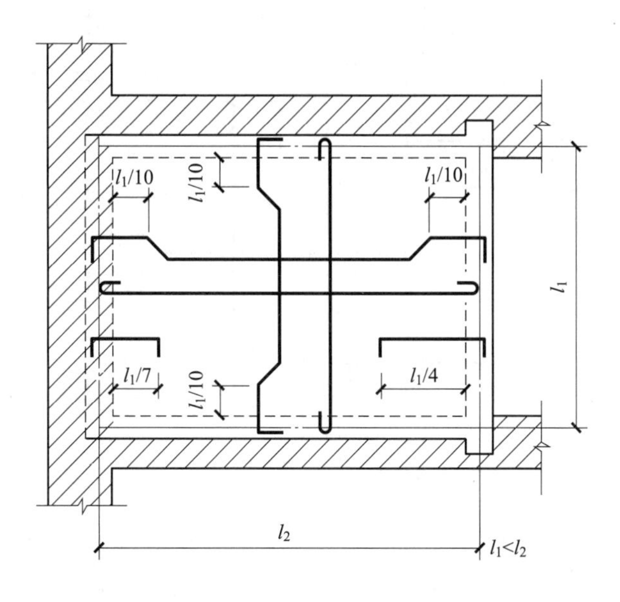

图5－34　单跨双向板的弯起式配筋

钢筋混凝土四边支承多跨双向板的弯起式配筋如图5－35及图5－36所示。

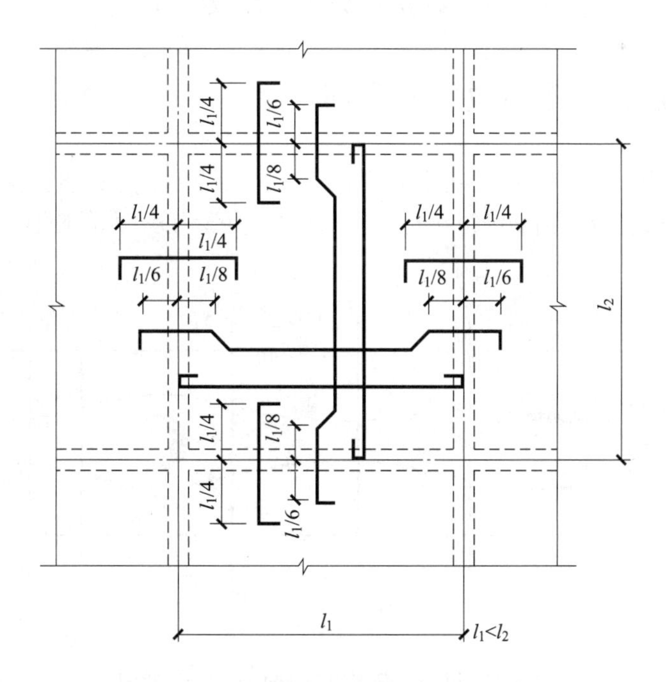

图5－35　多跨双向板的弯起式配筋图（一）

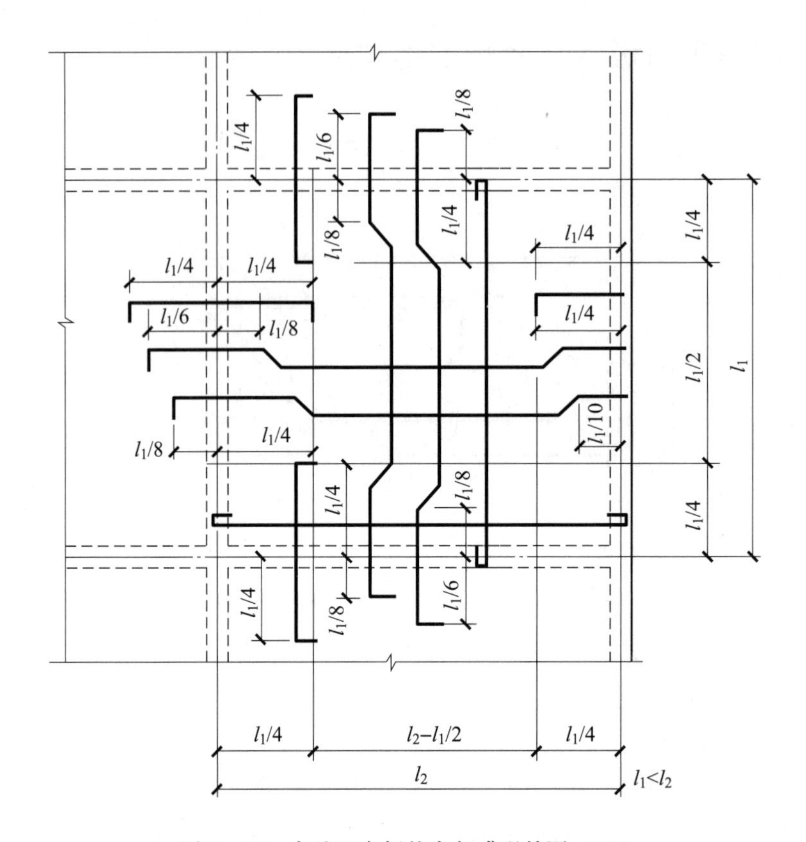

图 5-36 多跨双向板的弯起式配筋图（二）

要点 15：楼板上开孔洞边加固配筋

1）当板上圆形孔洞直径 d 及矩形孔洞宽度 b（b 为垂直于板跨度方向的孔洞宽度）不大于 300mm 时，可将受力钢筋绕过洞边，不需切断并可不设孔洞的附加钢筋，如图 5-37 所示。

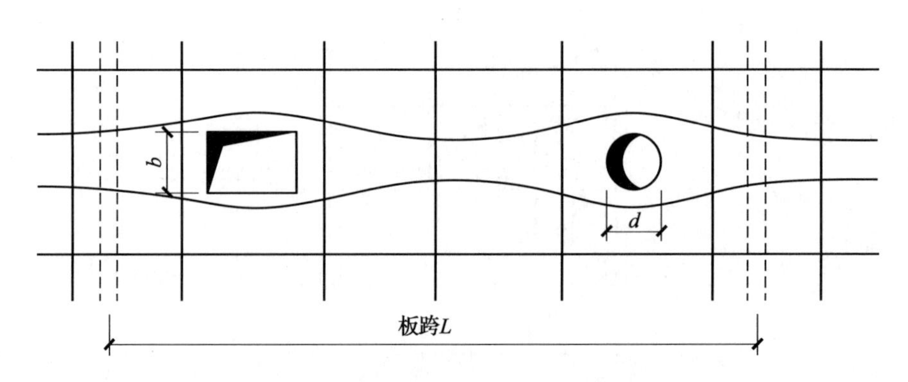

图 5-37 板上孔洞不大于 300mm 的钢筋加固

2）当 300mm < d（或 b）≤1000mm，并在孔洞周边无集中荷载时，应在孔洞每侧配置附加钢筋，其面积不应小于孔洞宽度内被切断的受力钢筋的一半，且根据板面荷载大小选用 2 ⌀8 ~2 ⌀12 钢筋。对单向板受力方向的附加钢筋应伸至支座内，另一方向的附加钢筋应伸过洞边 l_a；对双向板两方向的附加钢筋均应伸至支座内。当为圆形孔洞时尚应在孔洞边配置 2 ⌀8 ~2 ⌀12 的环行附加钢筋及 ϕ6@200 ~300 的放射形钢筋，如图 5 –38 所示。矩形孔洞的附加钢筋如图 5 –39 所示。

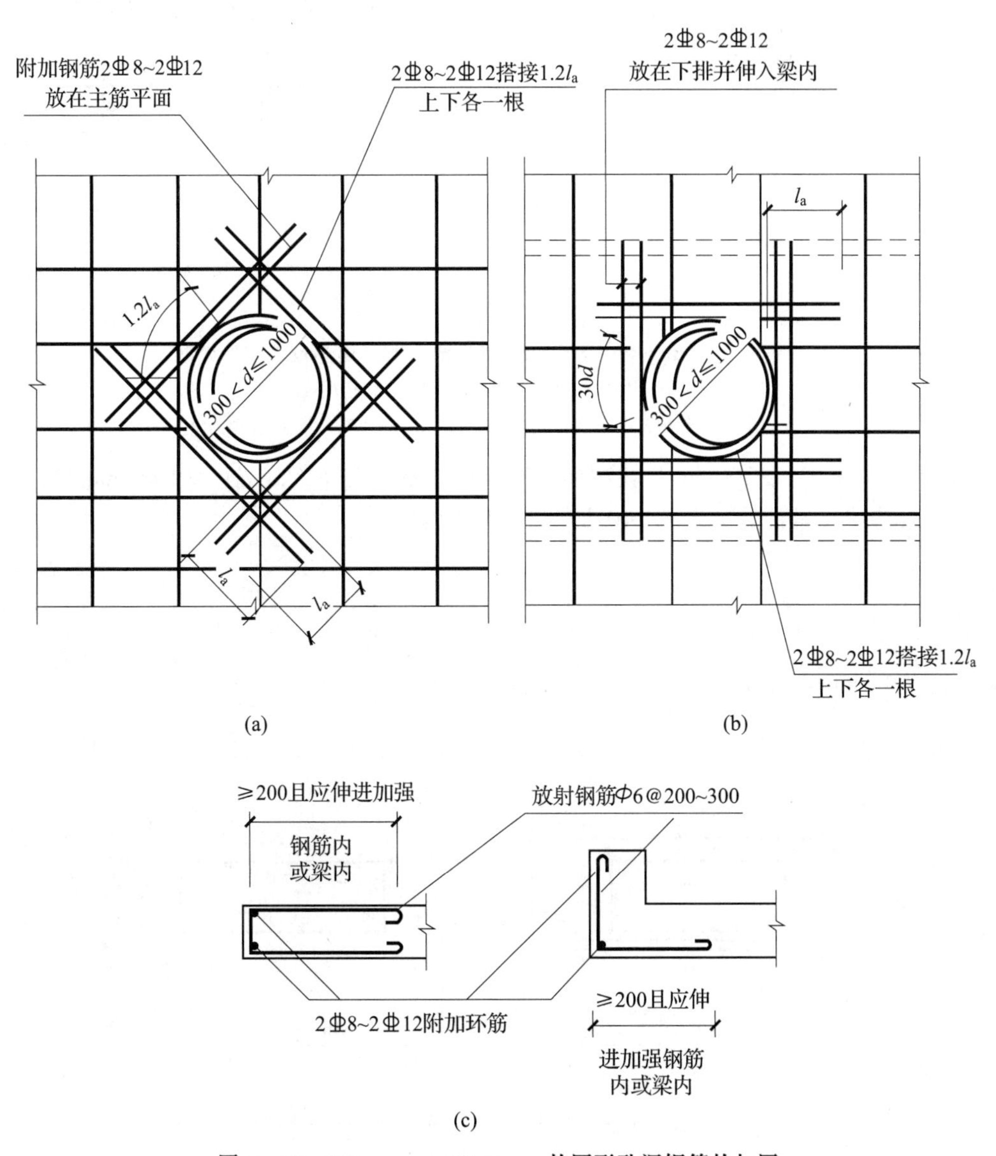

图 5 –38　300mm < d≤1000mm 的圆形孔洞钢筋的加固

（a）附加钢筋斜向放置；（b）附加钢筋平行于受力钢筋放置；

（c）孔洞边的环形附加钢筋及放射形钢筋

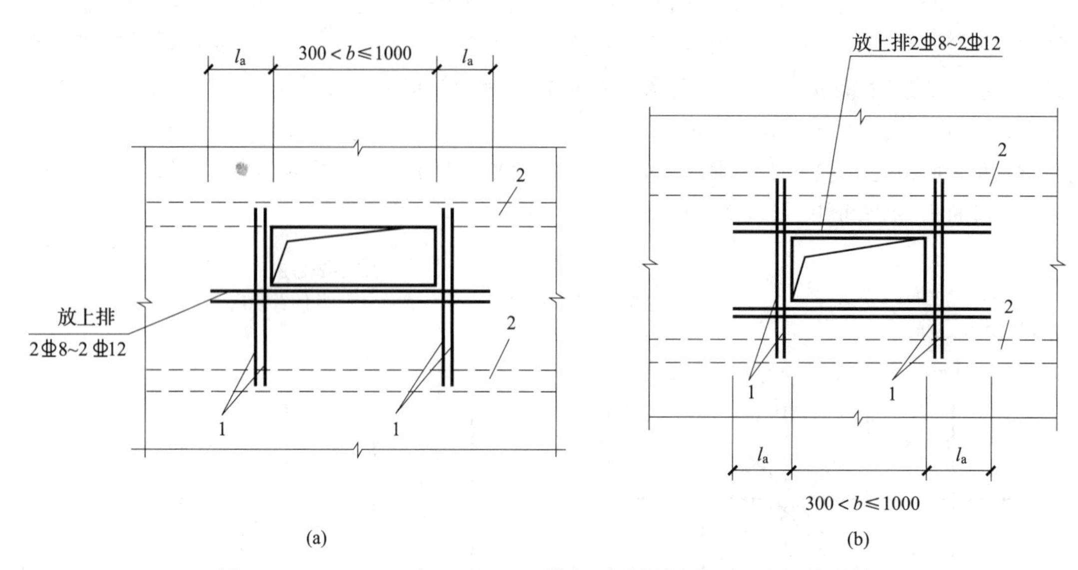

图 5－39　300mm < b ≤ 1000mm 的矩形孔洞洞边不设边梁的配筋

（a）孔洞一周边与支承梁边齐平；（b）孔洞边不设边梁

1—孔洞宽度内被切断钢筋的一半；2—板的支承梁

3）当 b（或 d）>300mm 且孔洞周边有集中荷载或当 b（或 d）>1000mm 时，应在孔洞边加设边梁，其配筋如图 5－40 及图 5－41 所示。

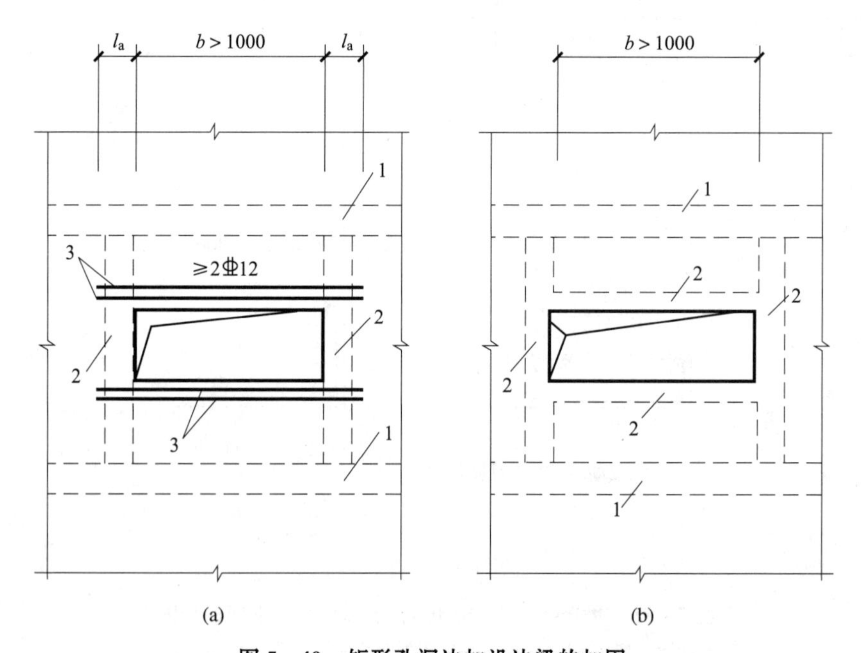

图 5－40　矩形孔洞边加设边梁的加固

（a）沿板跨度方向在孔洞边加设边梁；（b）孔洞周边均加设边梁

1—板的支承梁；2—孔洞边梁；3—垂直于板跨度方向的附加钢筋

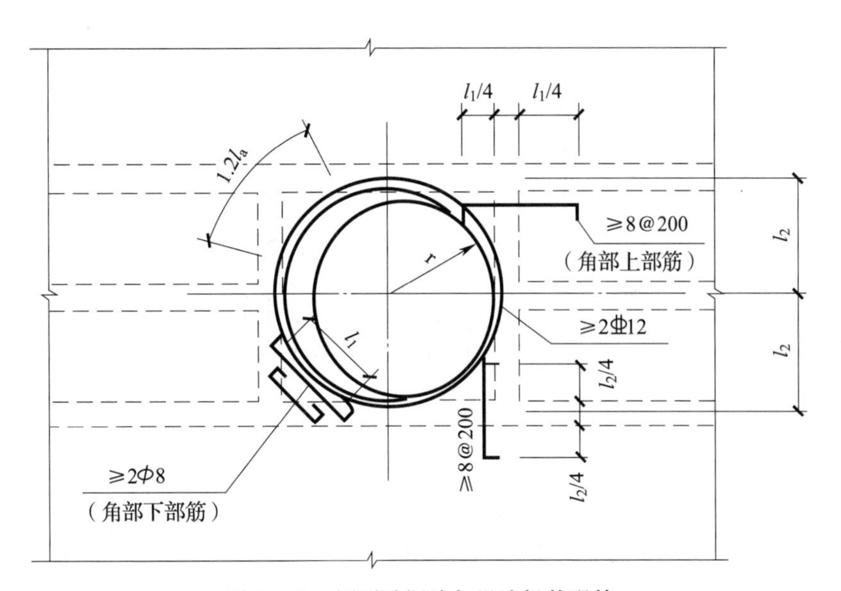

图5-41　圆形孔洞边加设边梁的配筋

注：角部下部筋按跨度 l_1 的简支板计算配筋，$l_1=0.83r$。

要点16：屋面板上开孔洞边加固配筋

1）当 d（或 b）<500mm，且孔洞周边无固定的烟管、气管等设备时，应按图5-42（a）处理，可不配筋。

2）当500mm≤d（或 b）<2000mm，或孔洞周边有固定较轻的烟管、气管等设备时，应按图5-42（b）处理。

3）当 d（或 b）≥2000mm，或孔洞周边有固定较重的烟管、气管等设备时，应按图5-42（c）处理。

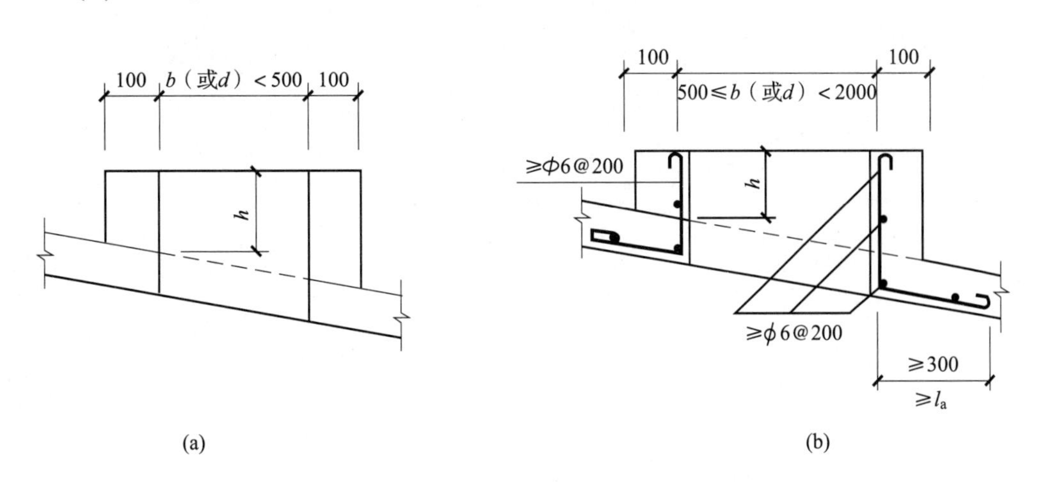

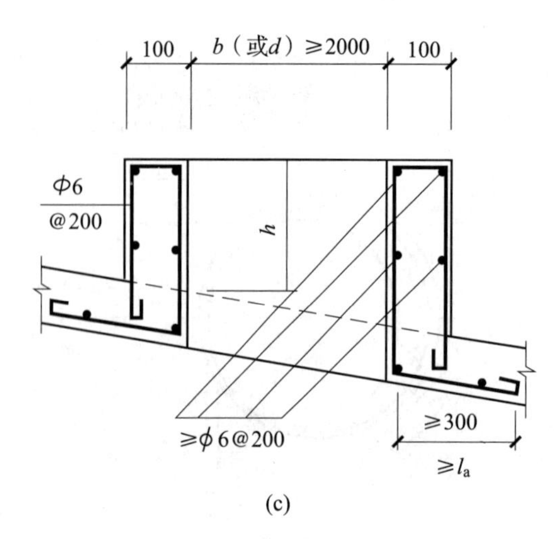

(c)

图 5-42　屋面孔洞口的加固

（a）d（或 b）<500mm；（b）500mm≤d（或 b）<2000mm；（c）d（或 b）≥2000mm

第6章　板式楼梯平法设计

要点1：AT～DT型梯板配筋构造

1. AT型梯板（无平板）配筋构造

1）AT型梯板支座端上部纵向钢筋大小由设计确定。

2）AT型梯板支座端上部纵向钢筋自低端梯梁或高端梯梁支座边缘向跨内延伸的水平投影长度应满足≥$l_n/4$（l_n为梯板跨度）（图6－1、图6－2）。

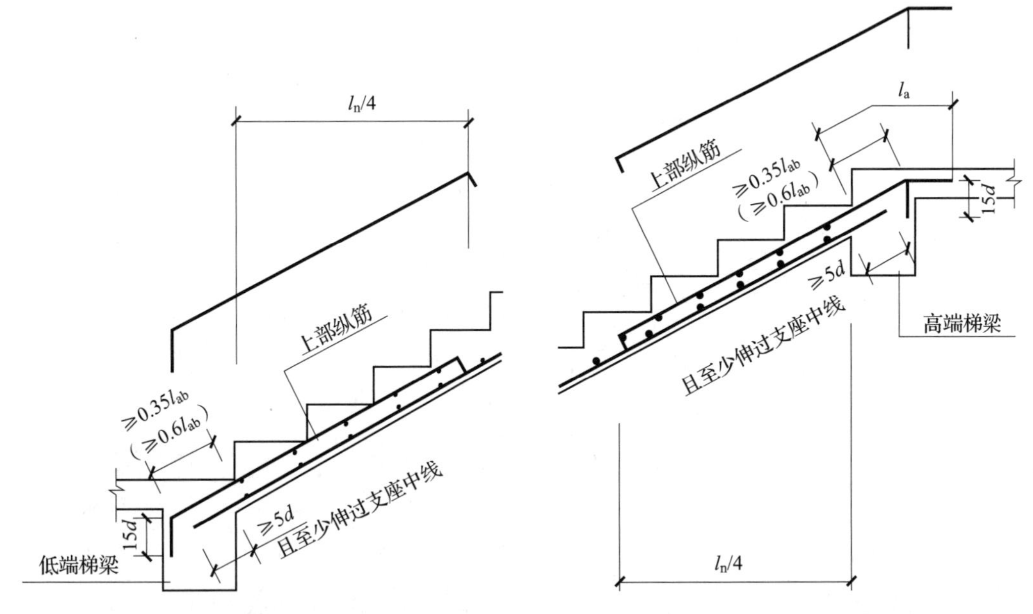

图6－1　低端梯梁处配筋构造　　**图6－2　高端梯梁处配筋构造**

3）AT型梯板支座端上部纵向钢筋在低端梯梁内的直段锚固长度，按铰接设计时，应满足≥0.35l_{ab}，考虑充分发挥钢筋抗拉强度时，应满足≥0.6l_{ab}，具体工程中由设计指明采用何种情况，弯折段长度为15d（d为支座端上部纵向钢筋直径）（图6－1）；在高端梯梁内的直段锚固长度，按铰接设计时，应满足≥0.35l_{ab}，考虑充分发挥钢筋抗拉强度时，应满足≥0.6l_{ab}，具体工程中由设计指明采用何种情况，弯折段长度为15d（d为支座端上部纵向钢筋直径），锚入平台板时，应满足≥l_a（图6－2）。

4）AT型梯板下部纵向钢筋在低端梯梁及高端梯梁内的锚固长度均应满足≥5d（d为梯板下部纵向钢筋直径）且至少伸过支座中心线（图6－1、图6－2）。

无平板的AT型楼梯是工程中较常见的一种楼梯，AT型楼梯板完整的配筋构造如图6－3所示。

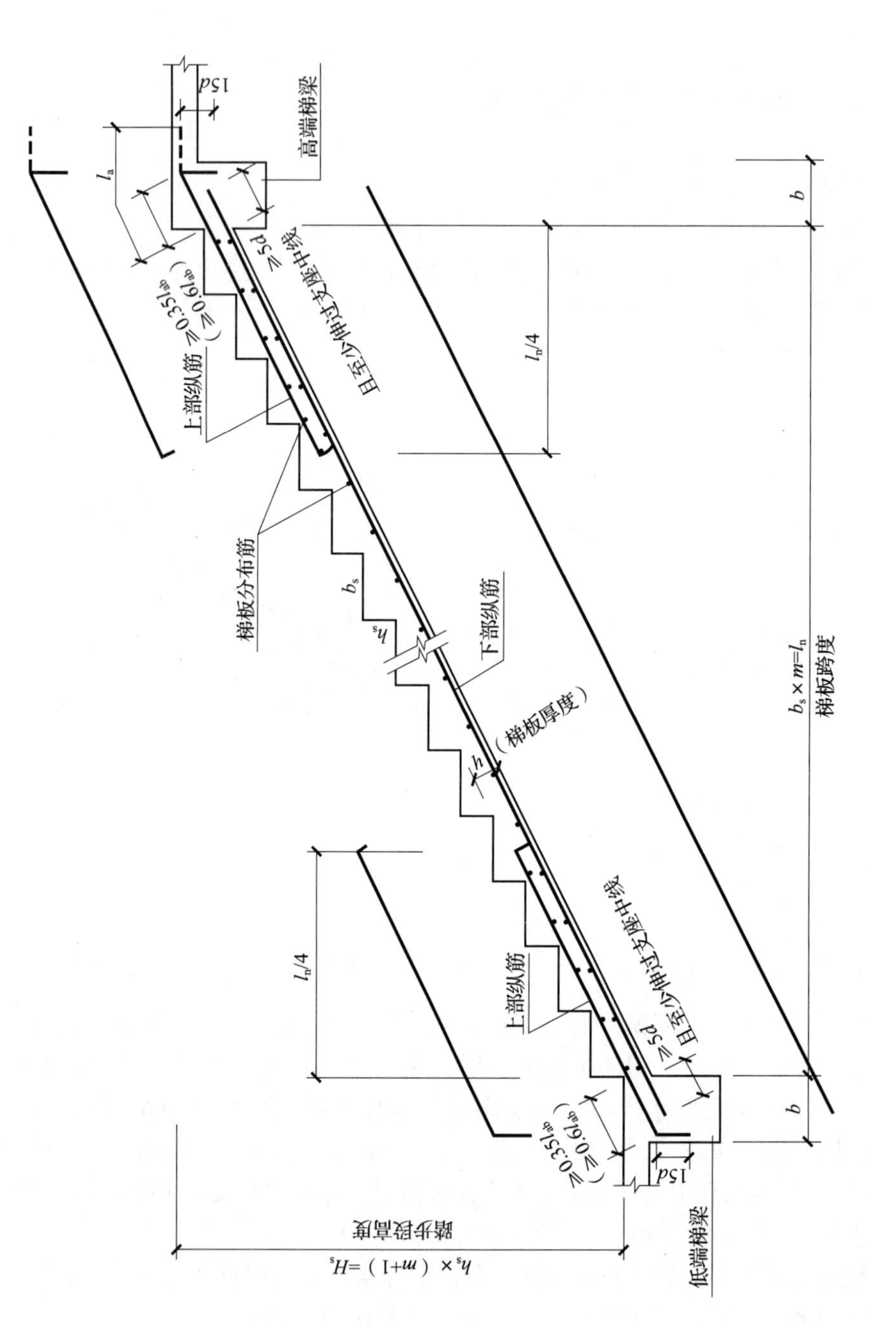

图 6－3 AT 型楼梯板配筋构造

2. BT、CT、DT型梯板（有平板）配筋构造

1）BT～DT型梯板低端平板及高端平板处支座端上部纵向钢筋大小由设计确定。

2）BT～DT型梯板支座端上部纵向钢筋自低端梯梁或高端梯梁支座边缘向跨内延伸的水平投影长度应满足≥l_n/4（l_n为梯板跨度），自低端平板踏步段边缘伸入踏步段的水平投影长度应满足≥20d（d为梯板上部纵向钢筋直径）（图6－4），自高端平板踏步段边缘伸入踏步段的水平投影长度取l_{sn}/5（l_{sn}为踏步段水平净长）（图6－5）。

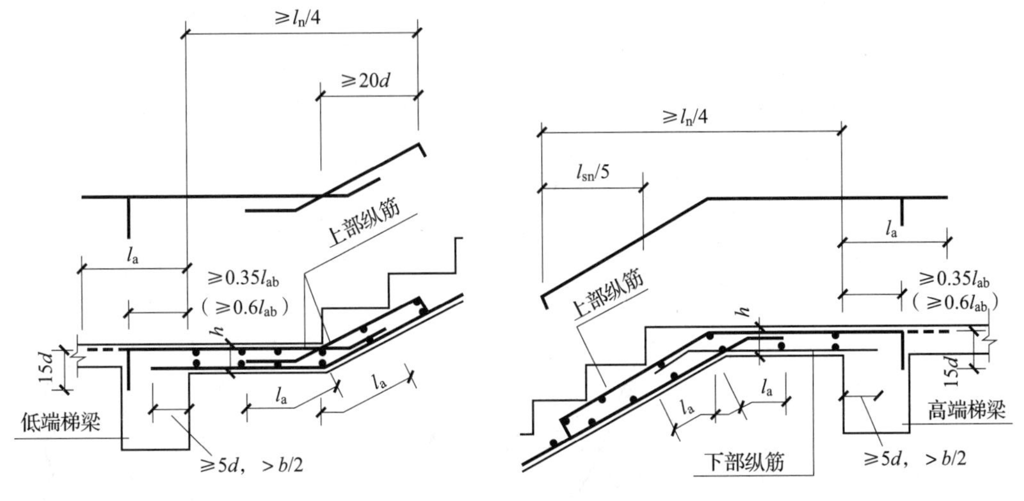

图6－4　低端平板钢筋构造　　　图6－5　高端平板钢筋构造

3）BT型梯板支座端上部纵向钢筋在低端梯梁内的直段锚固长度，按铰接设计时，应满足≥0.35l_{ab}，考虑充分发挥钢筋抗拉强度时，应满足≥0.6l_{ab}，具体工程中由设计指明采用何种情况，弯折段长度为15d（d为支座端上部纵向钢筋直径）（图6－4）；在高端梯梁内的锚固同AT型梯板。

4）CT型梯板支座端上部纵向钢筋在低端梯梁内的锚固同AT型梯板；在高端梯梁内的直段锚固长度，按铰接设计时，应满足≥0.35l_{ab}，考虑充分发挥钢筋抗拉强度时，应满足≥0.6l_{ab}，具体工程中由设计指明采用何种情况，弯折段长度为15d（d为支座端上部纵向钢筋直径），锚入平台板时，应满足≥l_a（图6－5）。

5）DT型梯板支座端上部纵向钢筋在低端梯梁内的锚固同BT型梯板；在高端梯梁内的锚固同CT型梯板。

6）BT～DT型梯板下部纵向钢筋在低端梯梁及高端梯梁内的锚固长度均应满足≥5d（d为梯板下部纵向钢筋直径）且至少伸过支座中心线（图6－4、图6－5）。

有平板的BT、CT、DT型楼梯也是工程中常见的楼梯，配筋构造分别如图6－6～图6－8所示。

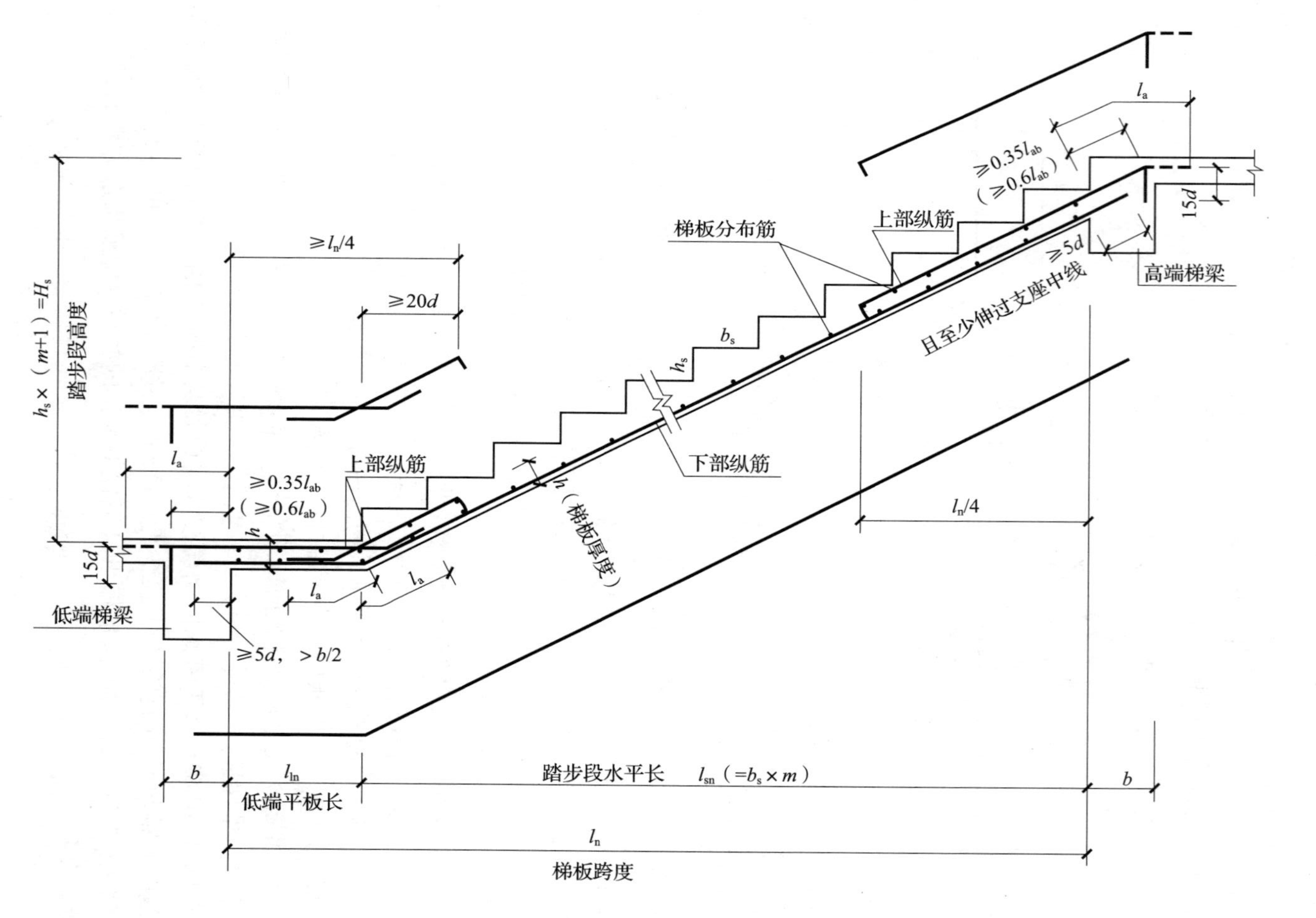

图 6－6　BT 型楼梯板配筋构造

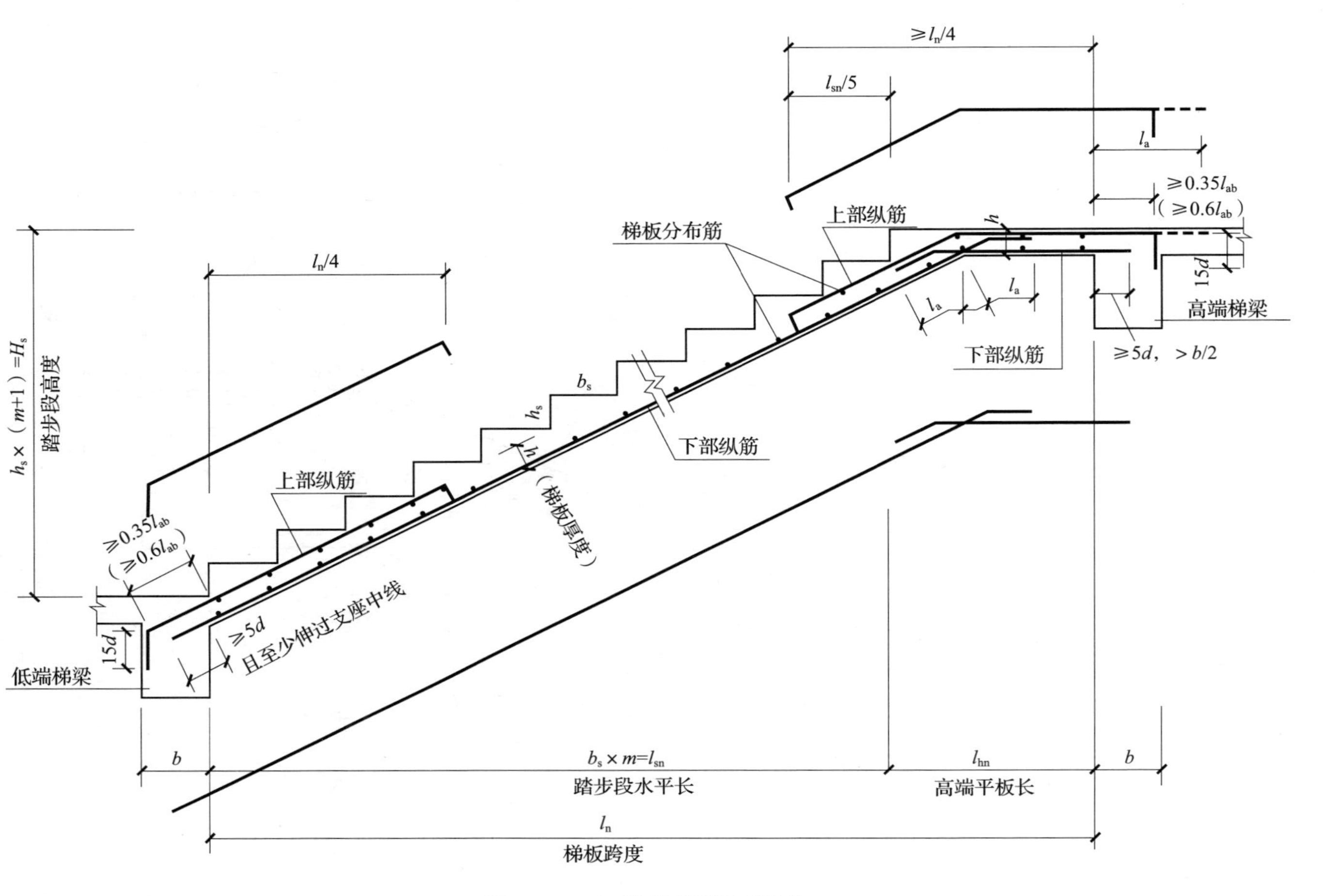

图6－7　CT型楼梯板配筋构造

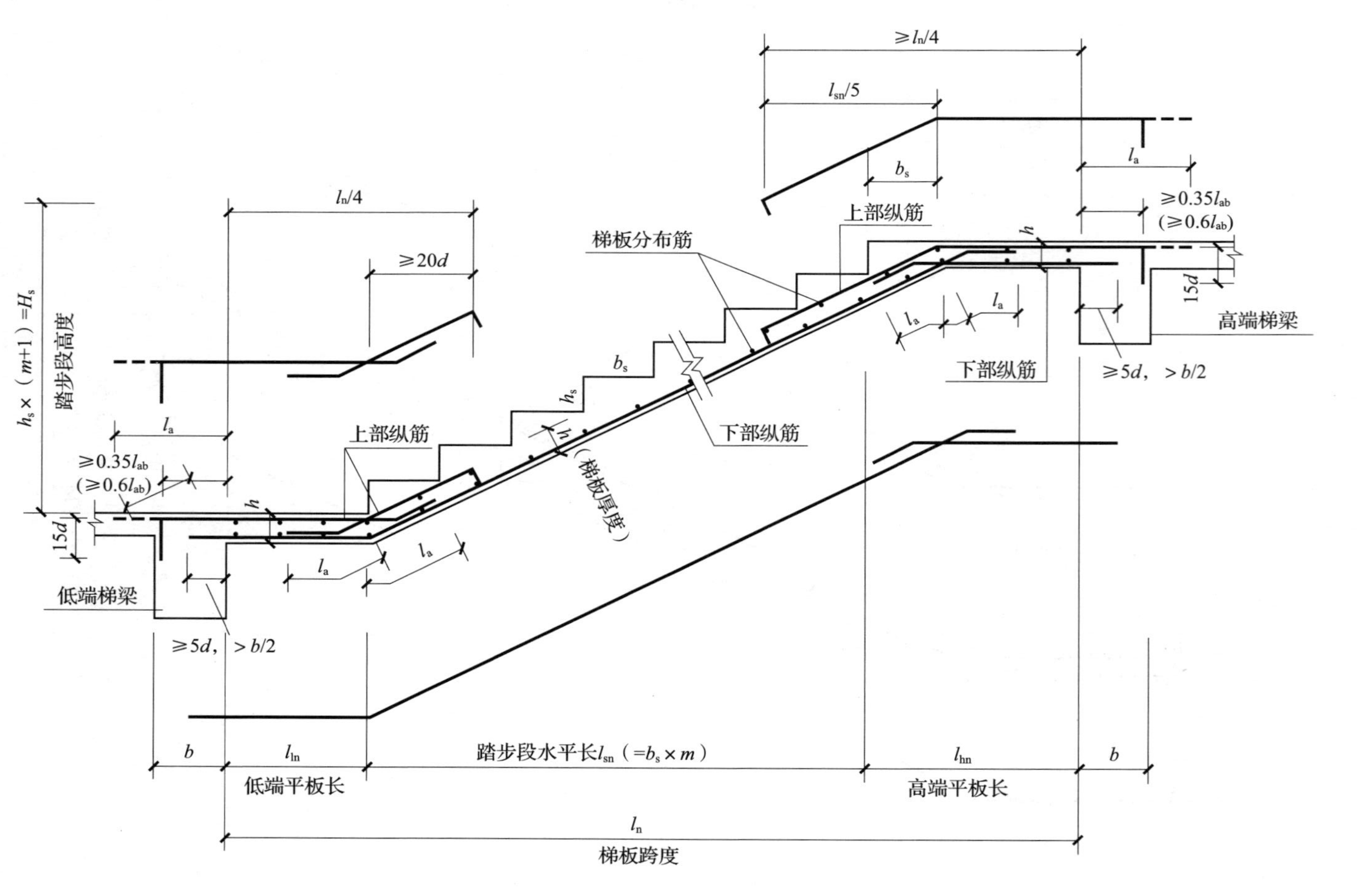

图 6－8 DT 型楼梯板配筋构造

要点2：FT、GT、HT型梯板配筋构造

1）FT、GT、HT型梯板楼层和层间平板下部和上部配筋均由设计确定。

2）FT、GT、HT型梯板楼层和层间平板支座上部纵向钢筋自支座边缘向跨内延伸的水平投影长度根据平板的支承条件而不同，具体规定如下：

①层间平板和楼层平板均为三边支承的FT型梯板，其高端平板（层间平板或楼层平板）支座上部纵向钢筋自梯梁边缘伸入梯板内的水平投影长度应≥l_n/4（l_n为梯板跨度），自踏步段边缘伸入踏步段内的长度取l_{sn}/5（l_{sn}为踏步段水平净长度）（图6－9）；其低端平板（层间平板或楼层平板）支座上部纵向钢筋自梯梁边缘伸入梯板内的水平投影长度应≥l_n/4（l_n为梯板跨度），自踏步段边缘伸入踏步段内的长度应≥20d（d为纵向钢筋直径）（图6－10）。其配筋构造如图6－11所示。

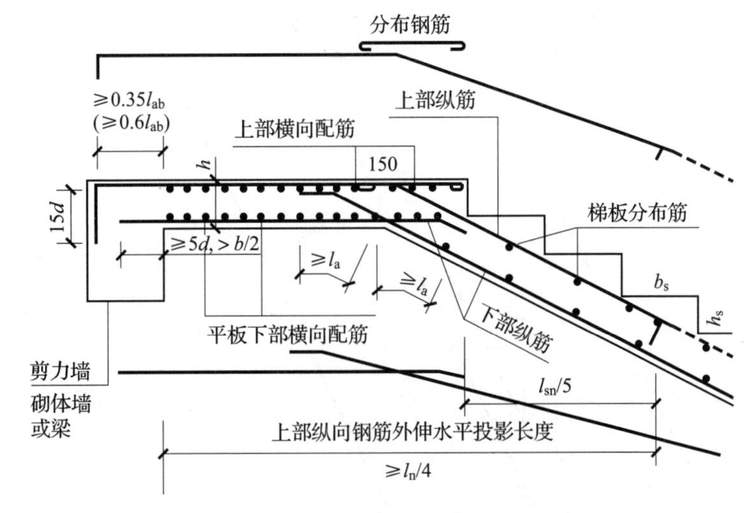

图6－9　FT型梯板高端平板配筋构造

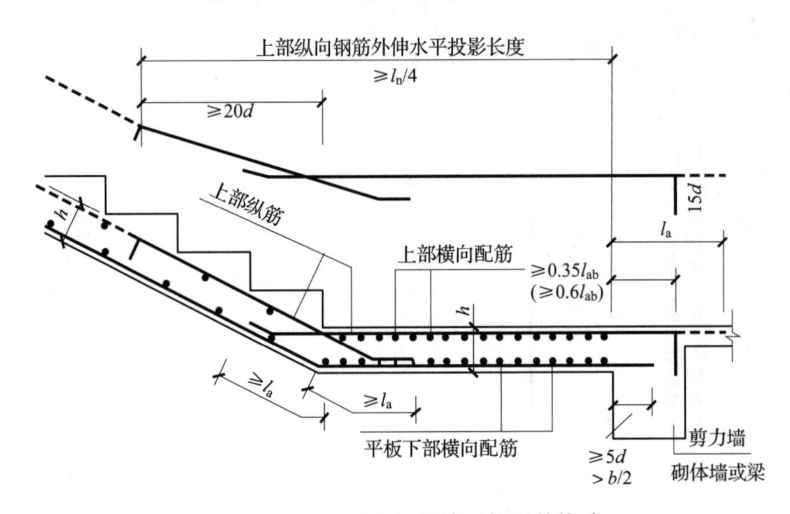

图6－10　FT型梯板低端平板配筋构造

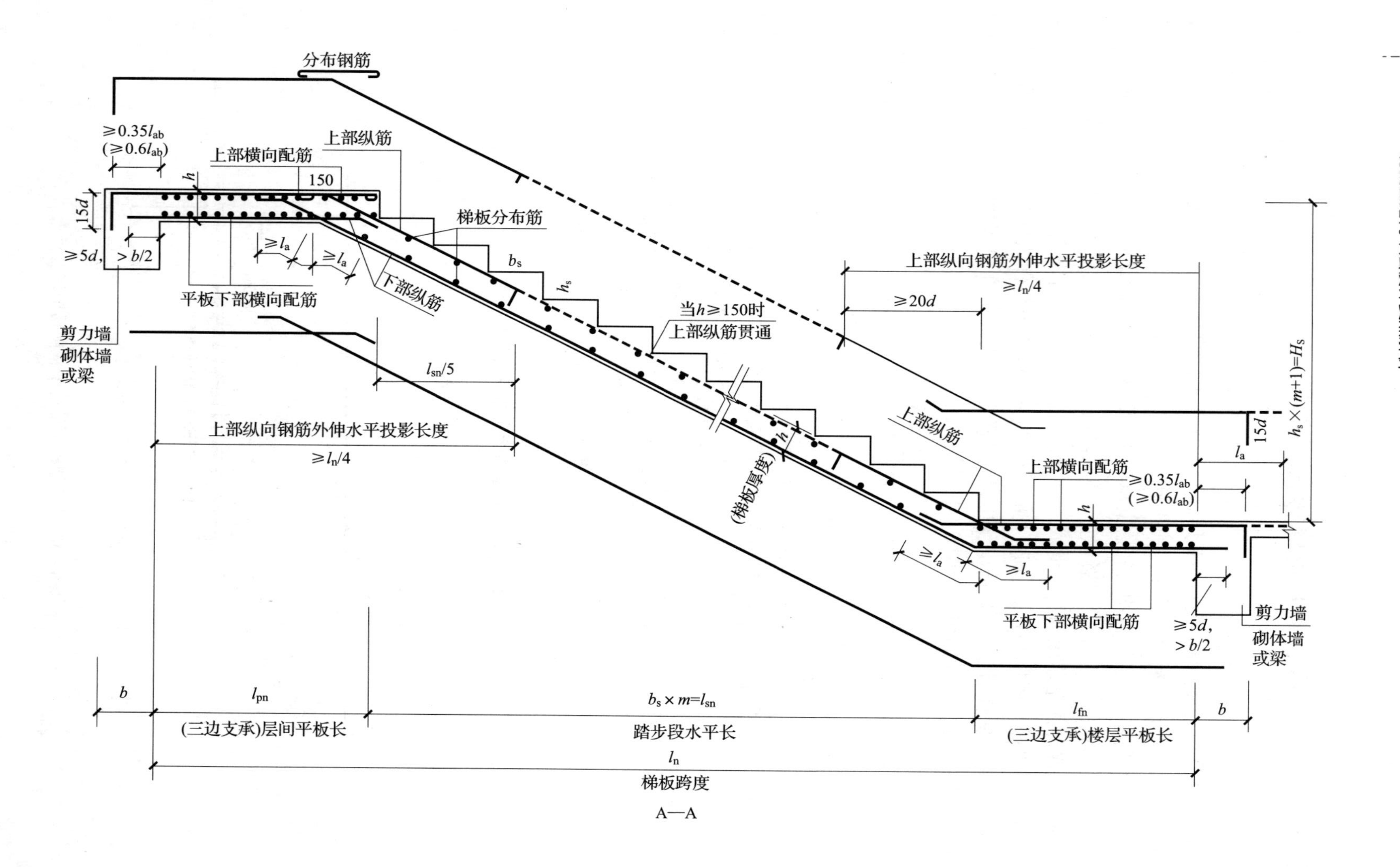
分布钢筋
≥0.35l_{ab}
(≥0.6l_{ab})
上部横向配筋
上部纵筋
150
h
15d
≥5d,
>b/2
≥l_a
≥l_a
平板下部横向配筋
下部纵筋
梯板分布筋
b_s
h_s
剪力墙
砌体墙
或梁
当h≥150时
上部纵筋贯通
l_{sn}/5
上部纵向钢筋外伸水平投影长度
≥l_n/4
上部纵向钢筋外伸水平投影长度
≥l_n/4
≥20d
(梯板厚度)
h
上部纵筋
15d
h_s×(m+1)=H_s
l_a
上部横向配筋
≥0.35l_{ab}
(≥0.6l_{ab})
h
≥l_a
≥l_a
平板下部横向配筋
≥5d,
>b/2
剪力墙
砌体墙
或梁
b
l_{pn}
(三边支承)层间平板长
b_s×m=l_{sn}
踏步段水平长
l_{fn}
(三边支承)楼层平板长
b
l_n
梯板跨度

A—A

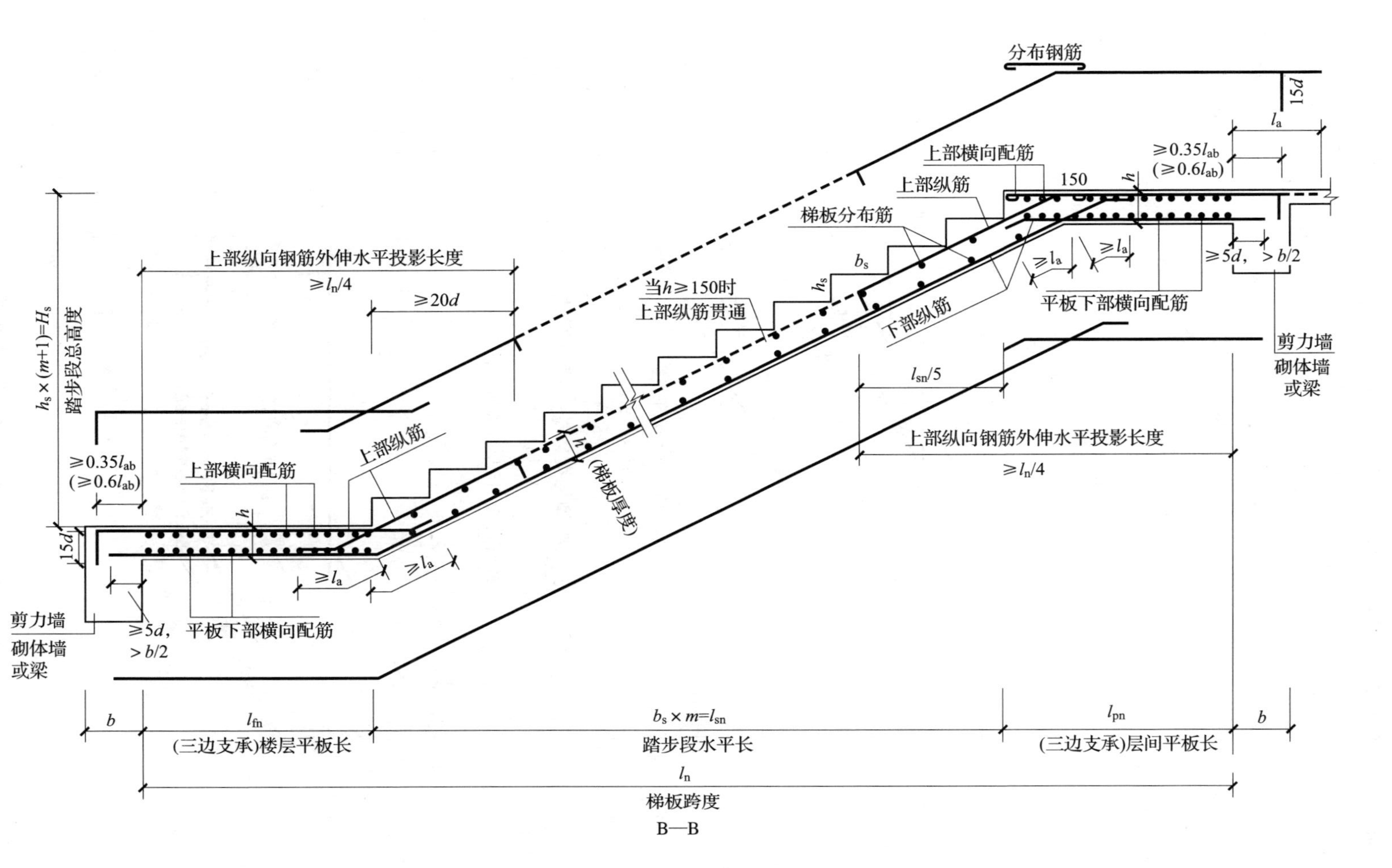

图6-11　FT型楼梯梯板配筋构造

②层间平板为单边支承，楼层平板为三边支承的GT型梯板，其高端平板（层间平板或楼层平板）支座上部纵向钢筋自梯梁边缘伸入梯板内的水平投影长度应≥l_n/4（l_n为梯板跨度），自踏步段边缘伸入踏步段内的长度取（l_{pn} + l_{sn}）/5（l_{pn}为层间平板水平净长度，l_{sn}为踏步段水平净长度，如图6－14所示）（图6－12）；其低端平板（层间平板或楼层平板）支座上部纵向钢筋自梯梁边缘伸入梯板内的水平投影长度应≥l_n/4（l_n为梯板跨度），自踏步段边缘伸入踏步段内的长度应≥20d（d为纵向钢筋直径）（图6－13）。其配筋构造如图6－14所示。

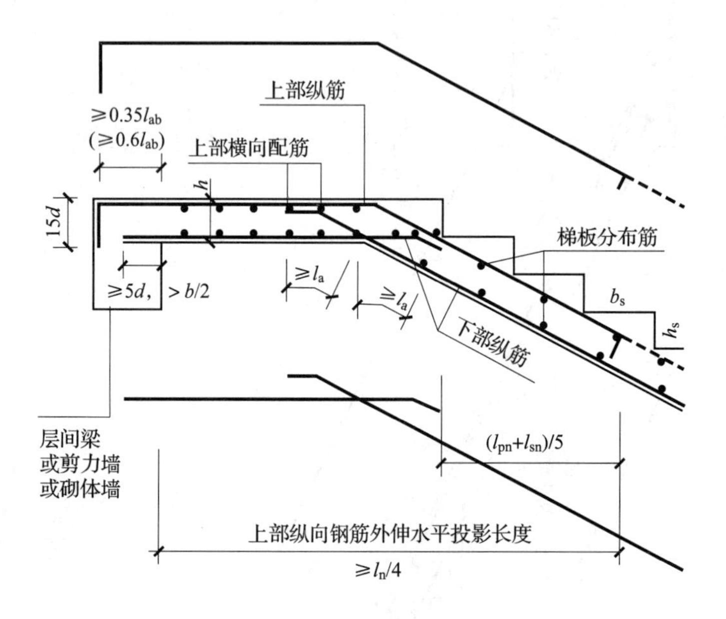

图6－12　GT型梯板高端平板配筋构造

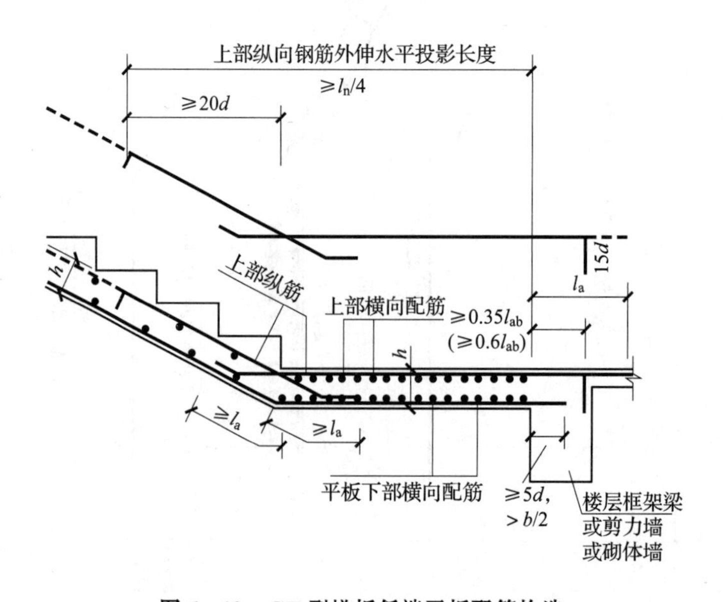

图6－13　GT型梯板低端平板配筋构造

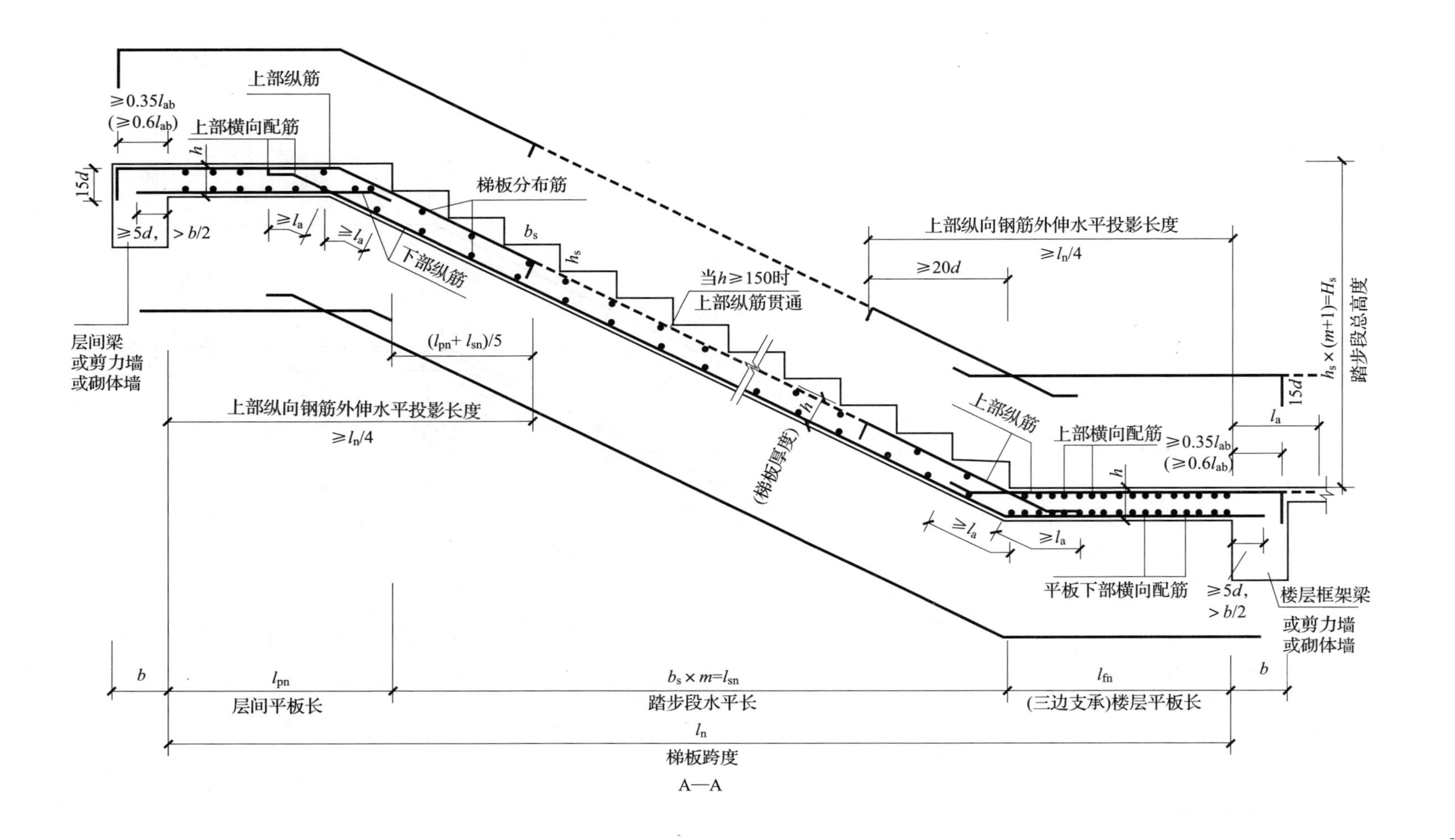
踏步段总高度
$h_s \times (m+1)=H_s$
15d
l_a
楼层框架梁
或剪力墙
或砌体墙
b
上部纵向钢筋外伸水平投影长度
$\geqslant l_n/4$
$\geqslant 20d$
上部横向配筋
$\geqslant 0.35l_{ab}$
$(\geqslant 0.6l_{ab})$
$\geqslant 5d$，
$> b/2$
平板下部横向配筋
h
上部纵筋
$\geqslant l_a$
l_{fn}
(三边支承)楼层平板长
当$h\geqslant 150$时
上部纵筋贯通
梯板厚度
h
梯板分布筋
b_s
h_s
下部纵筋
$(l_{pn}+l_{sn})/5$
上部纵向钢筋外伸水平投影长度
$\geqslant l_n/4$
上部纵筋
上部横向配筋
$\geqslant 0.35l_{ab}$
$(\geqslant 0.6l_{ab})$
15d
$\geqslant 5d$，
$> b/2$
层间梁
或剪力墙
或砌体墙
$b_s \times m=l_{sn}$
踏步段水平长
l_n
梯板跨度
l_{pn}
层间平板长
b

A—A

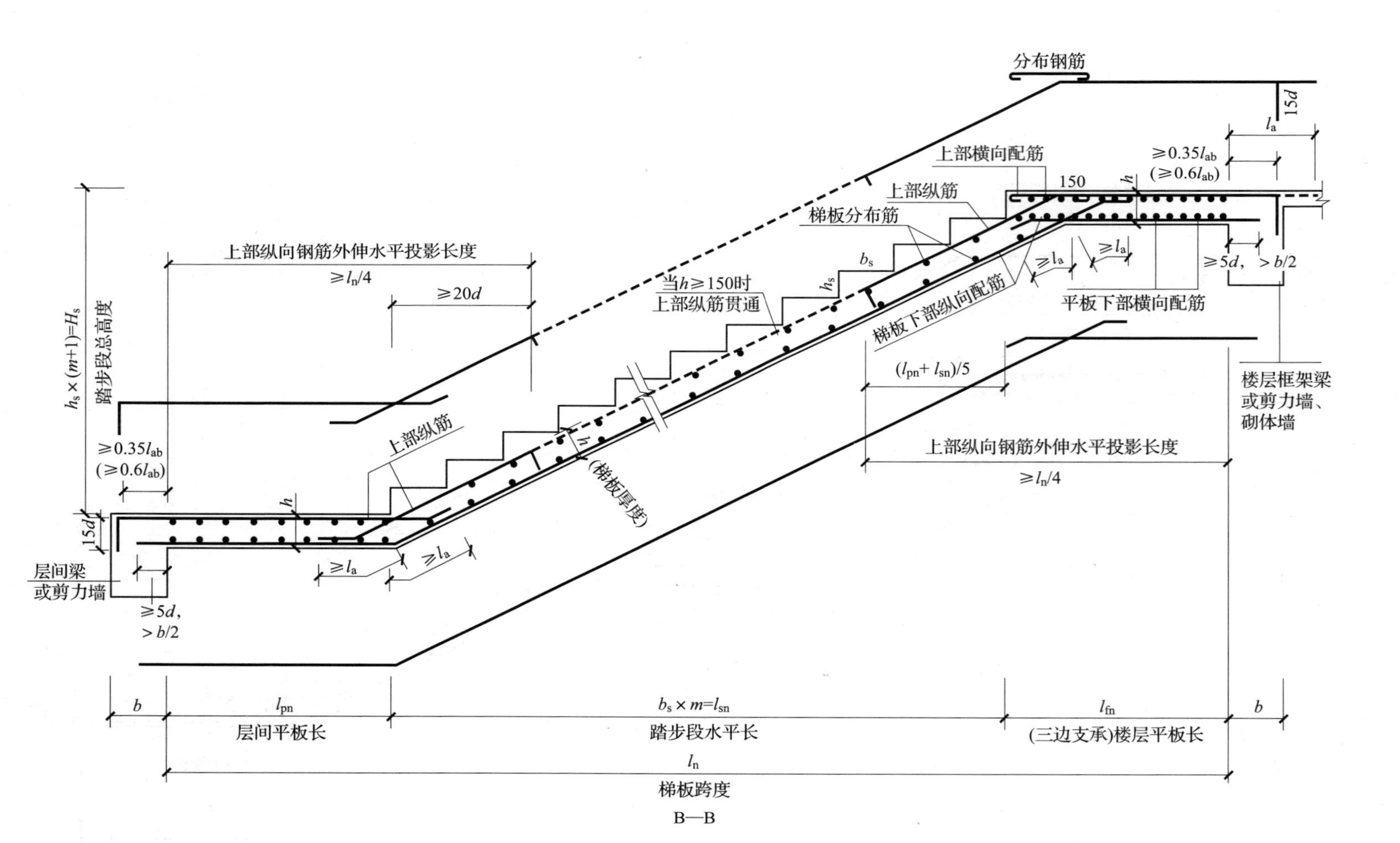

图6－14 GT型楼梯梯板配筋构造

③层间平板为三边支承，楼层平板为单边支承的HT型梯板，其高端层间平板支座上部纵向钢筋自梯梁边缘伸入梯板内的水平投影长度应≥l_n/4（l_n为梯板跨度），自踏步段边缘伸入踏步段内的长度取l_{sn}/5（l_{sn}为踏步段水平净长度）（图6－15）；其低端层间平板支座上部纵向钢筋自梯梁边缘伸入梯板内的水平投影长度应≥l_n/4（l_n为梯板跨度），自踏步段边缘伸入踏步段内的长度取l_{sn}/5，且应≥20d（d为纵向钢筋直径）（图6－16）。其配筋构造如图6－17所示。

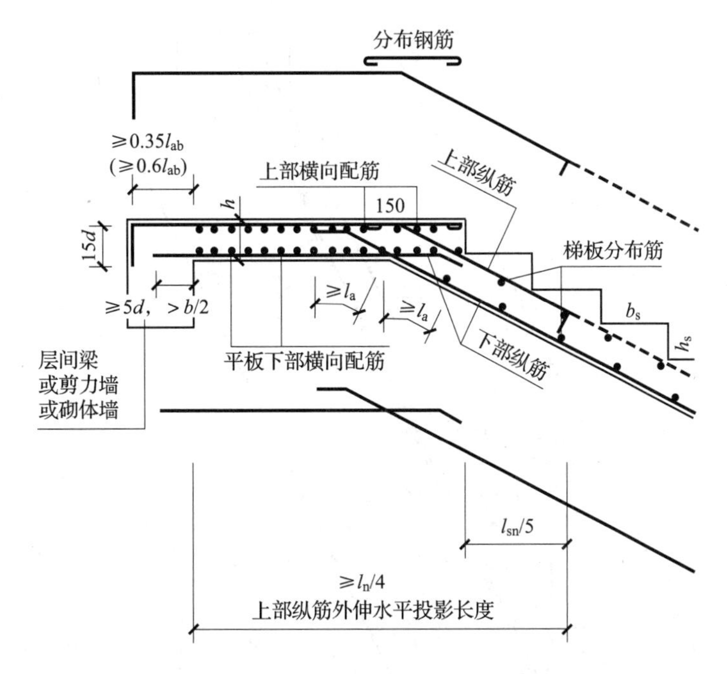

图6－15　HT型梯板高端平板配筋构造

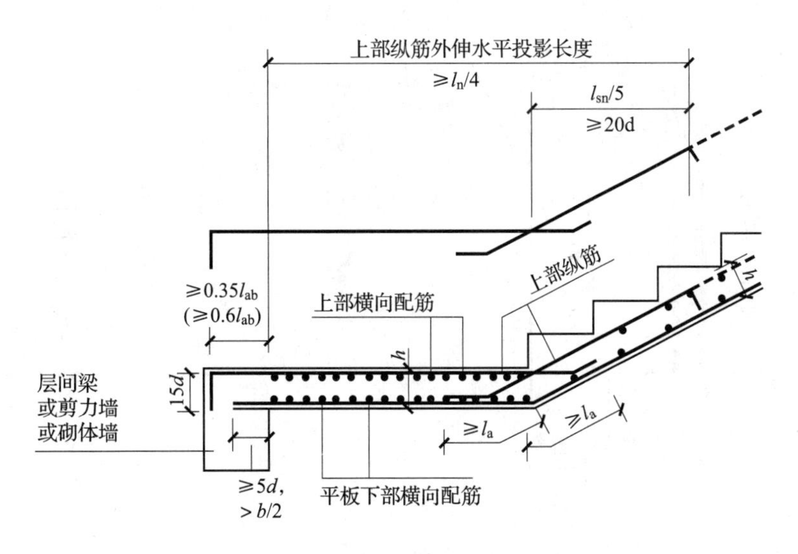

图6－16　HT型梯板低端平板配筋构造

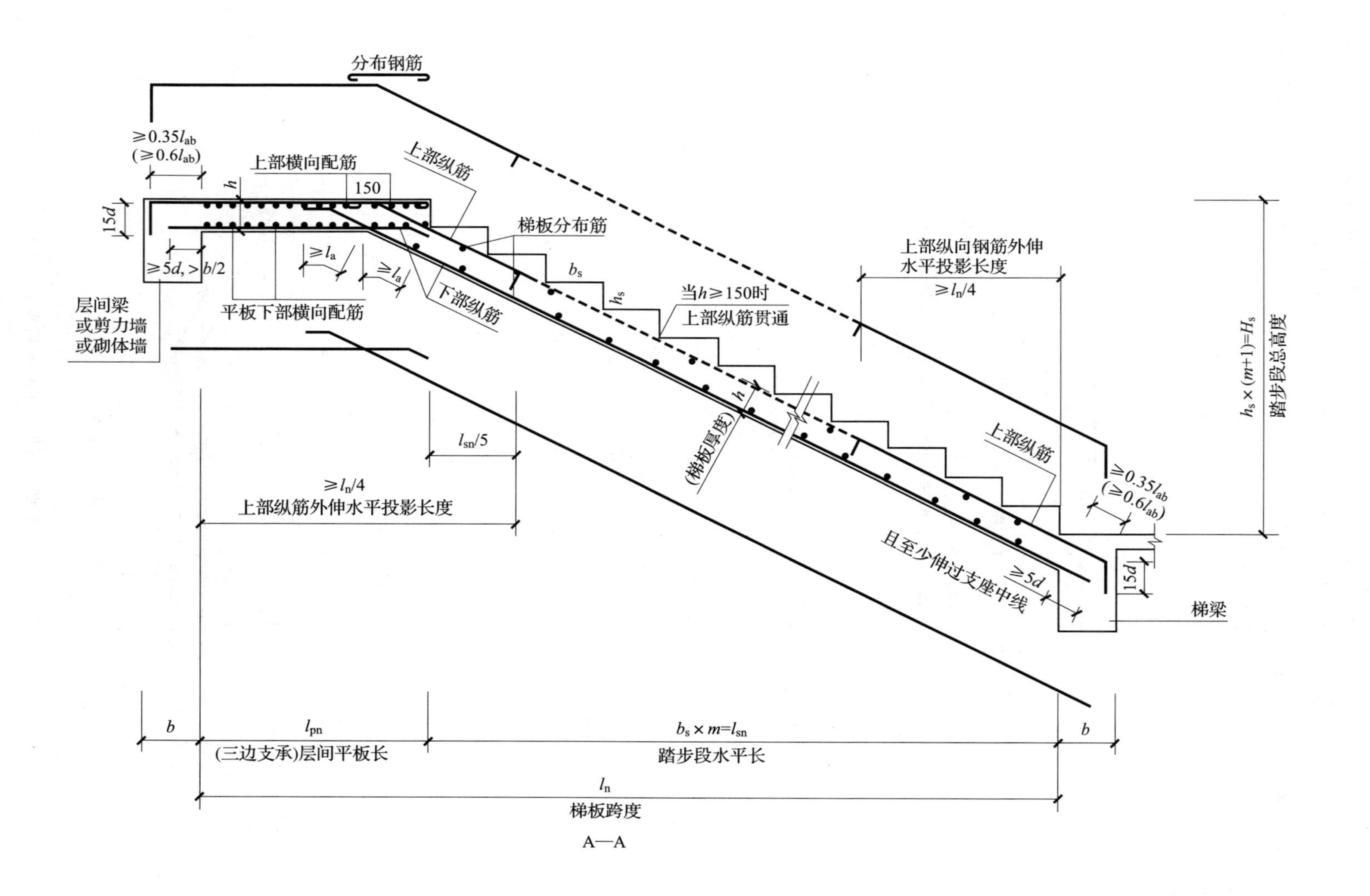
分布钢筋
≥0.35l_{ab}
(≥0.6l_{ab})
上部横向配筋
h
150
上部纵筋
15d
梯板分布筋
≥l_a
≥l_a
≥5d, >b/2
b_s
下部纵筋
h_s
层间梁
或剪力墙
或砌体墙
平板下部横向配筋
当h≥150时
上部纵筋贯通
上部纵向钢筋外伸
水平投影长度
≥l_n/4
h
(梯板厚度)
l_{sn}/5
上部纵筋
≥0.35l_{ab}
(≥0.6l_{ab})
≥l_n/4
上部纵筋外伸水平投影长度
且至少伸过支座中线
≥5d
15d
梯梁
$h_s\times(m+1)=H_s$
踏步段总高度
b
l_{pn}
(三边支承)层间平板长
$b_s\times m=l_{sn}$
踏步段水平长
b
l_n
梯板跨度
A—A

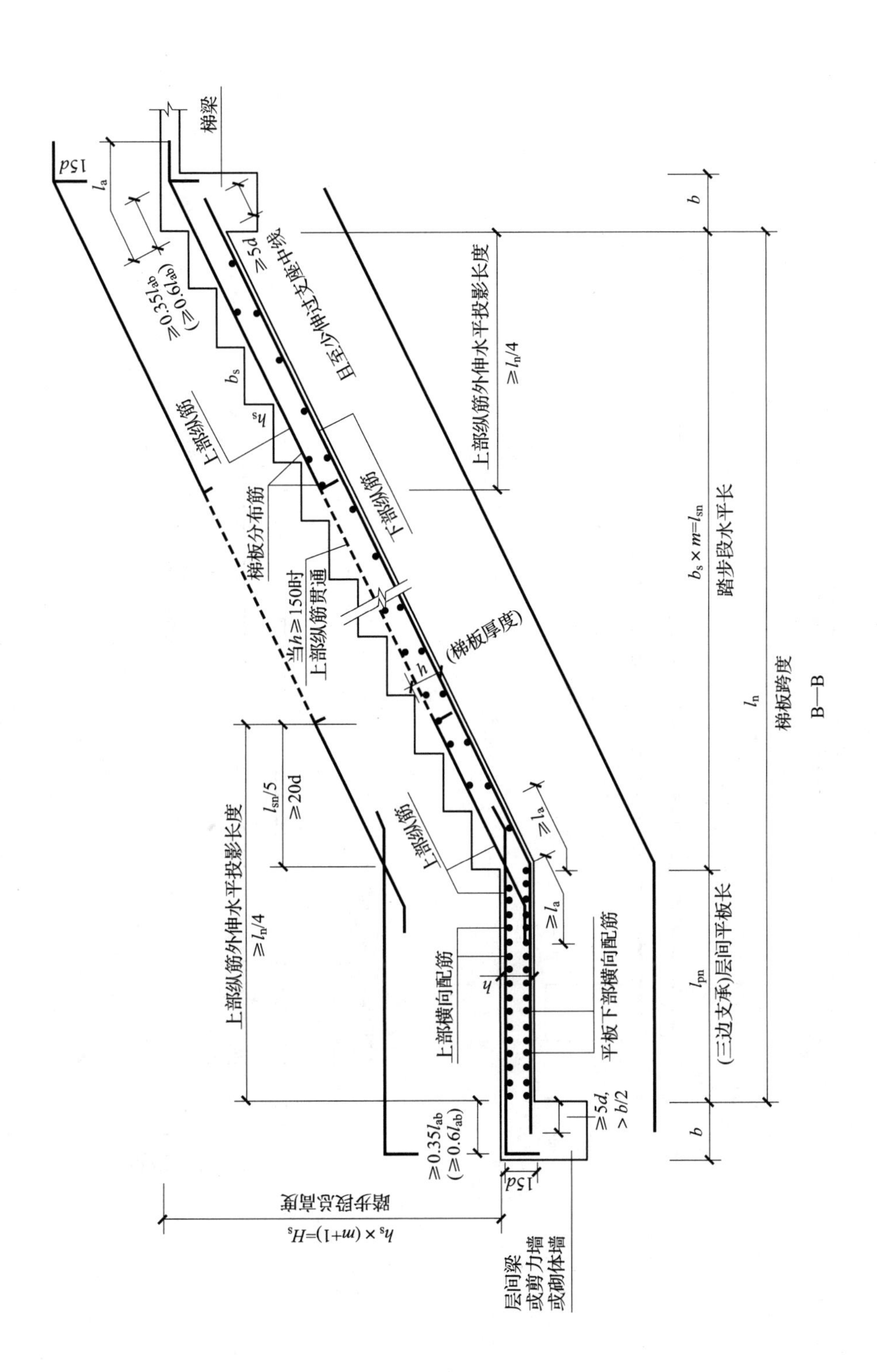
梯梁
15d
l_a
≥0.35l_{ab}
(≥0.6l_{ab})
≥5d
且至少伸过支座中线
上部纵筋外伸水平投影长度
≥l_n/4
b_s
h_s
上部纵筋
梯板分布筋
下部纵筋
当h≥150时
上部纵筋贯通
h
(梯板厚度)
l_{sn}/5
≥20d
上部纵筋外伸水平投影长度
≥l_n/4
上部纵筋
≥l_a
≥l_a
上部横向配筋
h
平板下部横向配筋
≥5d,
>b/2
≥0.35l_{ab}
(≥0.6l_{ab})
15d
h_s×(m+1)=H_s
踏步段总高度
层间梁
或剪力墙
或砌体墙
b
b_s×m=l_{sn}
踏步段水平长
l_n
梯板跨度
l_{pn}
(三边支承)层间平板长
b
B—B

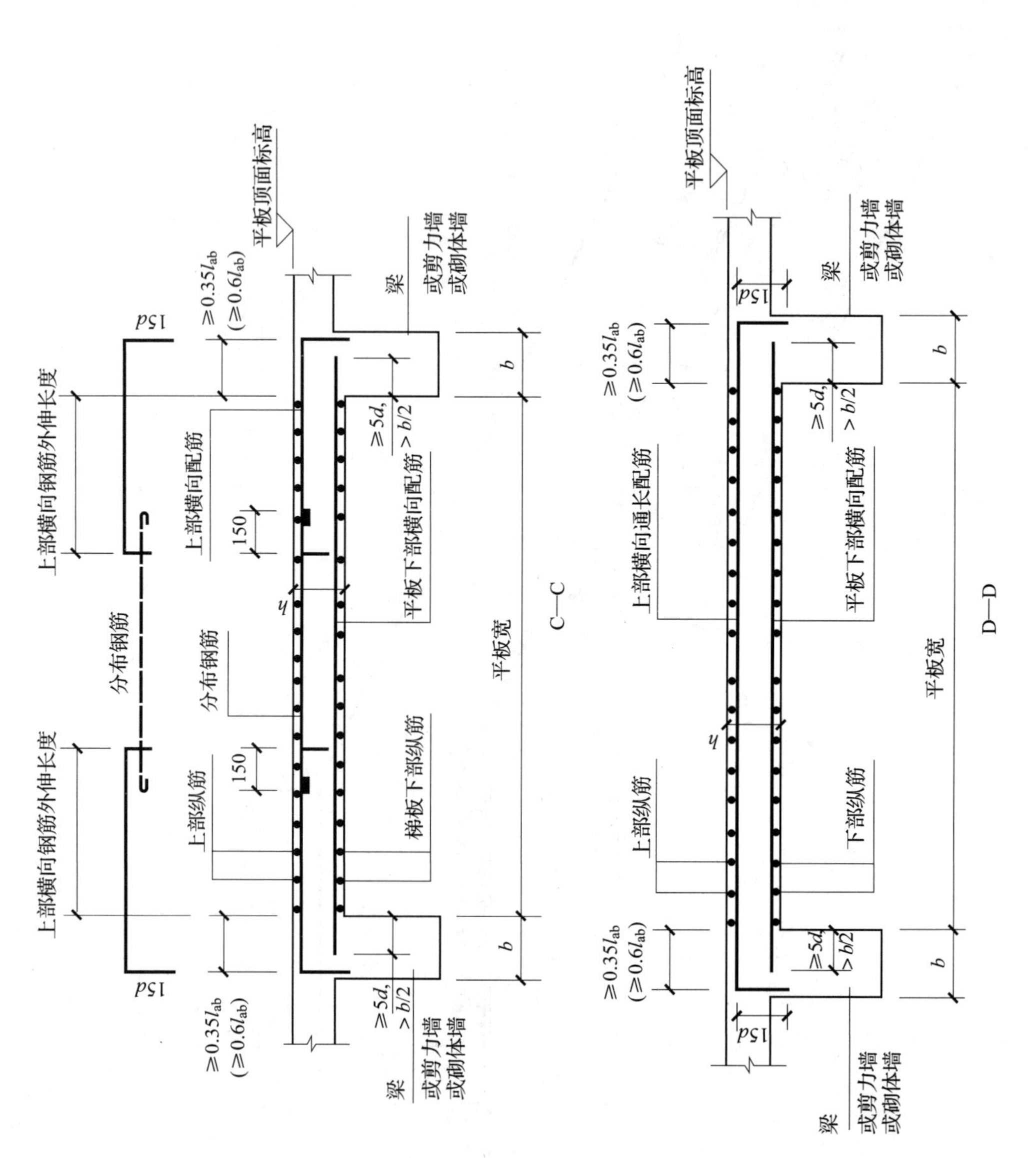

图 6-17　HT 型楼梯板配筋构造

3）平板支座上部纵向钢筋在低端和高端梯梁内的直段锚固长度，按铰接设计时，应≥$0.35l_{ab}$，考虑充分发挥钢筋抗拉强度时，应≥$0.6l_{ab}$，具体工程中由设计指明采用何种情况，弯折段长度为15d（d为支座端上部纵向钢筋直径），当采用不弯折的直锚时，应≥l_a（图6－15、图6－16）。

4）梯板下部纵向钢筋在低端梯梁及高端梯梁内的锚固长度均应≥5d，＞b/2（d为梯板下部纵向钢筋直径，b为梯梁宽度）。

5）梯板折板处纵向钢筋锚固长度应≥l_a（图6－15、图6－16）。

要点3：FT、GT、HT型楼梯平板构造

FT型楼梯层间平板和楼层平板均为三边支承板，应在其层间平板和楼层平板横向（平板宽度方向）设置受力钢筋；GT型楼梯楼层平板为三边支承板，应在其楼层平板横向（平板宽度方向）设置受力钢筋；HT型楼梯层间平板为三边支承板，应在其层间平板横向（平板宽度方向）设置受力钢筋。

1）层间平板配筋构造：FT、HT型楼梯层间平板上部横向钢筋和下部横向钢筋以及上部横向分布钢筋的构造如图6－18所示。

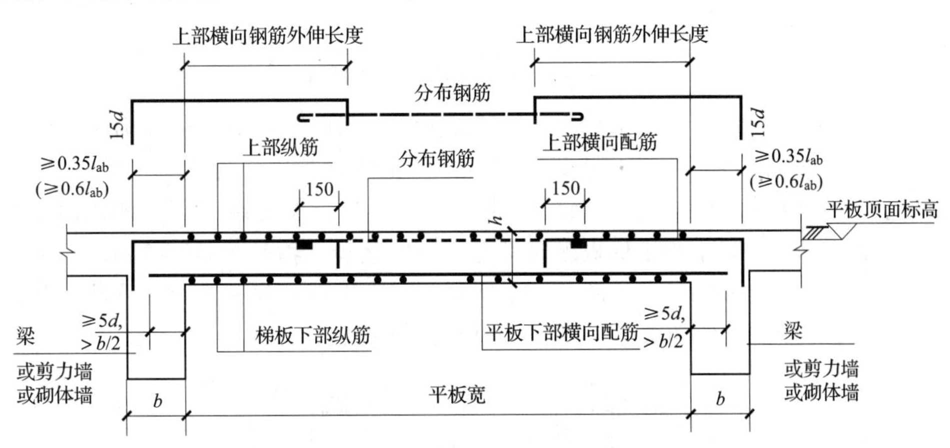

图6－18　FT、HT型楼梯层间平板配筋构造

2）楼层平板配筋构造：FT、GT型楼梯楼层平板上部横向钢筋和下部横向钢筋的构造如图6－19所示。

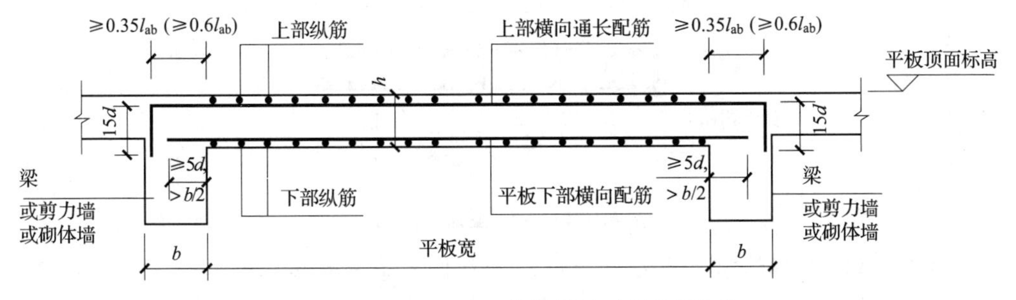

图6－19　FT、GT型楼梯楼层平板配筋构造

图 6－18、图 6－19 中上部支座按铰接设计时，上部纵筋锚固长度应≥0.35l_{ab}；考虑充分发挥钢筋抗拉强度时应≥0.6l_{ab}，具体工程中由设计指明采用何种情况。

要点 4：ATa、ATb、ATc 型梯板配筋构造

1）ATa、ATb 型梯板采用双层双向配筋，纵向设置受力钢筋，大小由设计确定，横向设置分布钢筋。梯板两侧设置附加纵筋，抗震等级为一、二级时不小于 2 Φ20，抗震等级为三、四级时不小于 2 Φ16，如图 6－20 所示，图中①钢筋为梯板下部纵筋，②钢筋为梯板上部纵筋，③钢筋为分布筋。

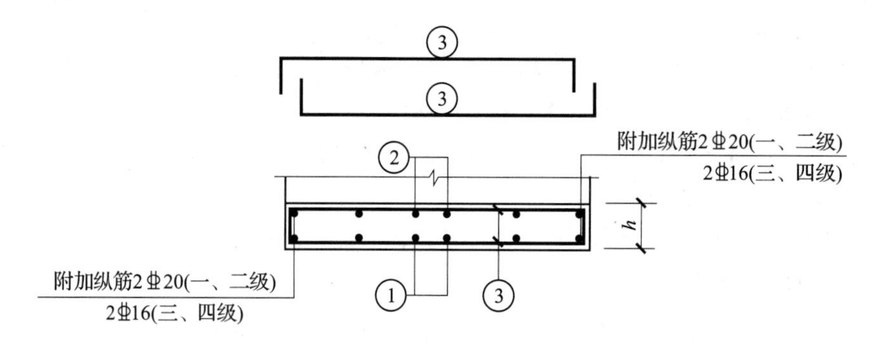

图 6－20 ATa、ATb 型梯板剖面

2）ATc 型梯板采用双层双向配筋，纵向设置受力钢筋，大小由设计确定，横向设置分布钢筋。梯板两侧 1.5h（h 为梯板最小厚度）范围内设置边缘构件（暗梁），边缘构件的纵筋数量，当抗震等级为一、二级时不少于 6 根，当抗震等级为三、四级时不少于 4 根。纵筋直径为 ϕ12，且不小于梯板纵向受力钢筋的直径，箍筋为 ϕ6@200。梯板非边缘构件部位设置拉结筋 ϕ6@600，如图 6－21 所示，图中①钢筋为梯板上、下部纵筋，②钢筋为暗梁箍筋，③钢筋为分布筋，④钢筋为梯板拉结筋。

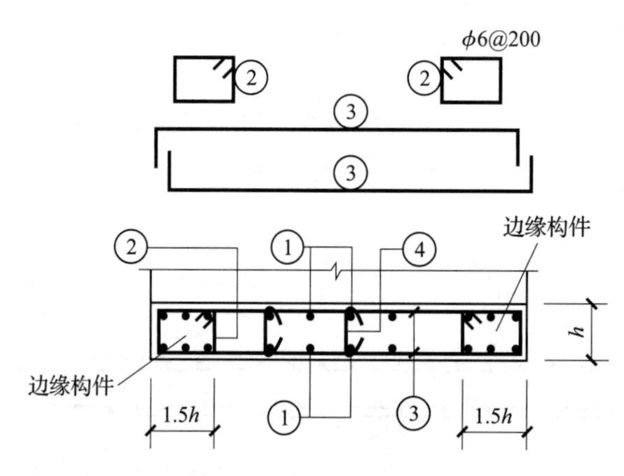

图 6－21 ATc 型梯板剖面

3）ATa、ATb 型梯板滑动支座端纵筋应全部伸入第一踏步内另一端（图 6－22、图 6－23），高端梯梁内的锚固长度应≥l_{aE}（图 6－24）。

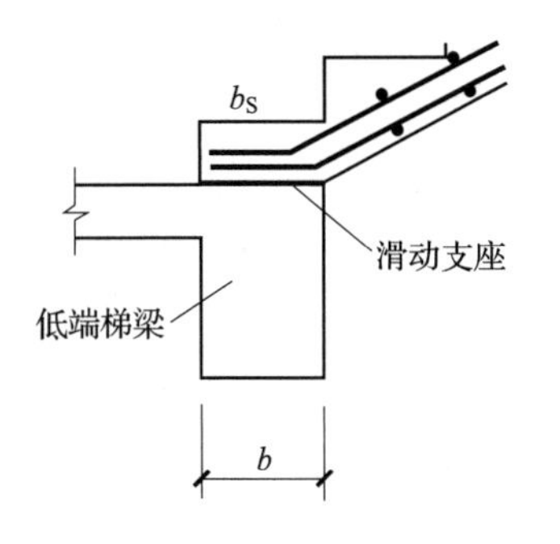

图6－22　ATa型梯板滑动支座端

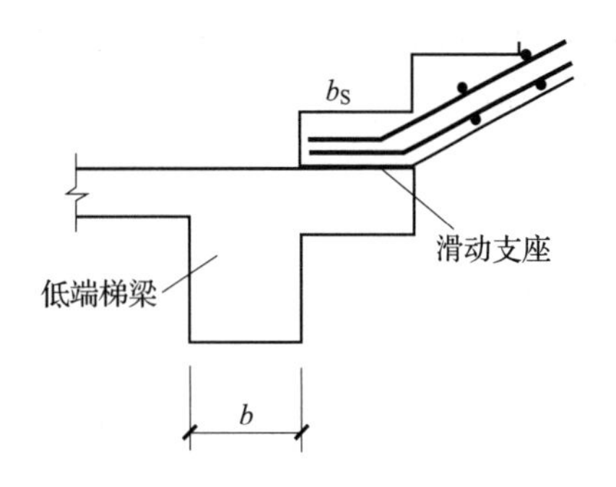

图6－23　ATb型梯板滑动支座端

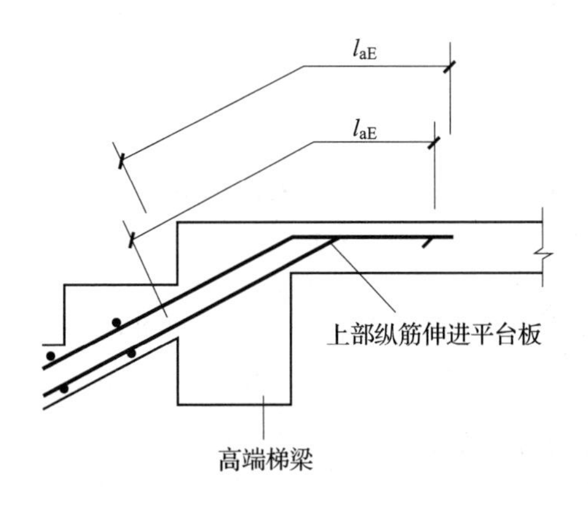

图6－24　ATa、ATb型梯板高端梯梁端

4）ATc型梯板纵筋在低端梯梁内的直段锚固长度应≥0.6l_{abE}，弯折段长度应≥15d（d为梯板纵筋直径）（图6－25）；在高端梯梁内的锚固长度应≥l_{aE}（图6－26）。

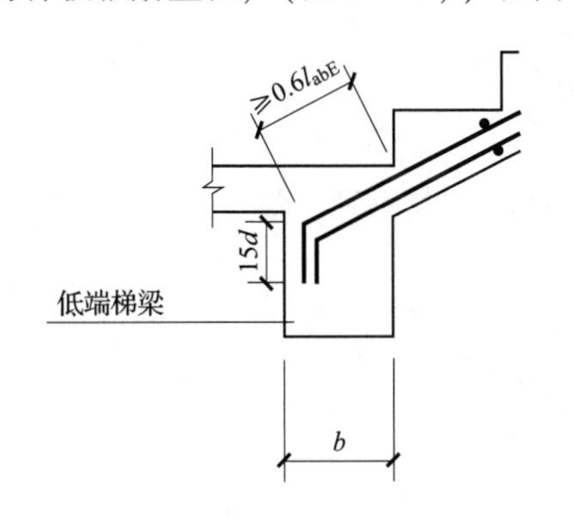

图6－25　ATc型梯板低端梯梁

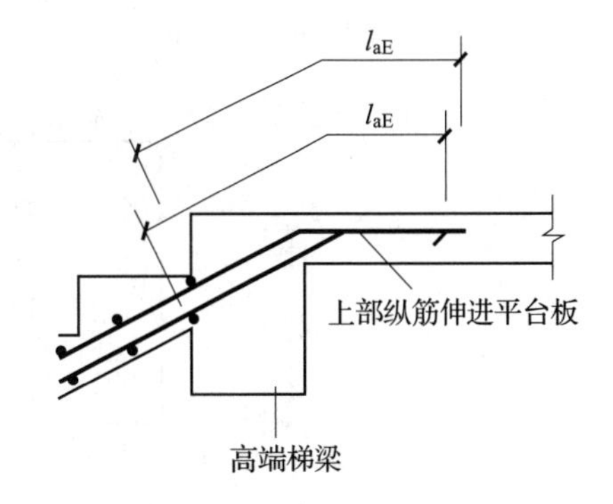

图6－26　ATc型梯板高端梯梁

要点5：不同踏步位置推高与高度减小构造

在实际楼梯施工中，由于踏步段上、下两端板的建筑面层厚度不同，为使面层完工后各级踏步等高等宽，必须减小最上一级踏步的高度并将其余踏步整体斜向推高，整体推高

的（垂直）高度值 $\delta_1 = \triangle_1 - \triangle_2$，高度减小后的最上一级踏步高度 $h_{s2} = h_s -（\triangle_3 - \triangle_2）$，如图 6－27 所示。

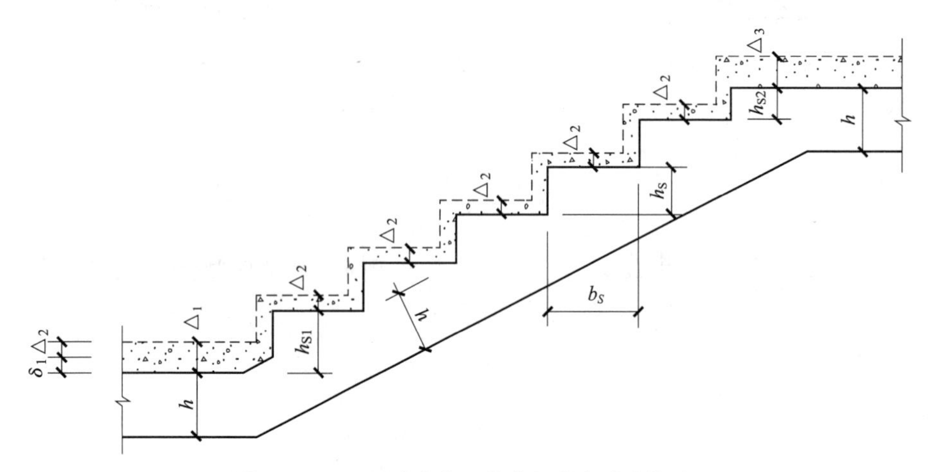

图 6－27　不同踏步位置推高与高度减小构造

δ_1—第一级与中间各级踏步整体竖向推高值；h_{s1}—第一级（推高后）踏步的结构高度；
h_{s2}—最上一级（减小后）踏步的结构高度；$\triangle_1$—第一级踏步根部面层厚度；
$\triangle_2$—中间各级踏步的面层厚度；$\triangle_3$—最上一级踏步（板）面层厚度

要点 6：楼梯与基础连接构造

楼梯第一跑一般与砌体基础、地梁或钢筋混凝土基础底板相连。各型楼梯第一跑与基础的连接构造如图 6－28～图 6－31 所示。

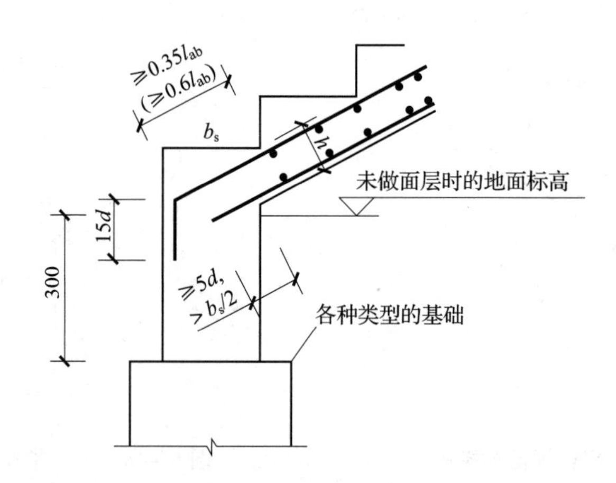

图 6－28　各型楼梯第一跑与基础的连接构造（一）

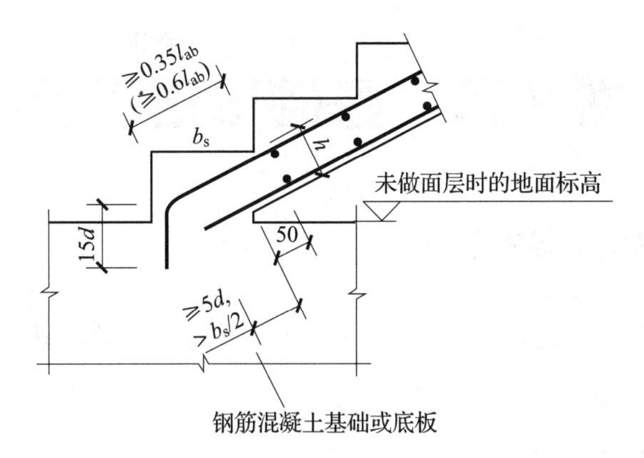

图 6－29　各型楼梯第一跑与基础的连接构造（二）

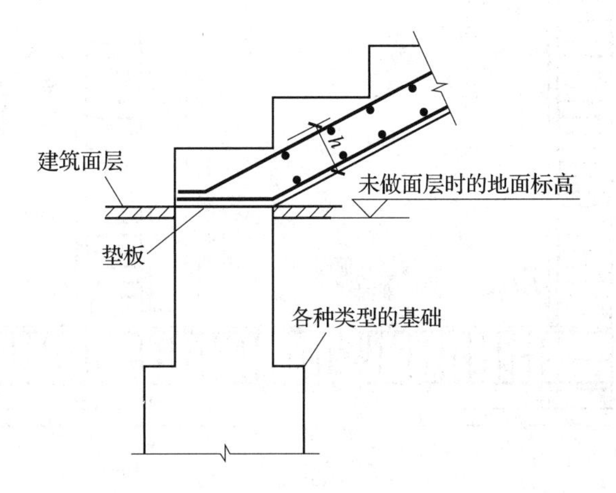

图 6－30　各型楼梯第一跑与基础的连接构造（用于滑动支座）（三）

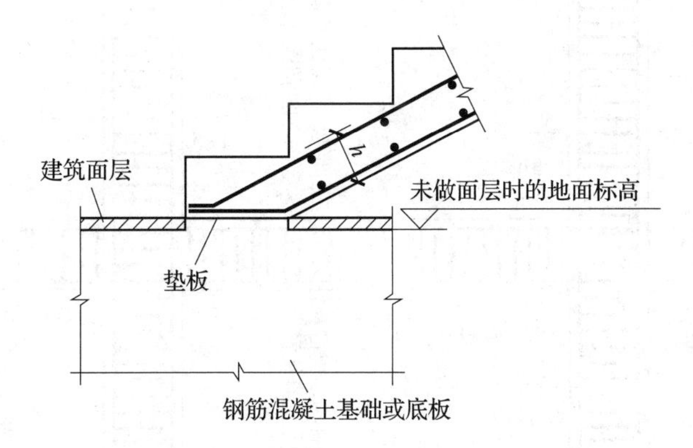

图 6－31　各型楼梯第一跑与基础的连接构造（用于滑动支座）（四）

第7章 基础平法设计

要点1：独立基础拉梁的设置

基础联系梁用于独立基础、条形基础及桩基承台。基础联系梁配筋构造如图7－1所示。

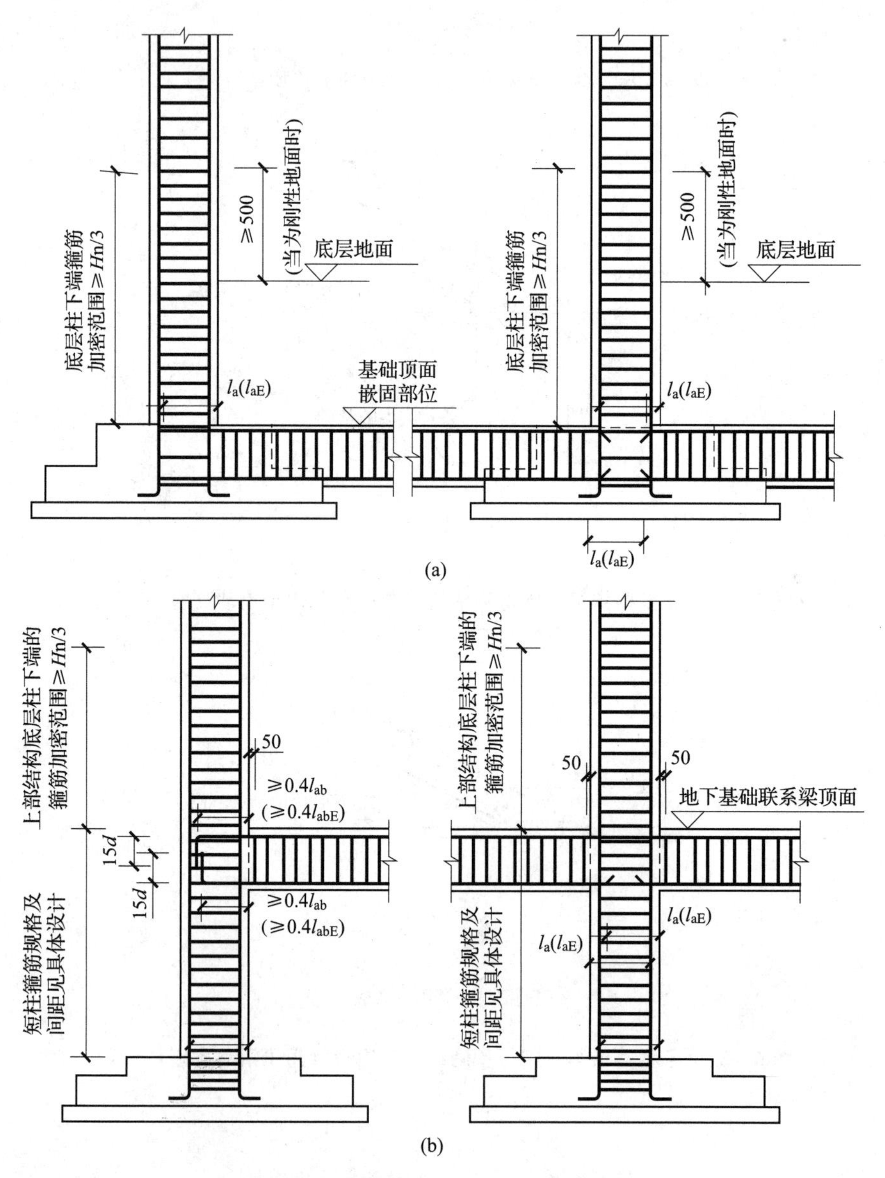

图7－1　基础联系梁（JLL）配筋构造

1. 独立柱基础间设置拉梁的目的

1）独立柱基础间的拉梁是为增加房屋基础部分的整体性，调节相邻基础间的不均匀沉降变形而设置的，由于相邻基础长短跨不一样，基底压应力不一样，用拉梁调节是考虑计算和构造的需要。基础梁埋置在较好的持力土层上，与基础底板一起支托上部结构，并承受地基反力作用。

2）基础联系梁拉结柱基或桩基承台基础之间的两柱，梁顶面位置宜与柱基或承台顶面位于同一标高。

3）《建筑抗震设计规范》（GB 50011—2010）中第6.1.11条规定，框架单独柱基有下列情况之一时，宜沿两个主轴方向设置基础联系梁：

①一级框架和Ⅳ类场地的二级框架。

②各柱基础底面在重力荷载代表值作用下的压应力差别较大。

③基础埋置较深，或各基础埋置深度差别较大。

④地基主要受力层范围内存在软弱黏性土层、液化土层或严重不均匀土层。

⑤桩基承台之间。

另外，非抗震设计时单桩承台双向（桩与柱的截面直径之比≤2）和两桩承台短向设置基础联系梁；梁宽度不宜小于250mm，梁高度取承台中心距的1/15～1/10，且不宜小于400mm。

多层框架结构无地下室时，独立基础埋深较浅而设置基础拉梁，一般会设置在基础的顶部，此时拉梁按构造配置纵向受力钢筋；独立基础的埋深较大、底层的高度较高时，也会设置与柱相连的梁，此时梁为地下框架梁而不是基础间的拉梁，应按地下框架梁的构造要求考虑。

2. 纵向钢筋

1）单跨时，要考虑竖向地震作用，伸入支座内的锚固长度为l_a（l_{ae}），有抗震要求时设计文件特殊注明。连续的基础拉梁，钢筋锚固长度从柱边开始计算，当拉梁是单跨时，锚固长度从基础的边缘算起。

2）腰筋在支座内应满足抗扭腰筋N、构造腰筋G的要求。

3）基础拉梁按构造设计，断面不能小于400mm，配筋是按两个柱子最大轴向力的10%计算拉力配置钢筋，所以要求不宜采用绑扎搭接接头，可采用机械连接或焊接。

3. 箍筋

1）箍筋应为封闭式，如果不考虑抗震，不设置抗震构造加密区，如果根据计算，端部确实需要设置箍筋加密区，设计上可以分开，但这不是抗震构造措施里面的要求。

2）根据计算结果，可分段配制不同间距或直径。

3）上部结构底层框架柱下端的箍筋加密区高度从基础联系梁顶面开始计算，基础联系梁顶面至基础顶面短柱的箍筋详见具体设计。当未设置基础联系梁时，上部结构底层框架柱下端的箍筋加密高度从基础顶面开始计算。

4. 其他

1）拉梁上有其他荷载时，上部有墙体，拉梁可能为拉弯构件或压弯构件，而不是简单的受弯构件，要按墙梁考虑。

2）考虑耐久性的要求（如环境、混凝土强度等级、保护层厚度等）。

3）遇有冻土、湿陷、膨胀土等，会给拉梁带来额外的荷载，冻土膨胀会造成拉梁拱起，所以要考虑地基的防护。

要点2：条形基础梁底部非贯通纵筋长度的取值

1）为方便施工，凡基础梁柱下区域底部非贯通纵筋的伸出长度 a_0，当配置不多于两排时，在标准构造详图中统一取值为自柱边向跨内伸出至 $l_n/3$ 位置；当非贯通纵筋配置多于两排时，从第三排起向跨内的伸出长度值应由设计者注明。l_n 的取值规定为：边跨边支座的底部非贯通纵筋，l_n 取本边跨的净跨长度值，对于中间支座的底部非贯通纵筋，l_n 取支座两边较大一跨的净跨长度值。

2）基础梁外伸部位底部纵筋的伸出长度 a_0，在标准构造详图中统一取值为：第一排伸出至梁端头后，全部上弯 $12d$，其他排钢筋伸至梁端头后截断。

3）设计者在执行第1）、2）条底部非贯通纵筋伸出长度的统一取值规定时，应注意按《混凝土结构设计规范》GB 50010—2010、《建筑地基基础设计规范》GB 50007—2011 和《高层建筑混凝土结构技术规程》JGJ 3—2010 的相关规定进行校核，若不满足时应另行变更。

要点3：基础梁侧面构造纵筋和拉筋构造

基础梁侧面构造纵筋和拉筋构造如图 7－2 所示。

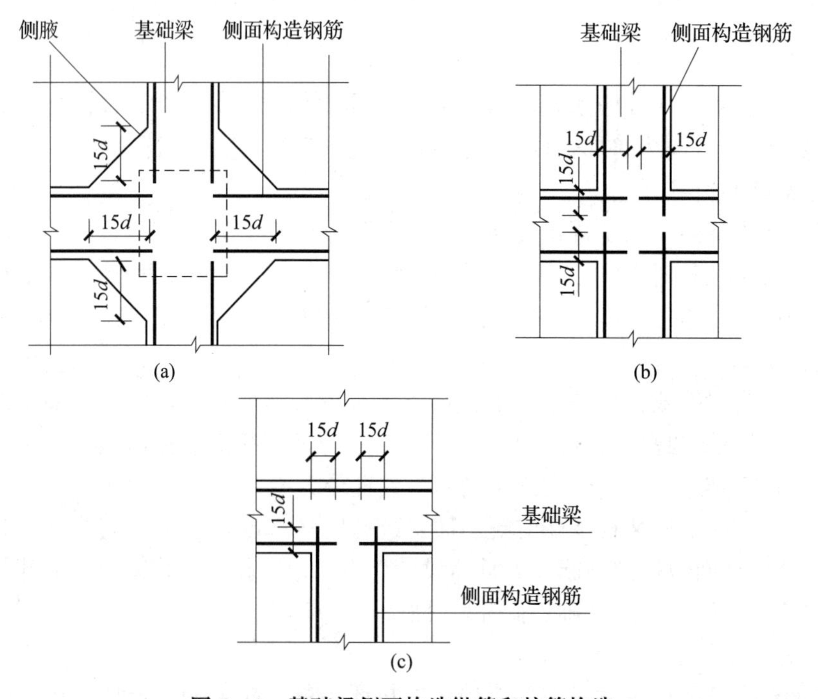

图 7－2　基础梁侧面构造纵筋和拉筋构造

基础梁的侧部筋为构造筋，锚固时应注意锚固的起算位置。十字相交的基础梁，当相交位置有柱时［图7－2（a）］，侧面构造纵筋锚入梁包柱侧腋内15d；十字相交的基础梁，当相交位置无柱时［图7－2（b）］，侧面构造纵筋锚入交叉梁内15d；丁字相交的基础梁，当相交位置无柱时［图7－2（c）］，横梁内侧的构造纵筋锚入交叉梁内15d；当基础梁箍筋有多种间距时，未注明拉筋间距按哪种箍筋间距的2倍，梁箍筋直径均为8mm。

要点4：条形基础底板不平钢筋构造

条形基础底板不平钢筋构造可分为两种情况，如图7－3、图7－4所示。其中，图7－4为板式条形基础。

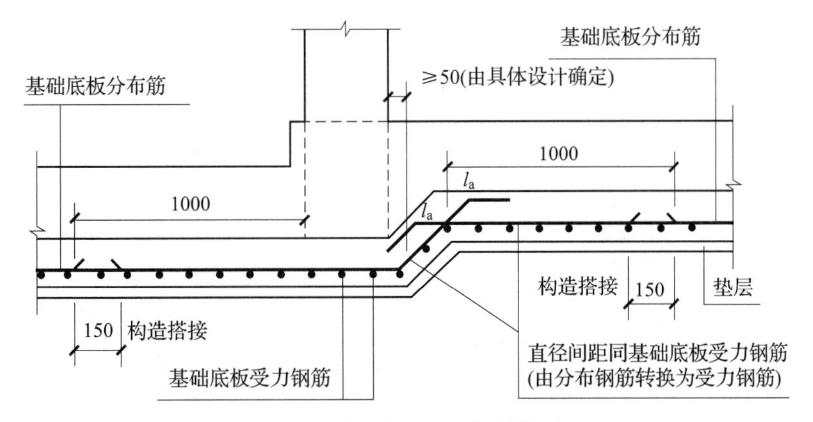

图7－3　条形基础底板不平钢筋构造（一）

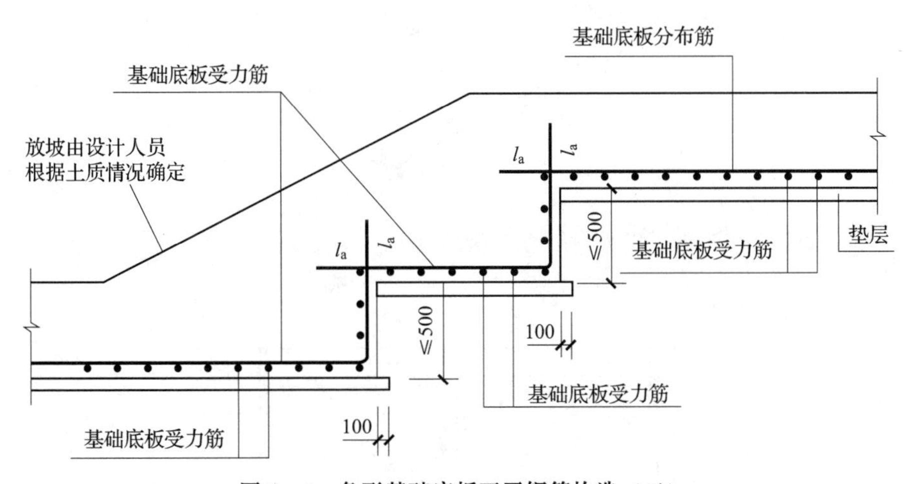

图7－4　条形基础底板不平钢筋构造（二）

条形基础底板不平钢筋构造（一）的配筋构造要点为：在墙（柱）左侧之外1000mm的分布筋转换为受力钢筋，在右侧上拐点以右1000mm的分布筋转换为受力钢筋。转换后的受力钢筋锚固长度为l_a，与原来的分布筋进行搭接，搭接长度为150mm。

条形基础底板不平钢筋构造（二）的配筋构造要点为：条形基础底板呈阶梯形的上升状，基础底板分布筋垂直上弯，受力筋分布于内侧。

要点5：筏形基础类型的选择

当柱网间距大时，一般采用梁板式筏形基础。由于基础梁底面与基础平板底面标高高差不同，可将梁板式筏形基础分为“高板位”（即梁顶与板顶一平，如图7-5所示）、“低板位”（即梁底与板底一平，如图7-6所示）、“中板位”（板在梁的中部）。

当柱荷载不大、柱距较小且等柱距时，一般采用平板式筏形基础，如图7-7所示。

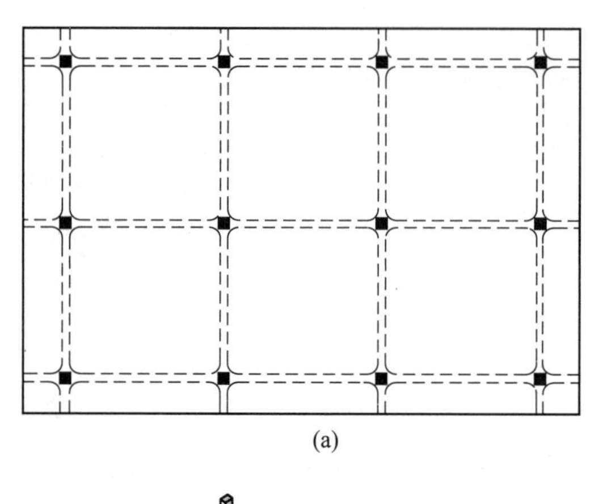

(a)

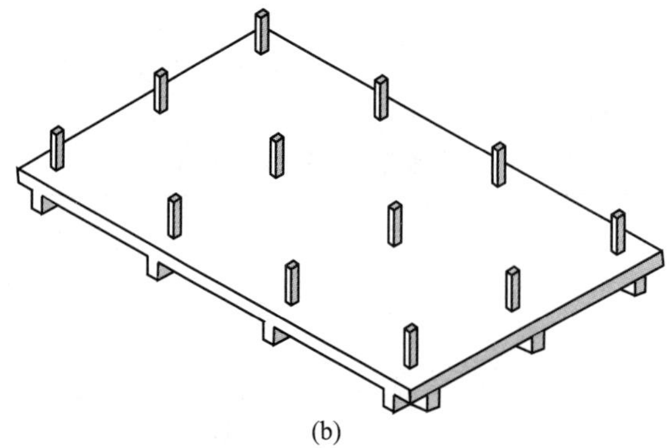

(b)

图7-5　梁板式筏形基础（高板位）

（a）平面示意图；（b）立体示意图

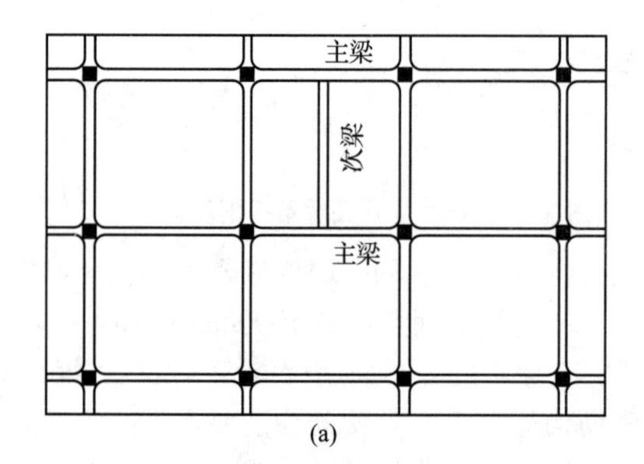

(a)

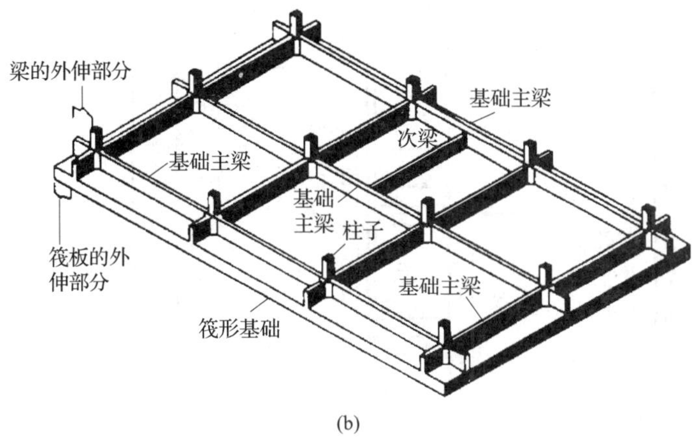

(b)

图7－6　梁板式筏形基础（低板位）

（a）平面示意图；（b）立体示意图

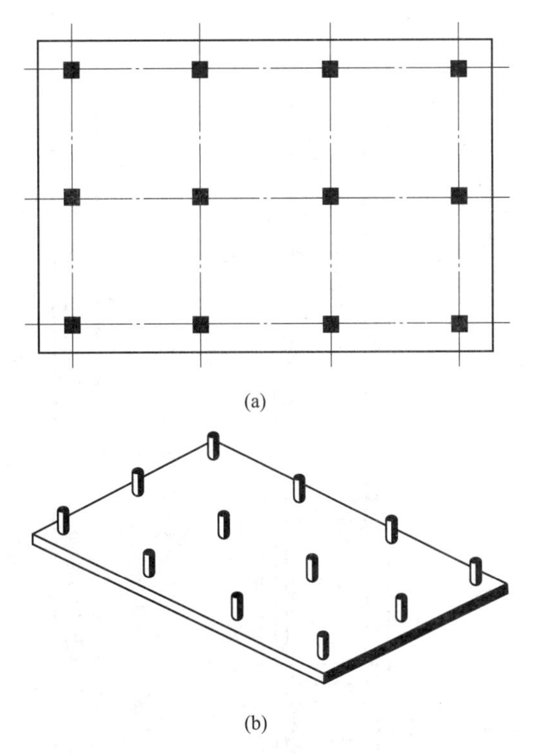

(a)

(b)

图7－7　平板式筏形基础

（a）平面示意图；（b）立体示意图

要点6：基础主梁纵向钢筋和箍筋构造

基础主梁纵向钢筋和箍筋的构造要求如图7－8所示。

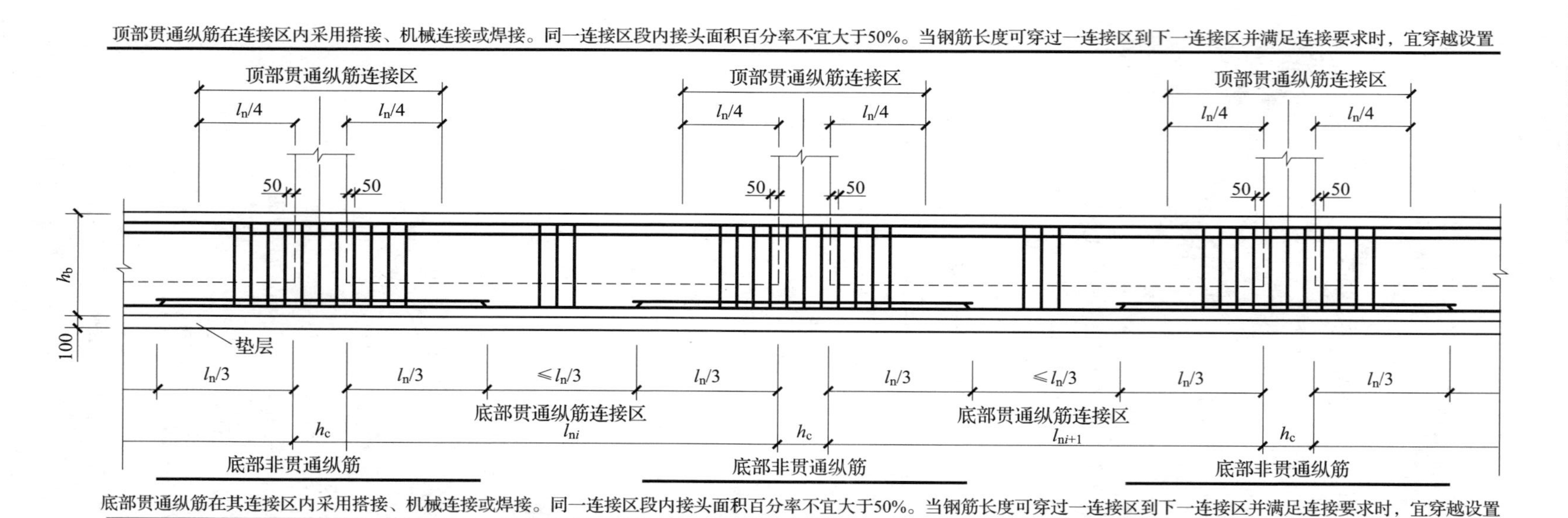

图7－8　基础主梁纵向钢筋和箍筋构造

1. 顶部钢筋

基础主梁纵向钢筋的顶部钢筋在梁顶部应连续贯通，其连接区位于柱轴线 $l_n/4$ 左右的范围，在同一连接区内的接头面积百分率不应大于50%。

2. 底部钢筋

基础主梁纵向钢筋的底部非贯通纵筋向跨内延伸长度为：自柱轴线算起，左右各 $l_n/3$ 长度值，底部钢筋连接区位于跨中 $\leq l_n/3$ 范围，在同一连接区内的接头面积百分率不应大于50%。

如两毗邻跨的底部贯通纵筋配置不同，应将配置较大一跨的底部贯通纵筋越过其标注的跨数终点或起点，伸至配置较小的毗邻跨的跨中连接区进行连接。

3. 箍筋

节点区内箍筋按照梁端箍筋设置。梁相互交叉宽度内的箍筋按照截面高度较大的基础梁进行设置。同跨箍筋有两种时，各自设置范围按具体设计注写。

要点7：基础次梁纵向钢筋和箍筋构造

基础次梁纵向钢筋与箍筋构造如图7-9所示。

1）顶部和底部贯通纵筋在连接区内采用搭接、机械连接或对焊连接，且在同一连接区段内接头面积百分率不宜大于50%。当钢筋长度可穿过一连接区到下一连接区并满足要求时，宜穿越设置。当底部纵筋多于两排时，从第三排起非贯通纵筋向跨内的伸出长度值应由设计者注明。

2）节点区内箍筋按梁端箍筋设置。梁相互交叉宽度内的箍筋按截面高度较大的基础梁设置。当具体设计未注明时，基础梁外伸部位按梁端第一种箍筋设置。

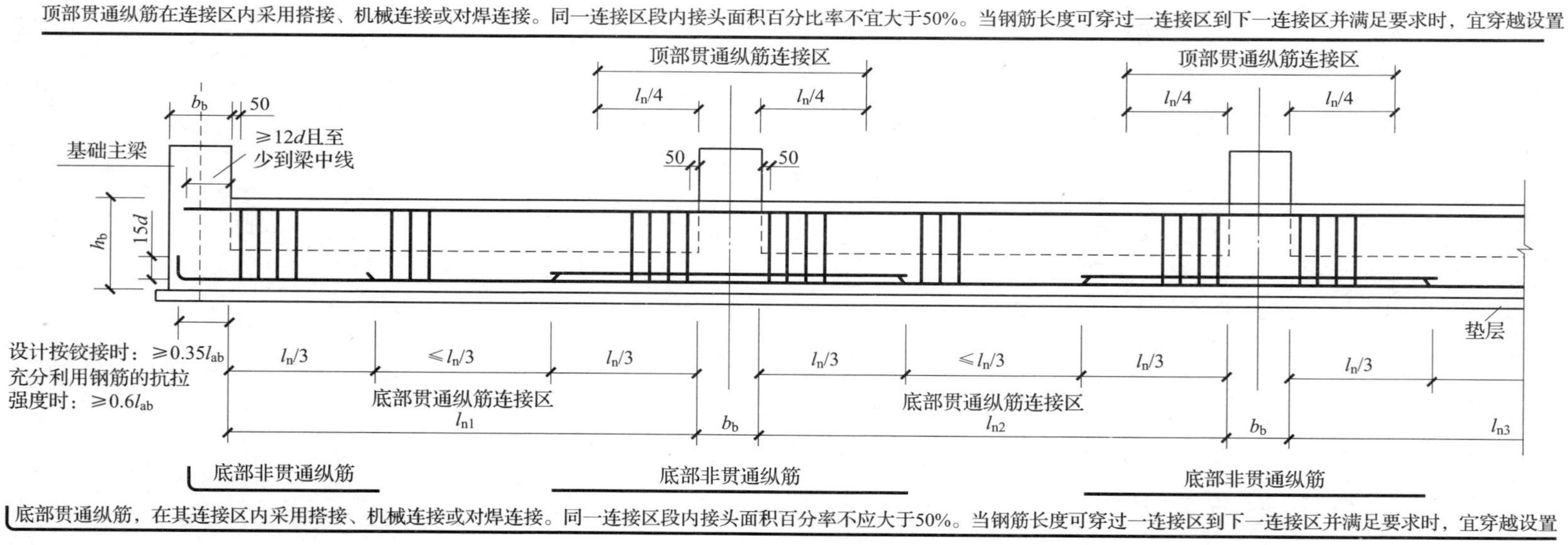

顶部贯通纵筋在连接区内采用搭接、机械连接或对焊连接。同一连接区段内接头面积百分比率不宜大于50%。当钢筋长度可穿过一连接区到下一连接区并满足要求时，宜穿越设置

顶部贯通纵筋连接区
顶部贯通纵筋连接区
$l_n/4$　$l_n/4$　$l_n/4$　$l_n/4$
b_b　50
≥12d且至少到梁中线
基础主梁
50　50
h_b　15d
垫层
设计按铰接时：≥0.35l_{ab}
充分利用钢筋的抗拉强度时：≥0.6l_{ab}
$l_n/3$　≤$l_n/3$　$l_n/3$　$l_n/3$　≤$l_n/3$　$l_n/3$　$l_n/3$
底部贯通纵筋连接区
底部贯通纵筋连接区
l_{n1}　b_b　l_{n2}　b_b　l_{n3}
底部非贯通纵筋
底部非贯通纵筋
底部非贯通纵筋

底部贯通纵筋，在其连接区内采用搭接、机械连接或对焊连接。同一连接区段内接头面积百分率不应大于50%。当钢筋长度可穿过一连接区到下一连接区并满足要求时，宜穿越设置

图 7－9　基础次梁纵向钢筋与箍筋构造

要点8：基础次梁配置两种箍筋时的构造

基础次梁（JCL）配置两种箍筋时的构造如图7-10所示。

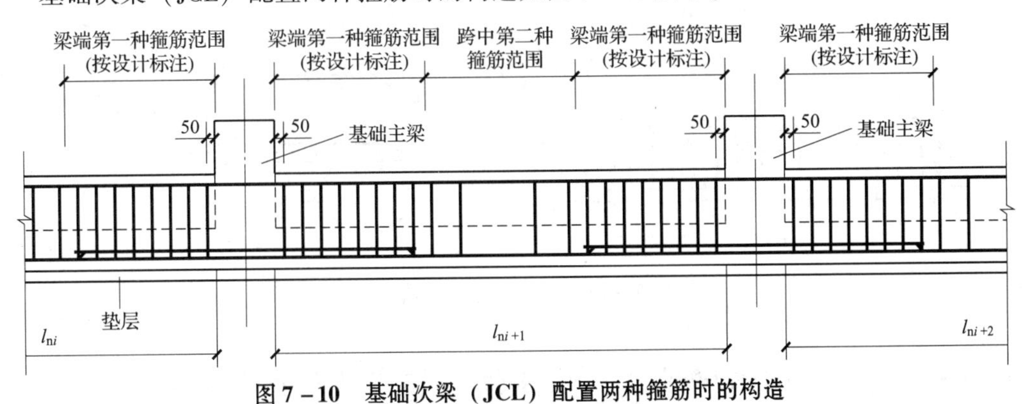

图7-10　基础次梁（JCL）配置两种箍筋时的构造

注：l_{ni}为基础次梁的本跨净跨值。

同跨箍筋有两种时，各自设置范围按具体设计注写值。当具体设计未注明时，基础次梁的外伸部位按第一种箍筋设置。

要点9：板式筏形基础中，剪力墙开洞的下过梁构造

由筏形基础基底的反力或弹性地基梁板内力分析，底板要承受反力引起的剪力、弯矩作用，要求在筏板基础底板上剪力墙洞口位置设置过梁，以承受这种反力的影响。

1）板式筏形基础在剪力墙下洞口设置的下过梁，纵向钢筋伸过洞口后的锚固长度不小于l_a，在锚固长度范围内也应配置箍筋（此构造同联系梁的顶层构造），如图7-11所示。

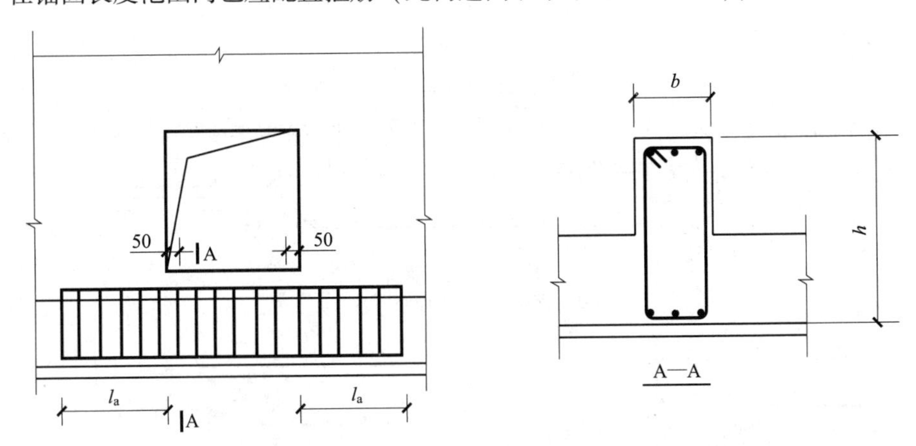

图7-11　下过梁宽与墙厚相同

2）下过梁的宽度大于剪力墙厚度时（称为扁梁），纵向钢筋的配置范围应在b（墙厚）+2h_o（板厚）内，锚固长度均应从洞口边计，箍筋应为复合封闭箍筋，在锚固长度范围内也应配置箍筋，如图7-12所示。

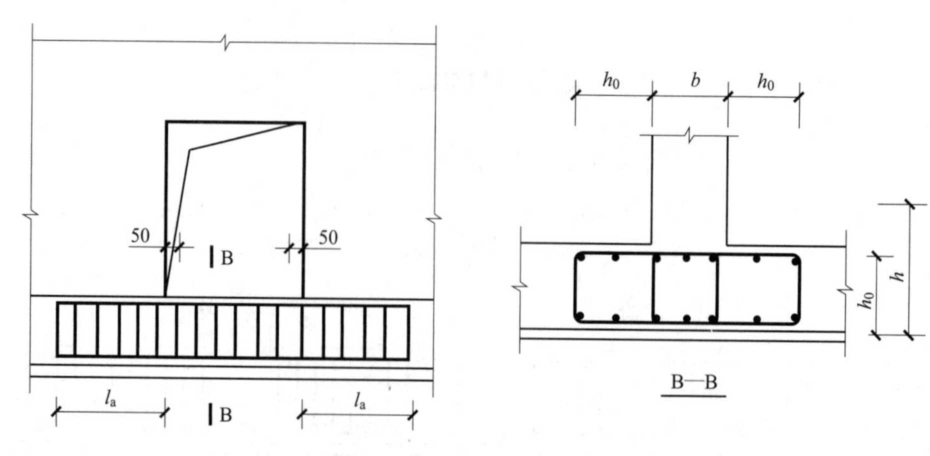

图 7 – 12　下过梁宽大于墙厚

要点 10：筏形基础电梯地坑、集水坑处等下降板的配筋构造

电梯基坑配筋构造如图 7 – 13 所示。

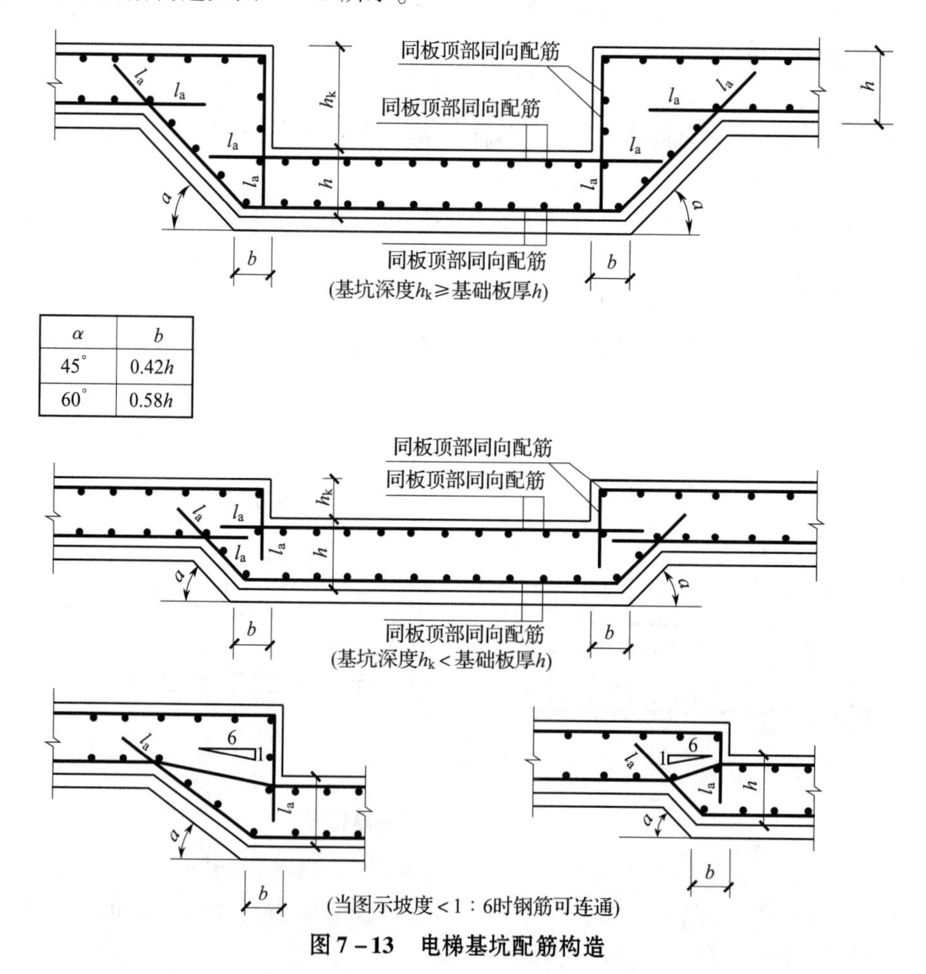

α	b
45°	$0.42h$
60°	$0.58h$

图 7 – 13　电梯基坑配筋构造

1）坑底的配筋应与筏板相同，基坑同一层面两向正交钢筋的上、下位置与基础底板对应相同，基础底板同一层面的交叉纵筋上、下位置应按具体设计说明。

2）受力钢筋应满足在支座处的锚固长度，基坑中当钢筋直锚至对边 $< l_a$ 时，可以伸至对边钢筋内侧顺势弯折，总锚固长度应 $\geq l_a$。

3）斜板的钢筋应注意间距的摆放，为施工方便，基坑侧壁的水平钢筋可位于内侧，也可位于外侧。

4）当地坑的底板与基础底板的坡度较小时，钢筋可以连通设置，不必各自截断并分别锚固（坡度不大于1:6）。

5）在两个方向配筋交角处的三角形部位应增设附加钢筋（放射钢筋），在这个部位，很多工程没有配置，只有水平钢筋没有竖向钢筋，如图7－14所示。

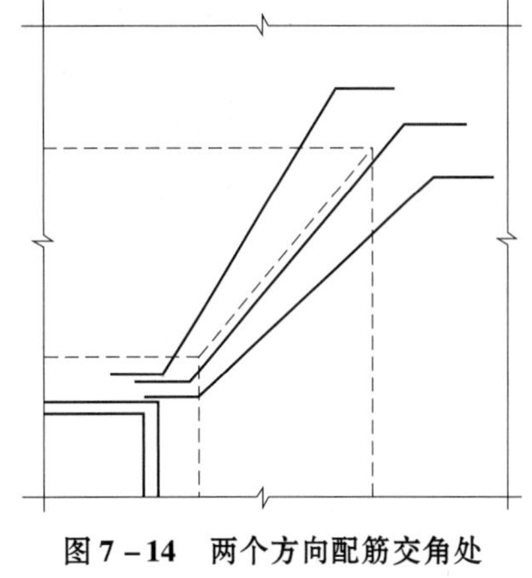

图7－14　两个方向配筋交角处的三角形部位

要点11：独立桩承台配筋构造

独立桩承台的配筋构造如图7－15和图7－16所示。

1）桩边缘至承台的距离一般为0.5倍桩径，且不小于150mm，承台最小厚度为300mm。

2）纵向钢筋保护层厚度，有垫层不应小于50mm，无垫层不应小于70mm。

3）主筋直径不小于12mm，间距不大于200mm。

4）桩承台钢筋：

①矩形承台双向均应通长布置。

②三角形承台，钢筋按三角形板带均匀布置，且最里面的三根钢筋围合成的三角形应在柱截面范围内。

5）承台钢筋的锚固长度：

①锚固长度自边桩内侧算起（伸至端部满足直段长度）不应小于 $35d$。

②不满足时，对于方桩，可向上弯折，水平段长度不小于 $25d$，弯折段长度不小于 $10d$。

③不满足时，对于圆桩，锚固长度 $\geq 25d+0.1D$（D 为圆桩直径）时，可不弯折锚固。

要点12：桩承台间联系梁的构造

桩承台间联系梁的配筋构造如图7－17和图7－18所示。

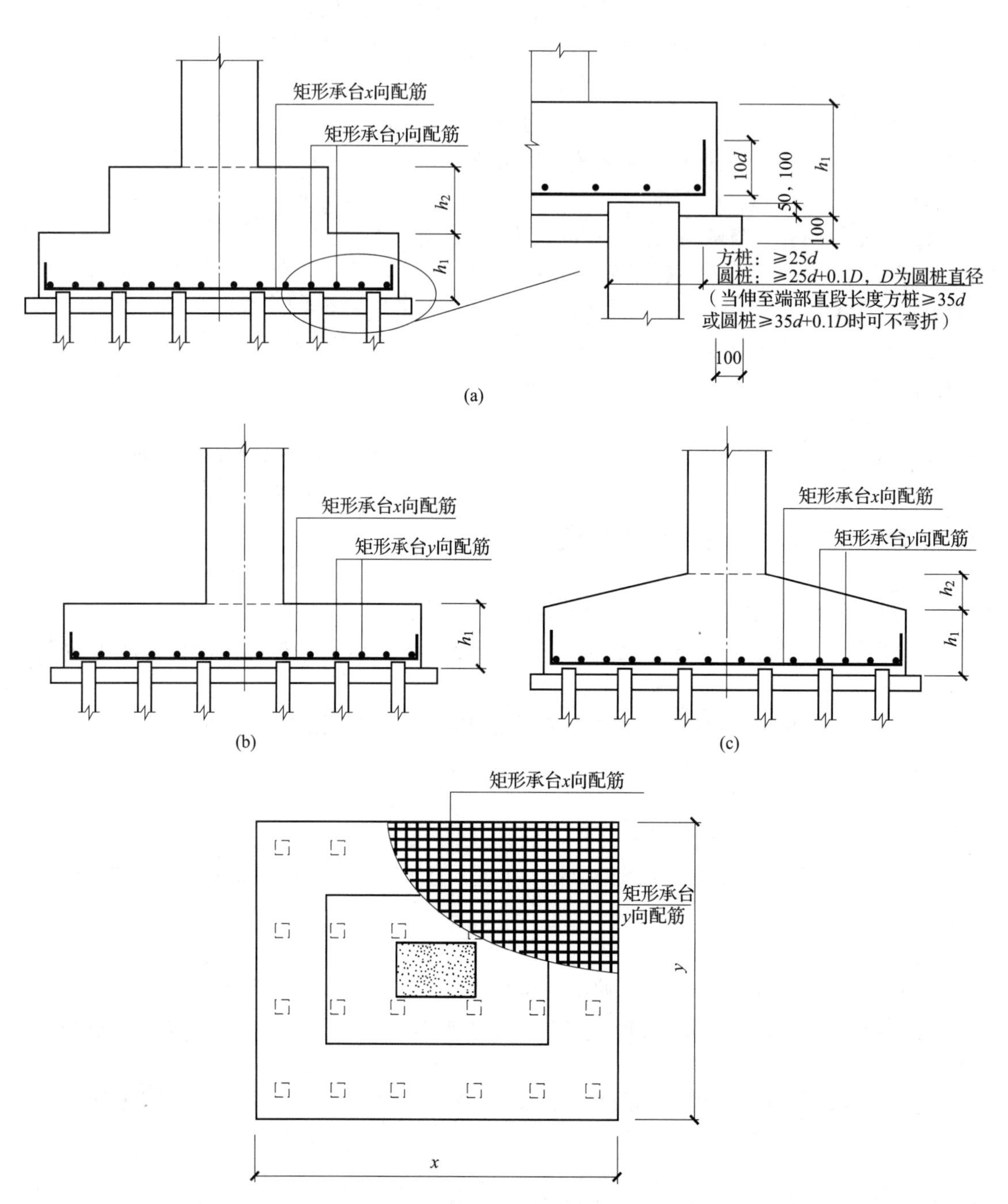

图 7－15　矩形承台配筋构造

（a）阶形截面 CT_J；（b）单阶形截面 CT_J；（c）坡形截面 CT_P

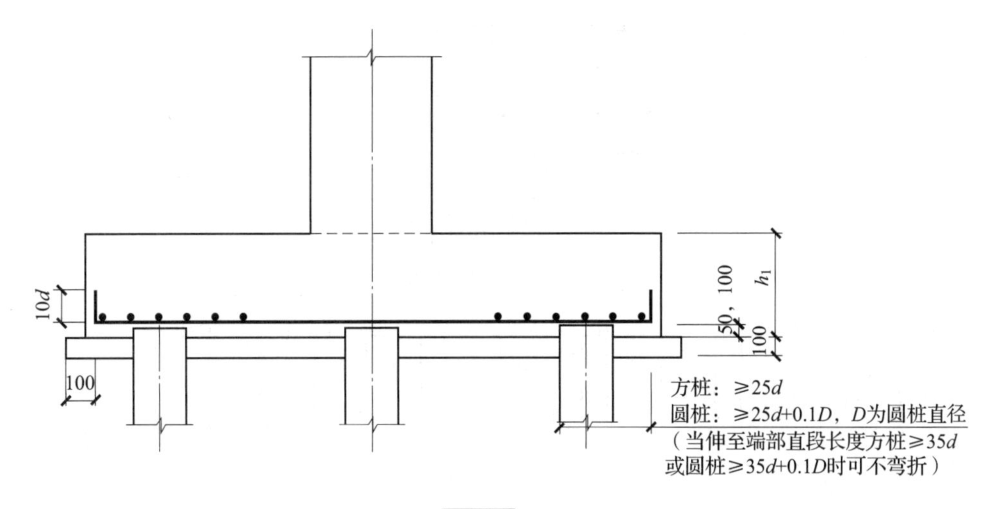

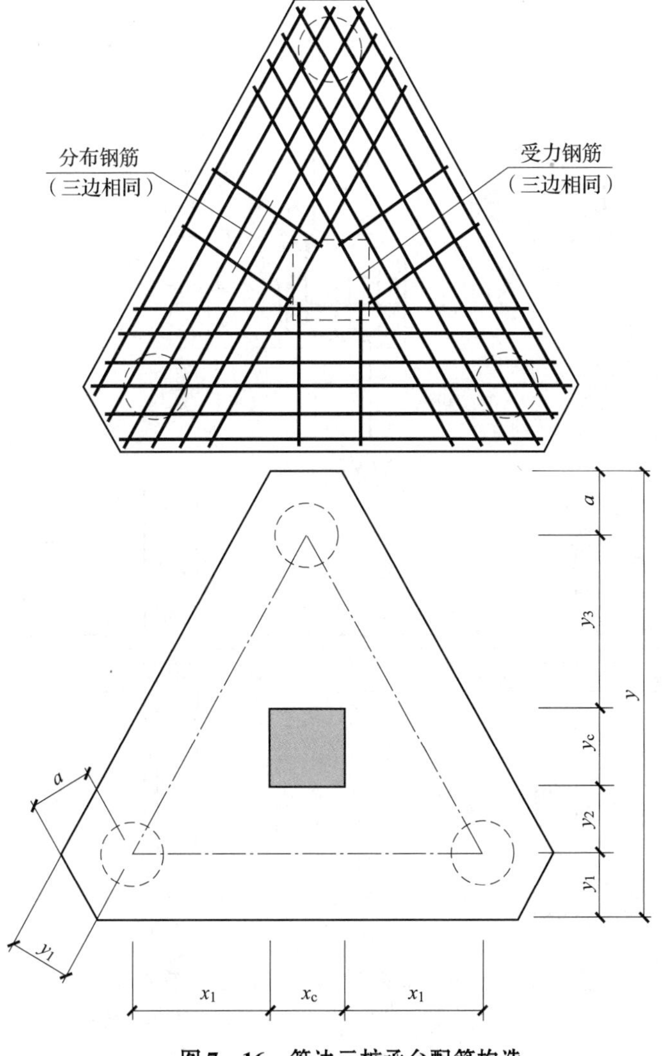

图 7－16　等边三桩承台配筋构造

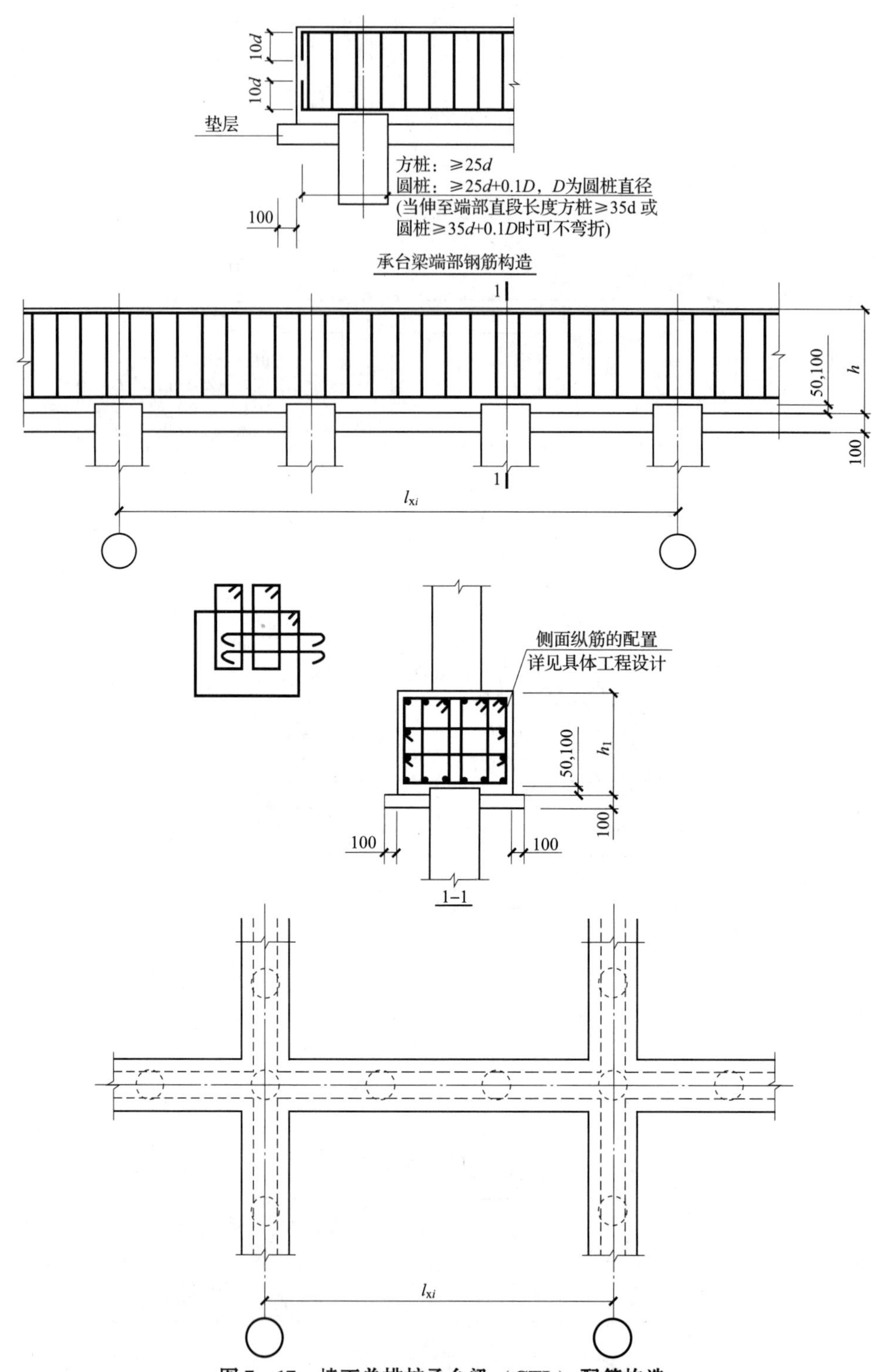

图 7-17　墙下单排桩承台梁（CTL）配筋构造

注：1　当桩直径或桩截面边长＜800mm 时，桩顶嵌入承台 50mm；当桩直径或桩截面边长≥800mm 时，桩顶嵌入承台 100mm。

2　拉筋直径为 8mm，间距为箍筋的 2 倍。上下两排拉筋竖向错开设置。

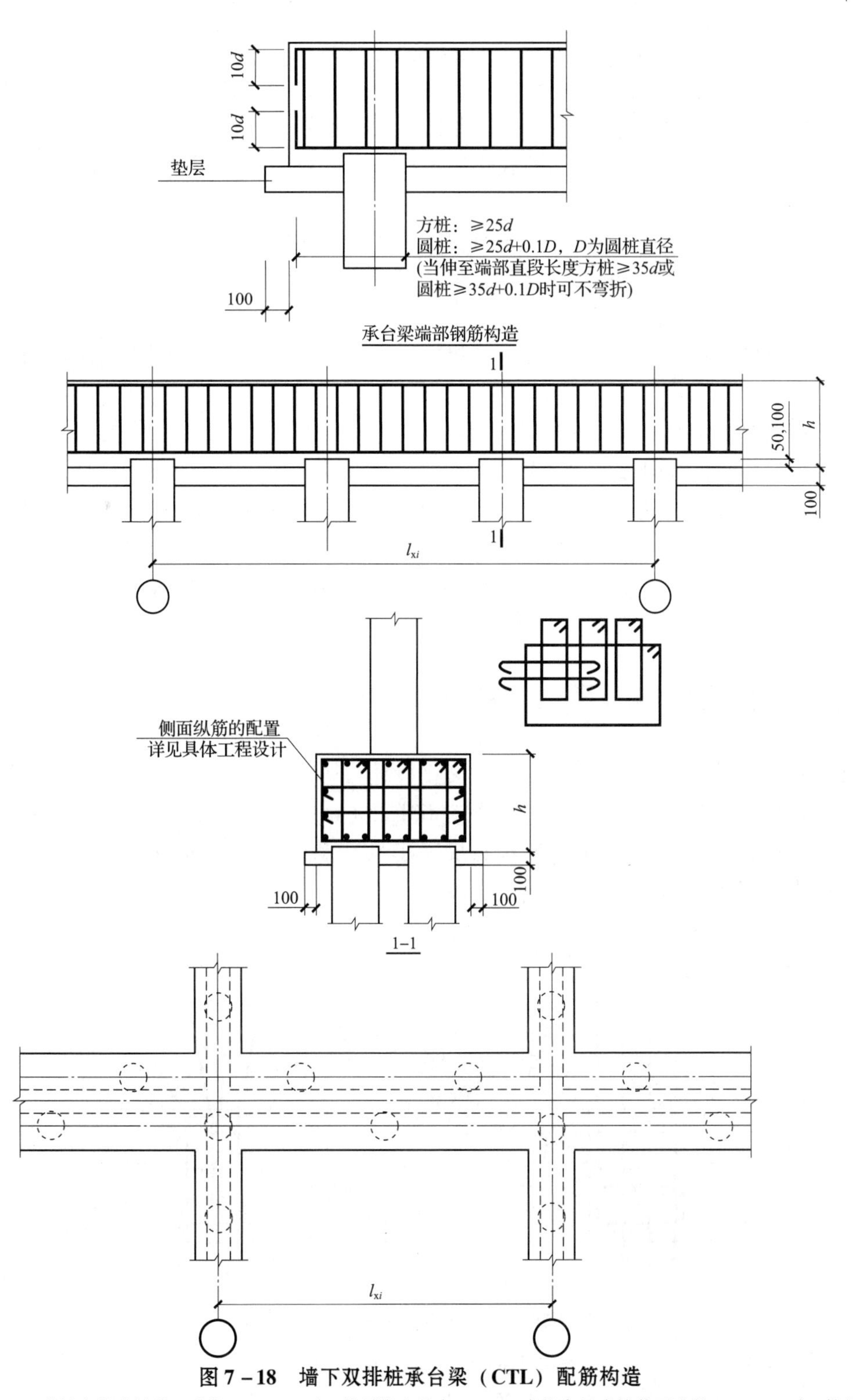

图7-18　墙下双排桩承台梁（CTL）配筋构造

注：1　当桩直径或桩截面边长<800mm时，桩顶嵌入承台50mm；当桩直径或桩截面边长≥800mm时，桩顶嵌入承台100mm。

2　拉筋直径为8mm，间距为箍筋的2倍。上下两排拉筋竖向错开设置。

单桩承台宜在两个相互垂直的方向设置联系梁；两桩承台宜在其短方向设置承台梁；有抗震设防要求的柱下独立承台，宜在两个主轴方向设置联系梁；柱下独立桩基承台间的联系梁与单排桩或双排桩的条形基础承台梁不同。承台联系梁的顶部一般与承台的顶部在同一标高，承台联系梁的底部比承台的底部高，以保证梁中纵向钢筋在承台内的锚固。

1）联系梁中的纵向钢筋是按结构计算配置受力钢筋的。

2）当联系梁上部有砌体等荷载时，该构件是拉（压）弯或受弯构件，钢筋不允许绑扎搭接。

3）位于同一轴线上相邻跨的联系梁纵向钢筋应拉通设置，不允许联系梁在中间承台内锚固。

4）纵向受力钢筋在承台内的保护层厚度应满足相应环境中最小厚度的要求。

5）承台间联系梁中的纵向钢筋在端部的锚固要求（按受力要求）为：从柱边缘开始锚固，水平段不小于 $35d$，不满足时，上、下部的钢筋从端边算起 $25d$，并上弯 $10d$。

6）联系梁中的箍筋，在承台梁不考虑抗震时，是不考虑延性要求的，因此一般不设置构造加密区。两承台梁箍筋，应有一向截面较高的承台梁箍筋贯通设置，当两向承台梁等高时，可任选一向承台梁的箍筋贯通设置。

要点 13：桩基础伸入承台内的连接构造

1）桩顶应设置在同一标高（变刚度调平设计除外）。

2）方桩的长边尺寸、圆桩的直径 <800mm（小孔径桩）及 ≥800mm（大孔径桩）时，桩在承台（承台梁）内的嵌入长度，小孔径桩不低于 50mm，大孔径桩不低于 100mm，如图 7－19 所示。

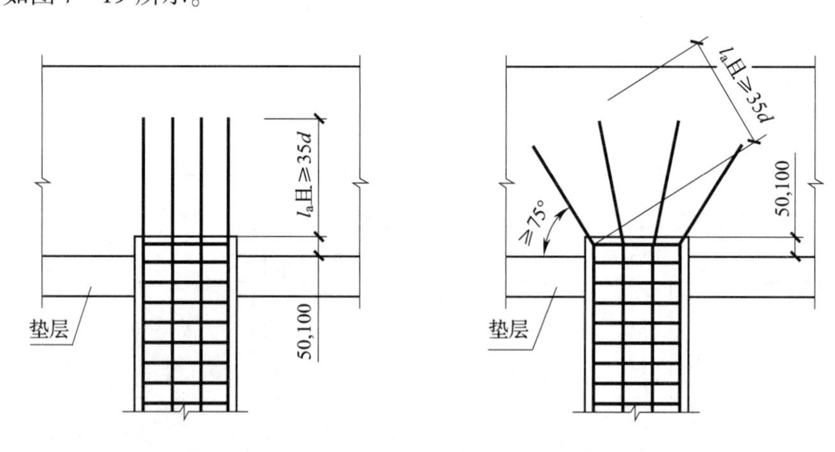

图 7－19　桩顶纵筋在承台内的锚固构造

3）桩纵向钢筋在承台内的锚固长度，《建筑桩基技术规范》JGJ 94—2008 中规定不能小于 $35d$，地下水位较高时，设计抗拔桩及进行单桩承载力试验时，一般要求不小于 $40d$，如图 7－19 所示。

4）大口径桩单柱无承台时，桩钢筋锚入大口径桩内，如人工挖孔桩，要设计拉梁。

5）当承台高度不满足直锚要求时，竖直锚固长度不应小于20d，并向柱轴线方向90°弯折15d。

6）当桩顶纵筋预留长度大于承台厚度时，预留钢筋在承台内向四周弯成≥75°，如图7－19所示。

参考文献

[1] 中国建筑标准设计研究院 . 2011. 11G101 – 1 混凝土结构施工图平面整体表示方法制图规则和构造详图（现浇混凝土框架、剪力墙、梁、板）. 北京：中国计划出版社.

[2] 中国建筑标准设计研究院 . 2011. 11G101 – 2 混凝土结构施工图平面整体表示方法制图规则和构造详图（现浇混凝土板式楼梯）. 北京：中国计划出版社.

[3] 中国建筑标准设计研究院 . 2011. 11G101 – 3 混凝土结构施工图平面整体表示方法制图规则和构造详图（独立基础、条形基础、筏形基础及桩基承台）. 北京：中国计划出版社.

[4] 中国建筑标准设计研究院 . 2012. 12G901 – 1 混凝土结构施工钢筋排布规则与构造详图（现浇混凝土框架、剪力墙、框架 – 剪力墙）. 北京：中国计划出版社.

[5] 国家标准. 2010. 混凝土结构设计规范 GB 50010—2010 [S]. 北京：中国建筑工业出版社.

[6] 国家标准. 2010. 建筑抗震设计规范 GB 50011—2010 [S]. 北京：中国建筑工业出版社.

[7] 国家标准. 2011. 建筑地基基础设计规范 GB/T 50105—2010 [S]. 北京：中国建筑工业出版社.

[8] 行业标准. 2010. 高层建筑混凝土结构技术规范 JGJ 3—2010 [S]. 北京：中国建筑工业出版社.

[9] 行业标准. 2011. 高层建筑筏形与箱形基础技术规范 JGJ 6—2011 [S]. 北京：中国建筑工业出版社.